全国高级技工学校电气自动化设备安装与维修专业教材

QUANGUO GAOJI JIGONG XUEXIAO DIANQI ZIDONGHUA SHEBEI ANZHUANG YU WEIXIU ZHUANYE JIAOCAI

模拟电子电路

（第二版）

人力资源社会保障部教材办公室　组织编写

邵展图　主　编

中国劳动社会保障出版社

简介

本书为全国高级技工学校电气自动化设备安装与维修专业教材。主要内容包括：二极管及其应用、三极管及放大电路、集成运算放大器及其应用、波形发生电路、直流稳压电源和电子电路的分析与制作。

本书由邵展图任主编，孙正凤任副主编，吴琛、何薇、鲁劲柏、唐培林、徐丕兵和于德坚参加编写；郭赟审稿。

图书在版编目（CIP）数据

模拟电子电路/邵展图主编. --2 版. --北京：中国劳动社会保障出版社，2022
全国高级技工学校电气自动化设备安装与维修专业教材
ISBN 978-7-5167-5445-0

Ⅰ.①模… Ⅱ.①邵… Ⅲ.①模拟电路-技工学校-教材 Ⅳ.①TN710.4

中国版本图书馆 CIP 数据核字（2022）第 208767 号

中国劳动社会保障出版社出版发行
（北京市惠新东街 1 号 邮政编码：100029）
*
北京鑫海金澳胶印有限公司印刷装订 新华书店经销

787 毫米×1092 毫米 16 开本 13 印张 292 千字
2022 年 12 月第 2 版 2025 年 2 月第 3 次印刷
定价：27.00 元

营销中心电话：400-606-6496
出版社网址：http://www.class.com.cn
http://jg.class.com.cn

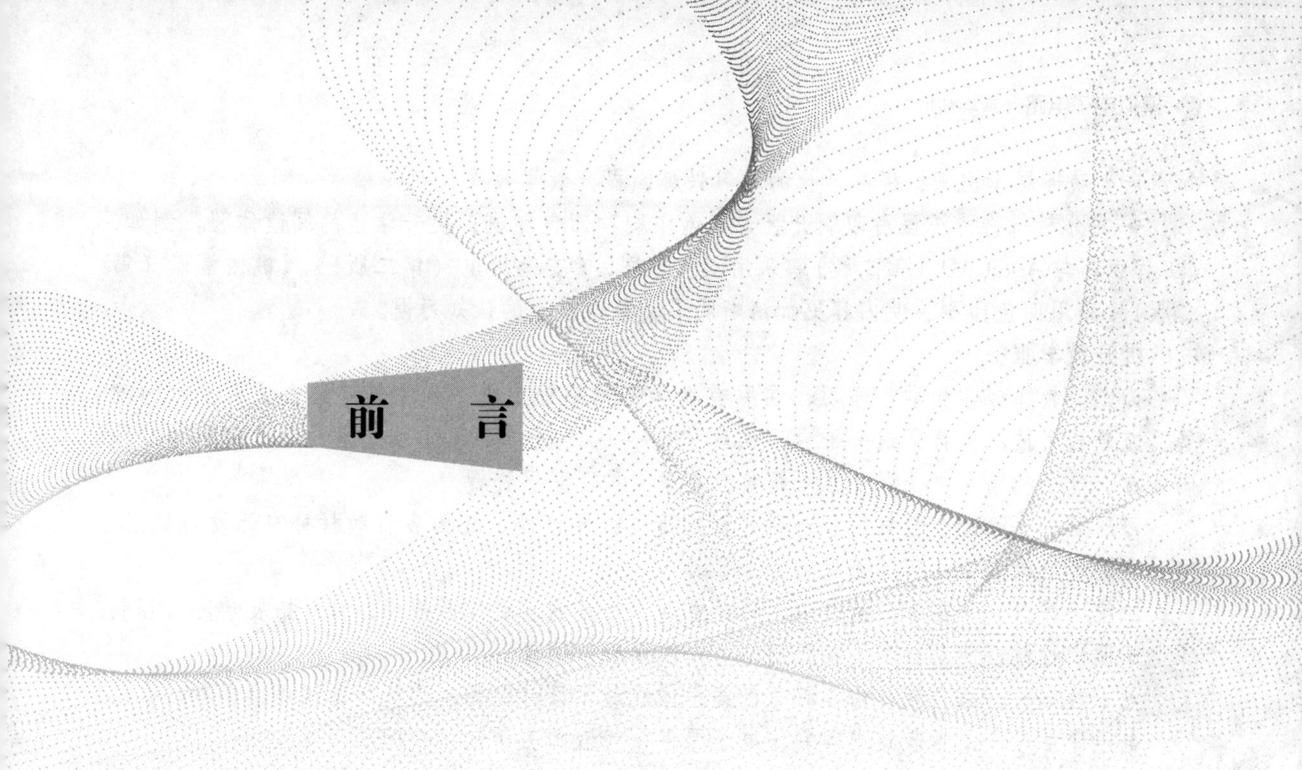

前　言

为了更好地适应高级技工学校电气自动化设备安装与维修专业的教学要求，全面提升教学质量，人力资源社会保障部教材办公室组织有关学校的一线教师和行业、企业专家，在充分调研企业生产和学校教学情况、广泛听取教师使用反馈意见的基础上，吸收和借鉴各地技工院校教学改革的成功经验，对现有全国高级技工学校电气自动化设备安装与维修专业教材进行了修订（新编）。

本次教材修订（新编）工作的重点主要体现在以下几个方面。

更新教材内容

◆ 根据企业岗位需求变化和教学实践，针对培养高级工的教学要求，确定学生应具备的知识与能力结构，调整部分教材内容，增补开发教材，合理设计教材的深度、难度、广度，充分满足技能人才培养的实际需求。

◆ 根据相关专业领域的最新技术发展，推陈出新，补充新知识、新技术、新设备、新材料等方面的内容，更新设备型号及软件版本。

◆ 根据最新的国家标准、行业标准编写教材，保证教材的科学性和规范性。

◆ 在专业课教材中进一步强化一体化教学理念，将工艺知识与实践操作有机融为一体，构建“做中学”“学中做”的学习过程；在通用专业知识教材中注重课堂实验和实践活动的设计，将抽象的理论知识形象化、生动化，引导教师不断创新教学方法，实现教学改革。

优化呈现形式

◆ 创新教材的呈现形式，尽可能使用图片、实物照片和表格等形式将知识点生动地展示出来，提高学生的学习兴趣，提升教学效果。

◆ 部分教材将传统黑白印刷升级为双色印刷和四色印刷，提升学生的阅读体验。例如，《工程识图与 AutoCAD（第二版）》采用双色印刷，《安全用电（第二版）》《机械常识（第二版）》采用四色印刷，使内容更加清晰明了，符合学生的认知习惯。

提升教学服务

为方便教师教学和学生学习，在原有教学资源基础上进一步完善，结合信息技术的发展，充分利用技工教育网这一平台，构建“1+4”的教学资源体系，即1个习题册和二维码资源、电子教案、电子课件、习题参考答案4种互联网资源。

习题册——除配合教材内容对现有习题册进行修订外，还为多种教材补充开发习题册，进一步满足学校教学的实际需求。

二维码资源——在部分教材中，针对重点、难点内容制作微视频，针对拓展学习内容制作电子阅读材料，使用移动设备扫描即可在线观看、阅读。

电子教案——结合教材内容编写教案，体现教学设计意图，为教师备课提供参考。

电子课件——依据教材内容制作电子课件，为教师教学提供帮助。

习题参考答案——提供教材中习题及配套习题册的参考答案，为教师指导学生练习提供方便。

电子教案、电子课件、习题参考答案均可通过技工教育网（http：//jg. class. com. cn）下载使用。

致谢

本次教材的修订（新编）工作得到了辽宁、江苏、山东、河南、湖北、广东、广西等省（自治区）人力资源社会保障厅及有关学校的大力支持，在此我们表示诚挚的谢意。

人力资源社会保障部教材办公室

2022年11月

目　录

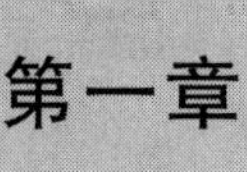

第一章 二极管及其应用

学习目标

1. 熟悉二极管的单向导电性，了解二极管的结构、符号、特性曲线和主要参数，会用万用表判别二极管的极性和质量。

2. 掌握常用整流电路的组成及工作原理，能使用整流桥搭接整流电路。

3. 了解滤波电路的组成及工作原理。

4. 了解硅稳压二极管、发光二极管、光电二极管和变容二极管的作用、工作特性及检测方法。

5. 能正确使用示波器检测整流滤波波形。

电子技术的应用遍及通信、广播、计算机、自动控制、航空航天等各个领域，与人们的工作、生活有着密切的联系。各种电子设备都是由许多电子元器件根据一定功能要求组成的，其中半导体二极管（简称二极管）是最基本的电子元器件（见图 1－1）之一。

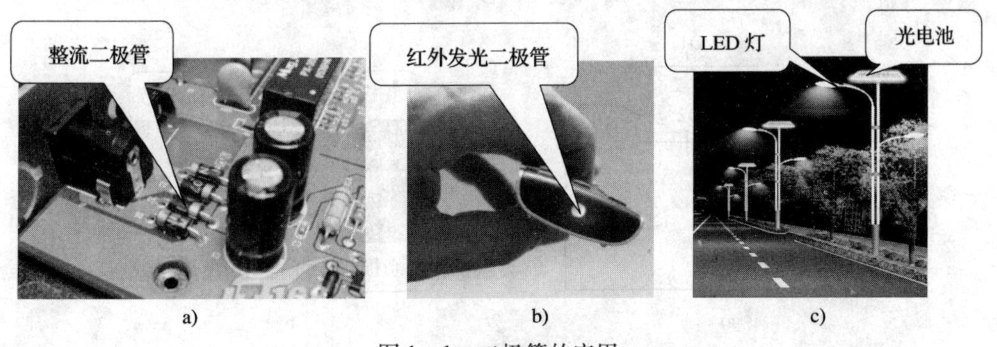

图 1－1　二极管的应用

a）稳压电源电路板　b）电视机遥控器　c）太阳能 LED 路灯

§1－1　认识二极管

一、二极管的外形及图形符号

如图 1－2 所示分别为金属封装、塑料封装、玻璃封装和贴片式封装的二极管。

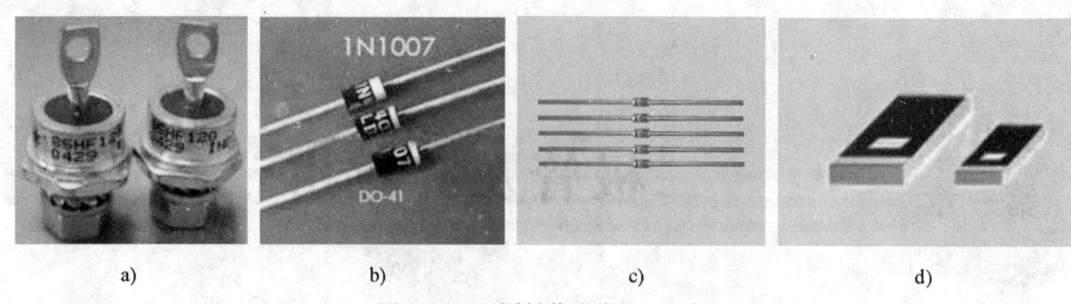

图 1－2　不同封装形式的二极管
a）金属封装　b）塑料封装　c）玻璃封装　d）贴片式封装

观察可知，不同外形的二极管都有两个引出极，一个称正极，另一个称负极。二极管的文字代号为 VD 或 V，图形符号如图 1－3 所示，图中箭头指向为二极管正向电流的方向。

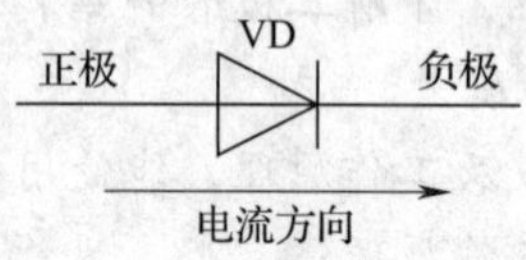

图 1－3　二极管的图形符号

二、二极管的单向导电性

1. 实验电路

实验电路如图 1－4 所示，注意二极管 VD1 和 VD2 的接法相反。元器件型号规格见表 1－1。

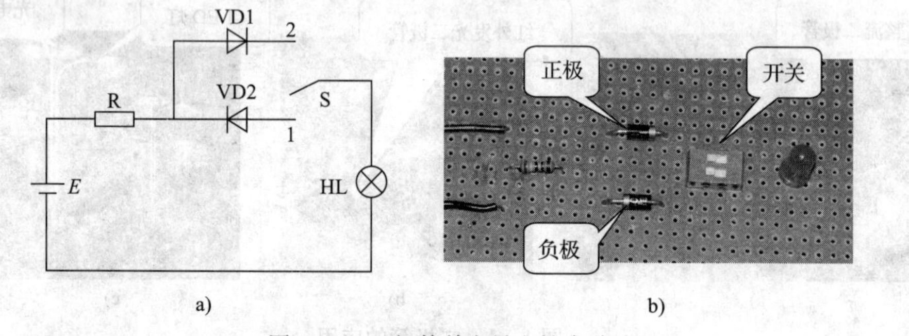

a)　b)

图 1－4　二极管单向导电性实验
a）电路图　b）实物图

表 1－1　元器件明细表

代号	名称	规格	代号	名称	规格
R	碳膜电阻器	1 kΩ	HL	指示灯	6 V
VD1、VD2	二极管	2×1N4007	S	开关	
E	直流电源	6 V			

2. 实验步骤

(1) 按图1-4所示电路图连接实验电路。

(2) 将开关置于位置1，观察指示灯工作情况，并记录在表1-2中。

(3) 将开关置于位置2，观察指示灯工作情况，并记录在表1-2中。

表1-2　　二极管单向导电性实验记录

开关S的位置	指示灯工作情况	二极管状态
开关置于位置1		
开关置于位置2		

由实验可知，当二极管外加正向电压（二极管正极电位高于负极电位）时二极管**导通**，反之则二极管**截止**，二极管的这一性质称为单向导电性。

三、PN结的形成及特点

二极管实质上是由一个PN结加上相应的电极引线和管壳封装而成的（见图1-5），那么，什么是PN结？它又具有哪些特点呢？

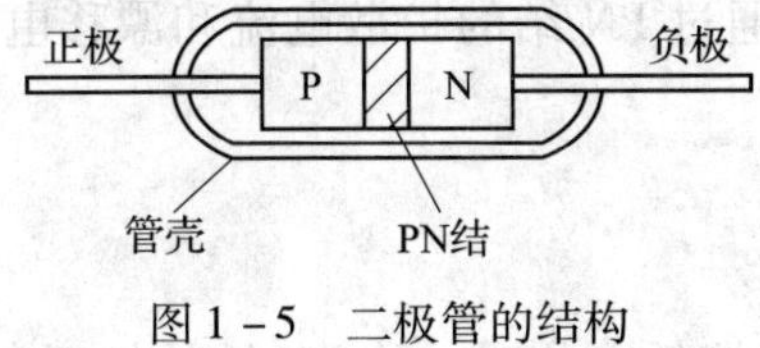

图1-5　二极管的结构

1. PN结的形成

在硅或锗等纯净半导体中掺入适当的微量杂质元素，可使半导体的导电性能大大增强。按掺入的杂质元素不同，可分为**P型半导体**和**N型半导体**（见表1-3）。

表1-3　　**P型半导体和N型半导体**

类型	掺杂方法	特点	结构示意图
P型半导体	在纯净半导体中 掺入3价元素（如硼）	空穴是多数载流子 自由电子是少数载流子 空穴起主要导电作用	空穴 自由电子
N型半导体	在纯净半导体中 掺入5价元素（如磷）	自由电子是多数载流子 空穴是少数载流子 自由电子起主要导电作用	自由电子 空穴

在P型半导体中空穴是多数载流子，在N型半导体中自由电子是多数载流子。如果在一块半导体基片上，一边制成P型半导体，另一边制成N型半导体，由于载流子的浓度不同，在它们的交界处就会产生多数载流子的**扩散运动**，如图1-6所示，并在交界面两侧形

成一个具有特殊性质的**空间电荷区**（又称**耗尽层**），即 PN 结，如图 1－7 所示。这种多数载流子由于扩散运动而形成的电流称为**扩散电流**。

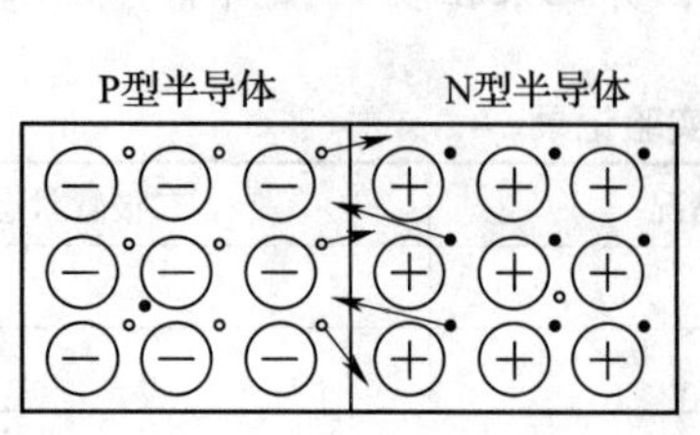

图 1－6　多数载流子的扩散运动

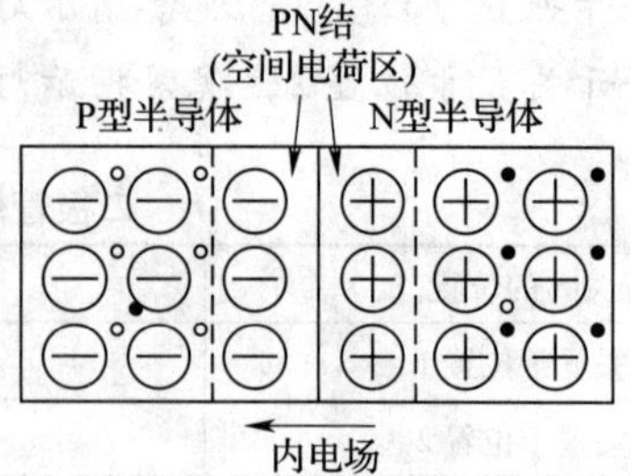

图 1－7　PN 结的形成

PN 结形成后，由于正负电荷的作用，将产生一个从 N 区（N 型半导体区域）指向 P 区（P 型半导体区域）的内电场。内电场会对多数载流子的扩散运动起阻碍作用。同时，在内电场的作用下，P 区的自由电子和 N 区的空穴也要越过空间电荷区进入对方，从而形成**漂移运动**。少数载流子由于漂移运动而形成的电流称为**漂移电流**。漂移电流和扩散电流方向相反，在无外加电场的情况下，通过 PN 结的扩散电流和漂移电流相等，PN 结的宽度保持一定而处于稳定状态。

2. PN 结的单向导电性

（1）PN 结外加正向电压

PN 结 P 区接高电位、N 区接低电位时，称 PN 结外加正向电压，又称 PN 结**正向偏置**，简称**正偏**，如图 1－8 所示。这时，外电场与 PN 结内电场方向相反，内电场被削弱，PN 结空间电荷区变窄。这对多数载流子的扩散运动有利，从而形成导通电流，导通电流的方向由 P 区指向 N 区。

（2）PN 结外加反向电压

PN 结 P 区接低电位、N 区接高电位时，称 PN 结外加反向电压，又称 PN 结**反向偏置**，简称**反偏**，如图 1－9 所示。这时，外电场与 PN 结内电场方向相同，内电场被增强，PN 结空间电荷区变宽。这使得多数载流子的扩散运动受阻，但对少数载流子的漂移运动有利，从而形成极小的反向电流，反向电流的方向由 N 区指向 P 区。

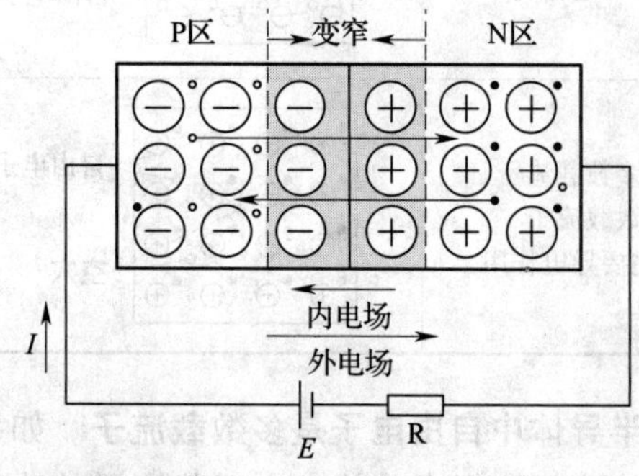

图 1－8　PN 结外加正向电压

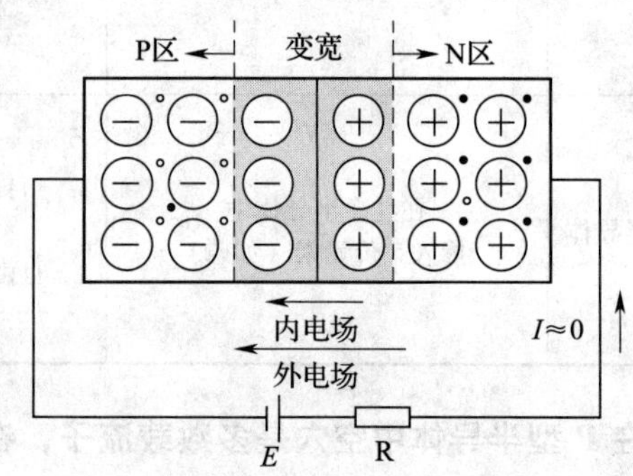

图 1－9　PN 结外加反向电压

3. PN 结的电容效应

（1）势垒电容

由以上讨论可知，如果 PN 结两端所加电压发生变化，PN 结的空间电荷区宽度就会改变，空间电荷区离子的数量也会改变，因此，可以认为 PN 结具有电容效应，称为势垒电容。尤其是当 PN 结反偏时，势垒电容更为明显，因为此时空间电荷区的宽度变化较大。

（2）扩散电容

当 PN 结外加正向电压时，在空间电荷区两侧的扩散区内，少数载流子的分布会随外加电压的变化而发生改变，形成电容效应，称为扩散电容。

PN 结的势垒电容和扩散电容都是非线性电容。**PN 结的结电容为势垒电容和扩散电容之和**。由于结电容的存在，当工作频率很高时，结电容的影响就不可忽略，如果工作频率过高，高频电流将主要从结电容通过，这将会破坏 PN 结的单向导电性。

四、二极管的伏安特性

加在二极管两端的电压和流过二极管的电流之间的关系称为二极管的伏安特性，利用晶体管图示仪可以很方便地测出二极管的伏安特性曲线，如图 1－10 所示。

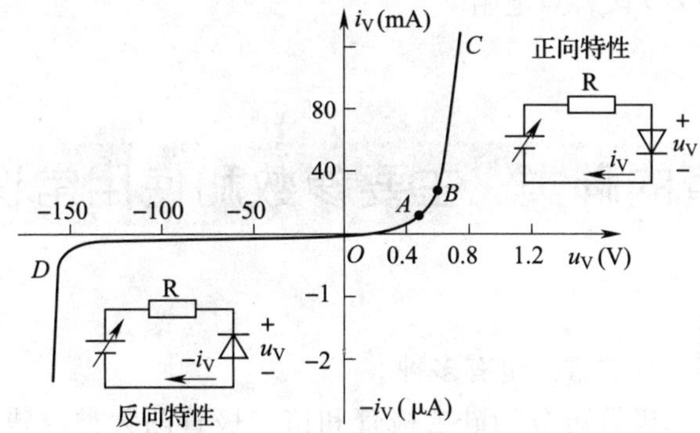

图 1－10　二极管伏安特性曲线

1. 正向特性

（1）*OA* 段

这一段曲线平坦，外加电压很小，正向电流几乎为零，故称“死区”。与 *A* 点对应的电压为二极管开始导通的临界电压，称**开启电压**（或称**门限电压**）。一般硅二极管的开启电压约为 0.5 V，锗二极管的开启电压约为 0.1 V。

（2）*AB* 段

随着外加正向电压增大，这一段正向电流缓慢增大。

（3）*BC* 段

这一段曲线陡直上升。正向电压增加不多，正向电流急剧增大，电压与电流的关系近似为线性，这一段称为**正向导通区**（也称**线性区**），正向导通后二极管两端的正向电压称为正向管压降，这个电压比较稳定，几乎不随电流的大小而变化。**一般硅二极管的正向管压降约为 0.7 V，锗二极管的正向管压降约为 0.3 V**。正向导通时二极管正、负极之间近似于一个闭合的开关。

2. 反向特性

（1）OD 段

外加反向电压在较大范围内变化而反向电流很小且基本恒定，该电流称为二极管**反向饱和电流**（或称**反向漏电流**）。一般小功率硅二极管的反向饱和电流约为几微安，锗二极管则可达几百微安。这一段称为**反向截止区**，这时二极管对外电路呈现电阻很大的特征，二极管正、负极之间近似于断开。

（2）D 点以后

当反向电压增大到 D 点对应数值时，反向电流突然猛增，这一现象称为**反向击穿**，所对应的电压称为**反向击穿电压**。如果没有适当的限流措施，二极管在反向击穿后很可能因电流过大而损坏，因此，除稳压二极管外，一般加在二极管上的反向电压不允许超过反向击穿电压。

分析二极管伏安特性曲线可知，二极管的电压和电流之间呈非线性关系，所以二极管属于**非线性器件**。伏安特性曲线上各点所呈现的电阻不一样，正向特性曲线中 BC 段各点电阻远小于反向特性曲线中 OD 段各点电阻。

§1－2 二极管的种类、主要参数和使用常识

一、二极管的种类

二极管的种类很多，分类方法也有多种。

按所用材料不同，二极管可分为硅二极管和锗二极管两大类。硅二极管受温度影响较小，工作较为稳定，实际使用中用量大于锗二极管。

按制造工艺不同，二极管可分为点接触型、面接触型和平面型等，如图 1－11 所示。

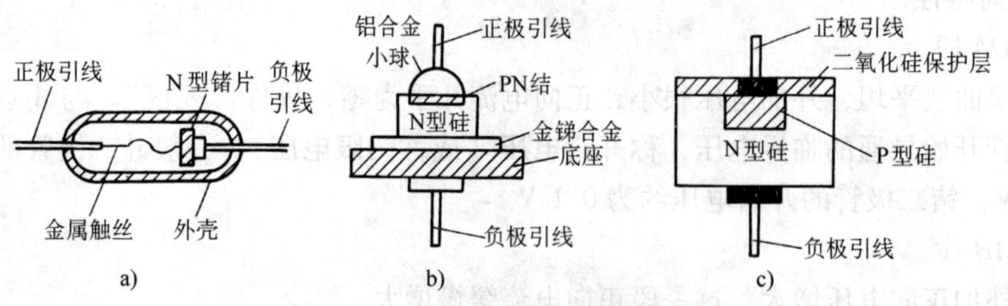

图 1－11　二极管内部结构示意图

a）点接触型　b）面接触型　c）平面型

点接触型二极管允许通过的电流小，工作频率高；面接触型和平面型二极管允许通过的电流较大，但工作频率低。

按用途不同，二极管可分为普通二极管、整流二极管、稳压二极管、开关二极管、检波二极管、发光二极管、光电二极管、变容二极管等。

二、二极管的型号命名

国产二极管的型号命名方法见表1-4。

表1-4　国产二极管的型号命名方法

第一部分		第二部分		第三部分				第四部分	第五部分
用数字表示器件的电极数目		用汉语拼音字母表示器件的材料和极性		用汉语拼音字母表示器件的类型				用数字表示器件的序号	用汉语拼音字母表示规格号
符号	意义	符号	意义	符号	意义	符号	意义		
2	二极管	A B C D E	N型锗材料 P型锗材料 N型硅材料 P型硅材料 化合物	P Z W K L	普通管 整流管 稳压管 开关管 整流堆	C U N BT	参量管 光电器件 阻尼管 半导体特殊器件	反映二极管参数的差别	反映二极管承受反向击穿电压的高低，如A、B、C、D…，其中A承受的反向击穿电压最低，B稍高

例如：

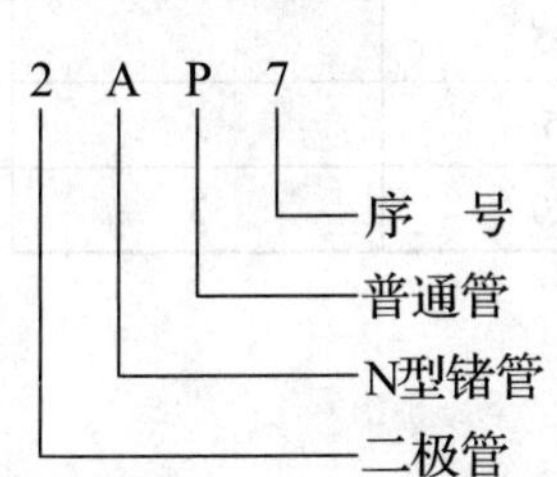

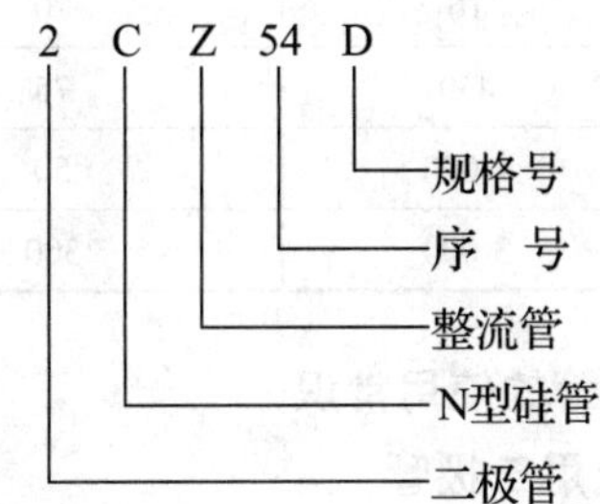

国外晶体管型号命名方法与我国不同，例如，凡以“1N”开头的二极管都是美国制造或是以美国专利在其他国家制造的产品，以“1S”开头的则为日本注册产品，其中数字“1”表示器件有1个PN结。后面数字为登记序号，通常数字越大，产品越新，如1N4001、1N4148、1N5408、1S1885等。

三、二极管的主要参数

不同型号的二极管都有一些技术数据（即参数）作为它合理、安全使用的依据。二极管的主要参数如下：

1. 最大整流电流 I_{FM}（也称最大正向电流）

I_{FM}是指二极管长期安全工作时允许通过的最大正向平均电流。它的数值与PN结的面积和外部散热条件有关。实际使用时二极管的正向平均电流不得超过此值，否则二极管可能因过热而损坏。

2. 最大反向工作电压 U_{RM}（也称耐压值）

U_{RM}是指二极管正常工作所允许外加反向电压的最大值。通常取二极管反向击穿电压的1/3～1/2。

3. 反向饱和电流 I_R（也称反向漏电流）

I_R是指室温下二极管未击穿时加上规定反向电压时流过的反向电流。此值越小，二极管的单向导电性能越好。反向饱和电流受温度的影响较大，例如，当温度升高时，反向饱和电流会明显增大。

4. 最高工作频率 f_M

f_M是指二极管正常工作的上限频率。超过此值时，二极管将不能很好地体现单向导电性。一般小电流二极管的 f_M 高达几百兆赫，而大电流整流二极管的 f_M 只有几千赫。

不同类型的二极管其参数内容和参数值是不同的，即使是同一型号的二极管，它们的参数值也存在很大差异。此外，查阅参数时，还应注意它们的测试条件，当使用条件与测试条件不同时，参数也会发生变化。表 1－5 列出了几种典型二极管的主要参数。

表 1－5　　几种典型二极管的主要参数

型号	最大整流电流 I_{FM}（mA）	最大反向工作电压 U_{RM}（V）	反向饱和电流 I_R（μA）	最高工作频率 f_M（MHz）	主要用途
2AP1	16	20	≤250	150	检波管
1N4148	450	75	≤25		开关管
1N4001	1 000	50	≤5		整流管
2CZ56E	3 000	300	≤20	3	整流管

四、二极管的使用常识

1. 正确选用二极管

为了安全使用二极管，在选用二极管时要保证其在电路中的工作电流、电压和频率等参数不超过二极管规定的最大额定值。二极管不同于电阻、电容等元件，它的参数没有标注在外壳上，一般都要通过查阅相关手册来了解二极管的具体参数。

如果电路中二极管需要更换，应遵循**类型相同、特性相近、外形相似**的原则。例如，硅二极管和锗二极管不能互换，普通二极管与特殊二极管不能互换等。

2. 判别二极管的极性和质量

二极管的正、负极一般都在外壳上用图形符号、色点、标志环等标注出来，见表 1－6。

如果不能从二极管的外观上直接判别出正、负极，可利用二极管的单向导电性，即二极管正向电阻小、反向电阻大的特性，用万用表的电阻挡大致判断二极管的极性和质量。

表 1-6　　几种常见二极管的正、负极判别

判别方法	图示	说明
通过二极管的外形判别	正极	螺栓端为正极
通过二极管的标注判别	正极	在元件表面标注有二极管极性符号
	正极	有色环端为负极 另一端为正极
通过二极管的管脚长度判别	正极	长管脚为正极 短管脚为负极
通过二极管电极管键判别	正极	比电极稍宽的管键为正极 另一端为负极

万用表电阻挡等效电路如图 1-12 所示。将万用表置于 $R \times 100\ \Omega$ 或 $R \times 1\ k\Omega$ 挡，这时指针式万用表表内电池为 1.5 V，**红表笔连接表内电池负极，黑表笔连接表内电池正极**。

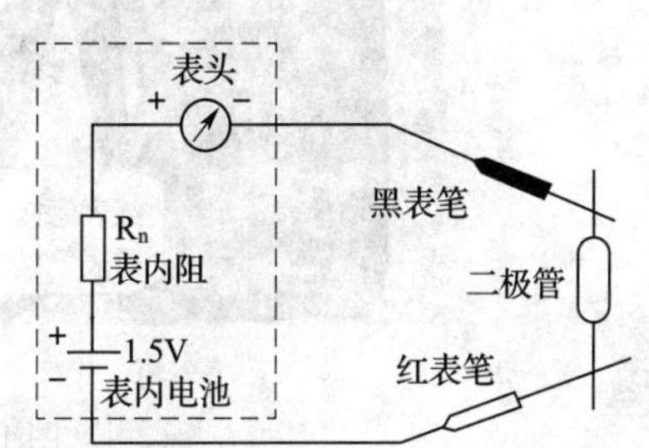

图 1-12　万用表电阻挡等效电路

先将两表笔短接调零，然后将万用表的红、黑两支表笔跨接在二极管的两端（见图 1-13a），若测得阻值较小（几千欧以下），再将红、黑表笔对调后接在二极管两端（见图 1-13b），测得的阻值读数较大（几百千欧以上），说明二极管质量良好，测得阻值较小的那一次黑表笔所接为二极管的正极。

如果是用数字式万用表检测二极管，应将转换开关拨至“→|”挡，红表笔插入“V·Ω”插孔（**注意：红表笔极性为正**），接二极管正极；黑表笔插入“COM”插孔，接二极管负极。此时显示的是二极管的正向压降（见图 1-14a），如果显示“000”，表示二极管内部短路。再将二极管反接，显示“1”，表示二极管反向电阻趋向无穷大，说明该管质量良好（见图 1-14b）。

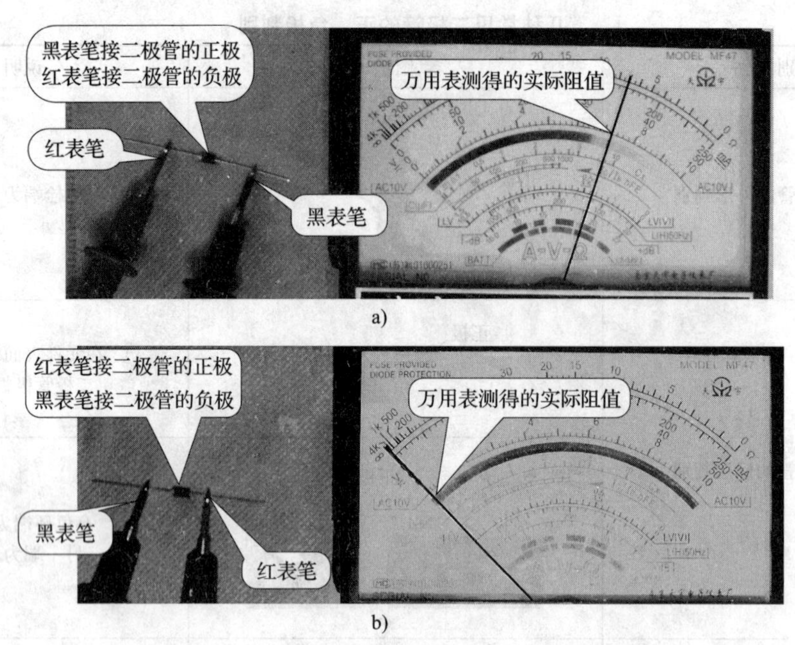

a)

b)

图 1－13　用万用表检测二极管

a）测二极管正向电阻　b）测二极管反向电阻

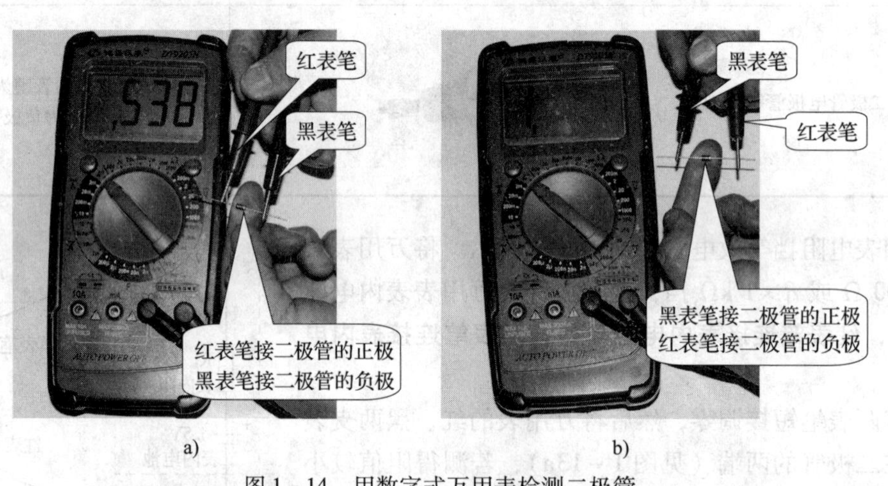

a)　　　　b)

图 1－14　用数字式万用表检测二极管

a）导通　b）未导通

§1－3　二极管整流电路

大多数家用电器如电风扇、洗衣机、空调等都是以 220 V/50 Hz 交流市电为电源的，还有一些用电器如手机、应急灯、电动自行车等，虽然要由直流电源供电，但它们的充电器也都是将 220 V 交流市电转变为所需直流电进行充电的（见图 1－15）；而电视机、音响设备、计算机等则是将直流电源作为整机电路的一部分，接通 220 V 交流电后，便可自行将 220 V 交流电转变为所需的直流电；工厂里的许多电气设备，如直流电动机、平面磨床的电磁吸盘等所需要的直流电，都是由交流电转换而来的。

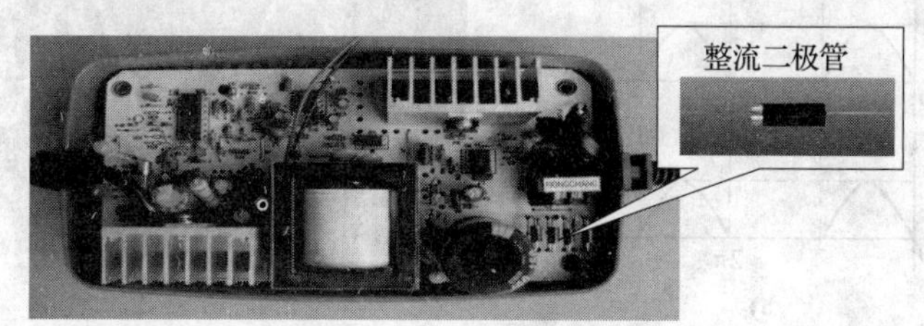

图 1－15　电动自行车充电器

将交流电转换为直流电称为**整流**。具有单向导电性的二极管是最常用的整流元件。

一、单相半波整流电路

观察半波整流电路波形，实验电路如图 1－16 所示。

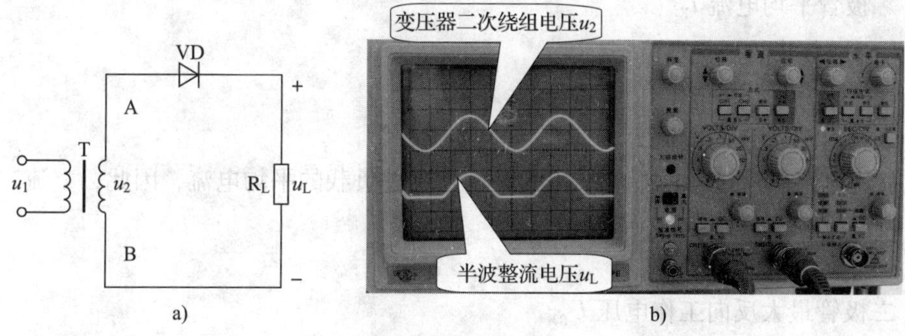

图 1－16　单相半波整流电路

a）原理电路　b）实测半波整流波形

按图 1－16 所示电路连接好单相半波整流电路后，接通电源，用双踪示波器观察输入、输出电压波形，可以清楚地看到正弦交流电压被转换为单相半波脉动电压。

1. 工作过程分析

在图 1－16a 电路中，变压器 T 的作用是将电网电压 u_1 变换为所需的交流电压 u_2。当 u_2 为正半周时，设 A 端为正，B 端为负，二极管 VD 正偏导通，电流由 A 端流出，经 VD、R_L 回到 B 端。忽略二极管正向压降，负载两端电压 $u_L \approx u_2$。

当 u_2 为负半周时，B 端为正，A 端为负，二极管反偏截止，负载上无电流通过，$u_L = 0$。

以后各周期重复上述过程，波形图如图 1－17 所示。

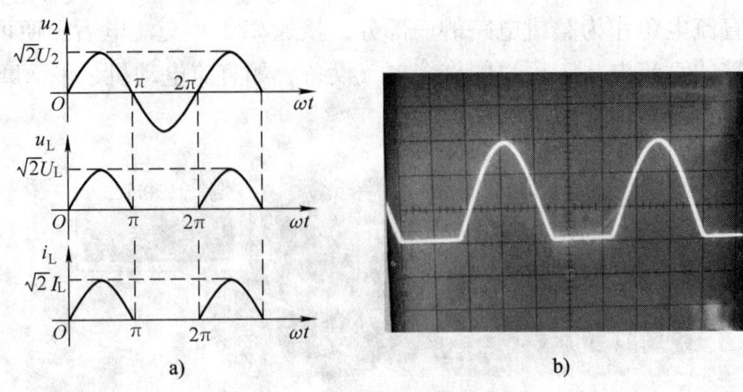

图 1－17　单相半波整流波形图

a）理论波形　b）实测波形

2. 负载上的直流电压 U_L

U_L即负载上脉动电压在一个周期内的平均值。

$$U_L = 0.45U_2$$

式中 U_2 为变压器二次绕组电压有效值。

3. 整流二极管的选用

（1）二极管平均电流 I_F

I_F即为流过负载的平均电流值。

$$I_F = I_L$$

（2）二极管最大正向电流 I_{FM}

半波整流电路中流过二极管的平均电流就是流过负载的平均电流，因此，整流二极管的最大正向电流应大于负载电流，即

$$I_{FM} > I_L$$

（3）二极管最大反向工作电压 U_{RM}

当交流电压 u_2在 1.5π、3.5π 等时刻时，二极管承受最大反向电压，考虑电网电压波动，因此

$$U_{RM} > \sqrt{2}U_2$$

学与用

电热毯控制电路如图 1－18 所示。

开关 S1、S2 全部闭合时，发光二极管 LED 发光，电热毯电阻丝发热升温，当达到一定温度后，断开 S2，二极管 VD 接入电路中，电路成为半波整流电路，电热毯处于保温状态。

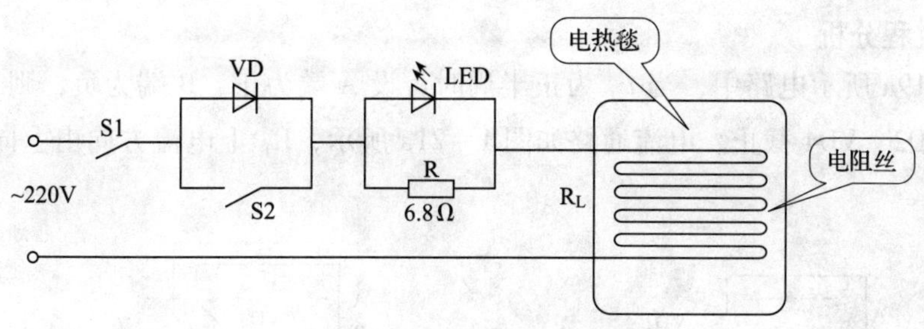

图1－18　电热毯控制电路

电路中电阻R能否不用？为什么？

二、单相桥式整流电路

演示实验

观察单相桥式整流电路的波形，实验电路如图1－19所示。

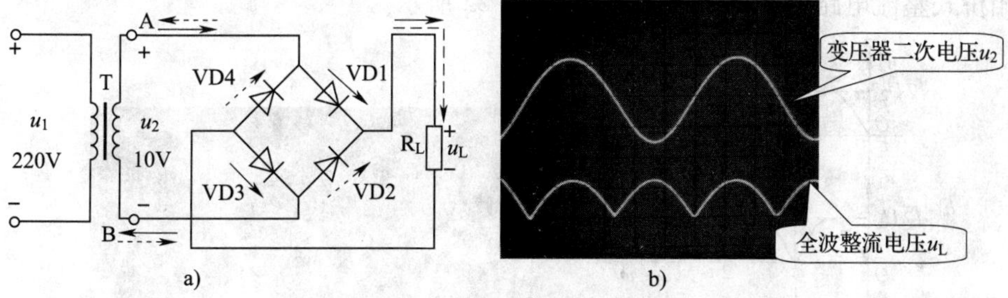

图1－19　单相桥式整流电路

a）原理电路　b）整流波形

按图1－19a所示电路图连接好单相桥式整流电路，用示波器观察输入、输出电压的波形。可以清楚地看到单相正弦交流电压经桥式整流后转变为单相全波脉动电压。

如图1－20所示为单相桥式整流电路的三种常见画法。

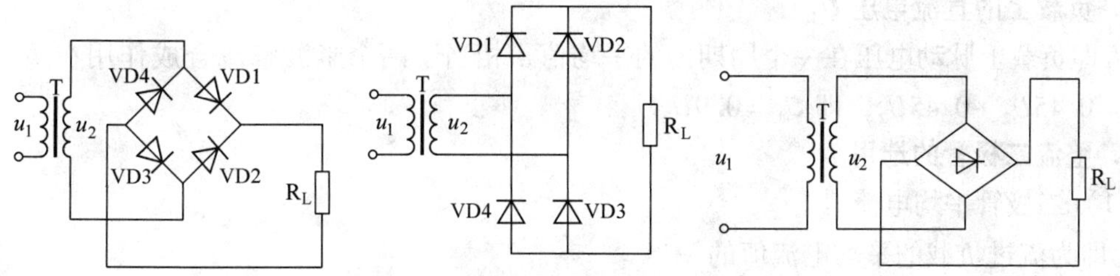

图1－20　单相桥式整流电路的三种常见画法

1. 工作过程分析

在图 1－19a 所示电路中，当 u_2 为正半周时，设 A 端为正，B 端为负，则二极管 VD1、VD3 导通，VD2、VD4 截止。电流通路如图 1－21a 所示，R_L 上电流方向由上向下，电压极性为上正下负。

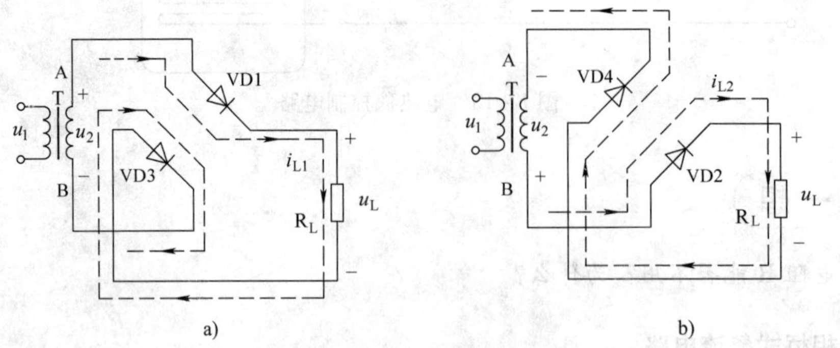

图 1－21　单相桥式整流电流通路

a）u_2正半周时的电流通路　b）u_2负半周时的电流通路

当 u_2 为负半周时，设 B 端为正，A 端为负，二极管 VD2、VD4 导通，VD1、VD3 截止。电流通路如图 1－21b 所示，R_L 上电流方向和电压极性与 u_2 正半周时相同。

单相桥式整流电路的工作波形图，如图 1－22 所示。

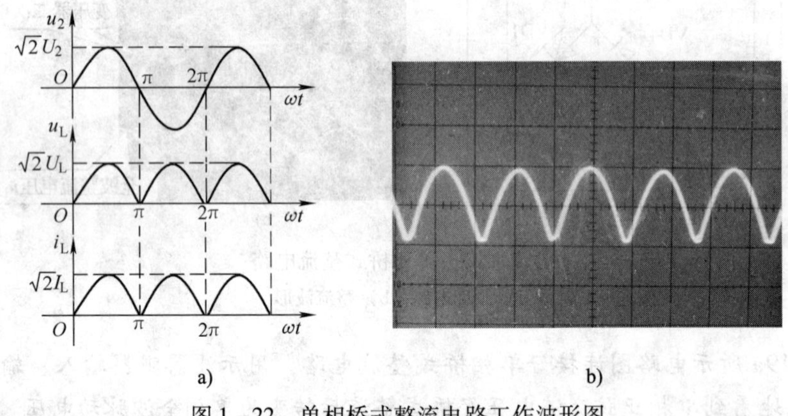

图 1－22　单相桥式整流电路工作波形图

a）理论波形　b）实测波形

2. 负载上的直流电压 U_L

U_L即负载上脉动电压在一个周期内的平均值，相当于两个半波整流合成作用在负载上，故 $U_L=0.45U_2+0.45U_2$，即 $U_L=0.9U_2$。

3. 整流二极管的选用

（1）二极管平均电流 I_F

I_F即为流过负载的平均电流值的一半。

$$I_F=\frac{1}{2}I_L$$

（2）二极管最大正向电流 I_{FM}

单相桥式整流电路中流过二极管的平均电流是流过负载电流的一半，因此整流二极管的最大正向电流应大于负载电流的一半，即

$$I_{FM} > \frac{1}{2} I_L$$

（3）二极管最大反向工作电压 U_{RM}

二极管最大反向工作电压应大于变压器二次绕组电压有效值的$\sqrt{2}$倍，即

$$U_{RM} > \sqrt{2}\, U_2$$

若采用二次绕组带中心抽头的双绕组变压器，将二次绕组中间抽头接地，然后接成桥式整流电路，同时将两个负载电阻相连，并将连接点接地，两个负载电阻上就可以同时输出正、负电压。电路如图 1－23 所示。

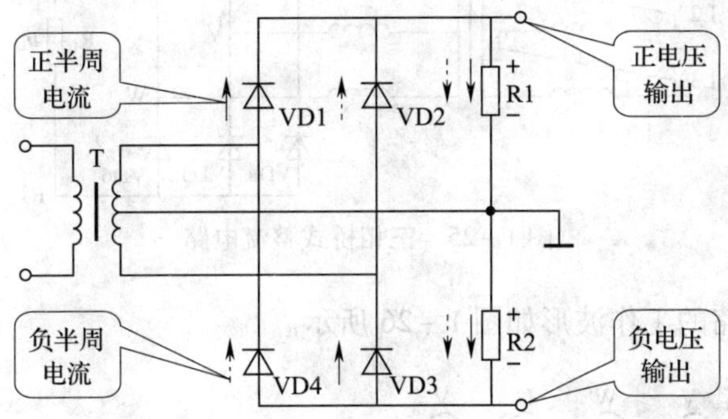

图 1－23　桥式整流输出正负电压的电路

学与用

如图 1－24b 所示为 M7130 型平面磨床电磁吸盘的直流供电电路。

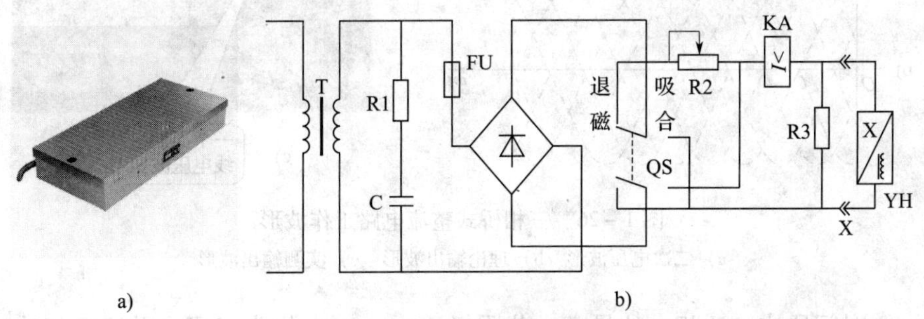

图 1－24　M7130 型平面磨床电磁吸盘的直流供电电路
a）电磁吸盘实物　b）直流供电电路

当 QS 扳向吸合位置时，单相桥式整流电路输出直流电压加在工作台下面的电磁吸盘 YH 线圈上，线圈中流过脉动电流产生强磁场，把工作台上被磁化的工件牢牢地吸住，然后便可进行磨削加工。

当工件加工完毕要卸下时，将 QS 扳向退磁位置，此时电磁吸盘 YH 线圈流过反向电流，电磁吸盘退磁，然后便可取下工件。

三、三相桥式整流电路

单相桥式整流电路输出功率不大，一般不超过几千瓦，若需要大功率直流电源时，一般要用三相桥式整流电路。

1. 工作原理

如图 1－25 所示为应用最广的三相桥式整流电路，电源变压器一次绕组接成△形，二次绕组接成 Y 形。VD1、VD2、VD3 共阴极连接，VD4、VD5、VD6 共阳极连接。

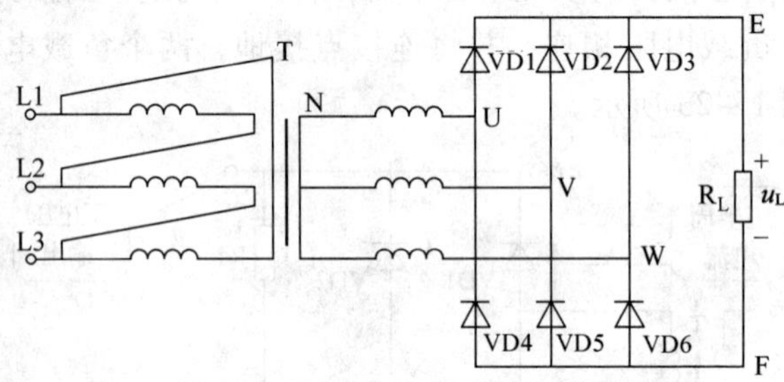

图 1－25　三相桥式整流电路

三相桥式整流电路的工作波形如图 1－26 所示。

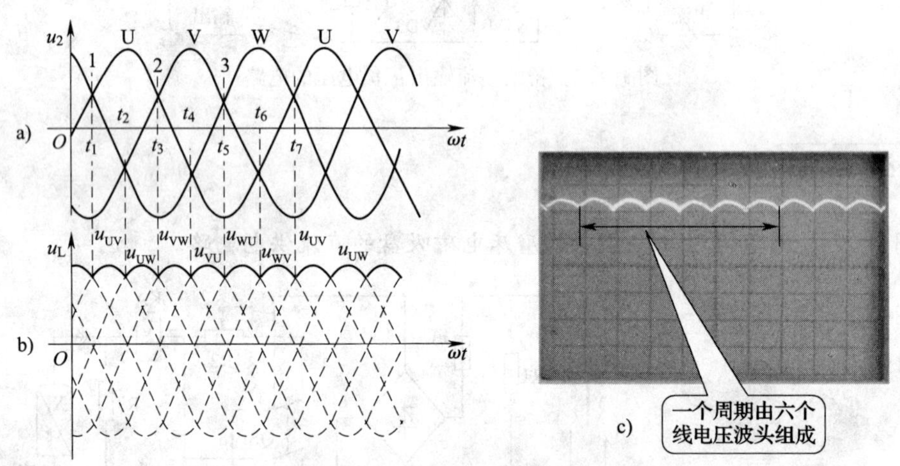

图 1－26　三相桥式整流电路工作波形

a）二次电压波形　b）理论输出波形　c）实测输出波形

在 $t_1 \sim t_2$ 时间段内，U 相电位最高，共阴极组中，VD1 优先导通；共阳极组中，V 相电位最低，VD5 优先导通；其余二极管截止。电流通路为 U→VD1→R_L→VD5→V→N。这时，$u_L = u_{UV}$。

在 $t_2 \sim t_3$ 时间内，U 相电位仍然最高，VD1 继续导通，而 W 相电位变为最低，因此 VD1 与 VD6 串联导通，其余二极管截止。电流通路为 U→VD1→R_L→VD6→W→N。这时，$u_L = u_{UW}$。

在 $t_3 \sim t_4$ 时间内，V 相电位最高，W 相电位最低，共阴极组的二极管中改为由 VD2 导通。因此 VD2 与 VD6 串联导通，电流通路为 V→VD2→R_L→VD6→W→N。这时，$u_L = u_{VW}$。

依此类推，不难得出如下结论：在任一瞬间，共阴极组和共阳极组中各有一只二极管导通，每只二极管在一个周期内导通 120°，负载上获得的脉动直流电压是线电压 u_{UV}、u_{UW}、u_{VW}、u_{VU}、u_{WU}、u_{WV}的波顶连线。在一个周期内出现六个波头，负载电压为正压输出。

2. 主要参数计算

输出直流电压平均值为

$$U_L = 2.34U_2$$

式中，U_2 为变压器二次绕组相电压有效值。

输出电流平均值为

$$I_L = \frac{U_L}{R_L}$$

通过二极管的平均电流为

$$I_F = \frac{1}{3}I_L$$

二极管承受的最大反向工作电压为

$$U_{RM} = \sqrt{2} \times \sqrt{3} U_2 = 2.45U_2$$

与单相桥式整流电路相比，三相桥式整流电路的输出波形显然更为平滑，脉动更小，而且变压器利用率高，更重要的是在大功率输出的情况下不会影响三相电网的平衡。三相桥式整流电路一般用在电解、电镀、电焊以及给直流电动机供电的直流电路中。

四、硅整流堆

将硅整流器件按某种整流方式连接后封装成一体就制成了硅整流堆，俗称**硅堆**。

1. 硅整流堆的结构和外形

硅整流堆器件品种较多，在内部结构上，低压小电流硅堆的整流二极管按**半桥**或**全桥**方式组合，俗称**桥堆**，通常采用塑料或陶瓷封装；大电流硅堆则要采用特殊工艺制造，通常采用金属封装，有的还直接带有散热器。常见的硅堆外形如图 1－27 所示。采用硅整流堆构成整流电路时，它占用电路板的空间小，安装方便，可靠性好。

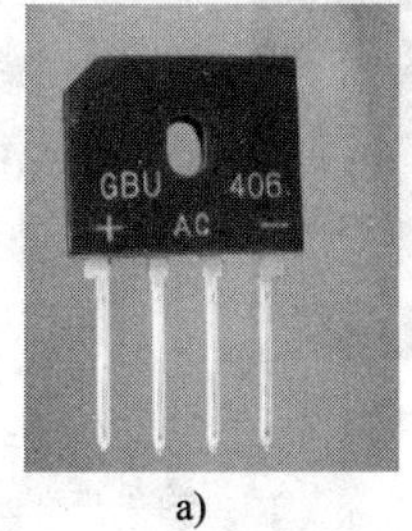

a)

b)

c)

d)

图 1－27　常见硅堆外形

a）单相整流桥　b）贴片式单相整流桥　c）三相整流桥　d）高压硅整流堆

2. 硅整流堆的检测

硅整流堆外壳上各引脚对应位置一般都有标记。标有“AC”或“～”符号表示接输入交流电，标有“+”“-”号表示这两个端子为输出脉动直流电的正极、负极。

对低压小电流硅堆，可用万用表 $R\times100\ \Omega$ 或 $R\times1\ k\Omega$ 挡分别测量交流输入端、直流输出端的正反向电阻来判别其质量。若交流输入端正反向电阻均趋近无穷大，直流输出端正向电阻比单只二极管略大，反向电阻趋近无穷大，则说明该硅堆质量良好。

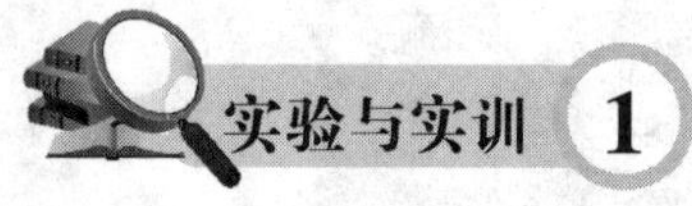

单相桥式整流电路的安装与调试

一、实训电路

实训电路与图 1-19 演示实验电路相同。

二、器材准备

按表 1-7 准备元器件，并逐一进行检测。

表 1-7 元器件明细表

代号	名称	规格
VD1 ~ VD4	二极管	4×1N4007
R_L	碳膜电阻器	1 kΩ
T	电源变压器	220 V/12 V 10 W

1. 识别二极管正、负极，并用万用表测量其正、反向电阻。

2. 识读色环电阻标称阻值，并用万用表测量其实际阻值。

3. 用万用表测量电源变压器一次、二次绕组的阻值。如果是降压变压器，一般一次绕组的阻值为几百欧，二次绕组的阻值为几欧（见图 1-28），如果是升压变压器则相反。

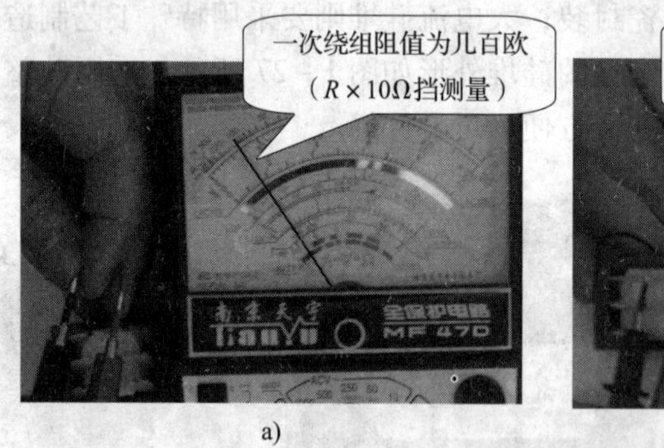

a)

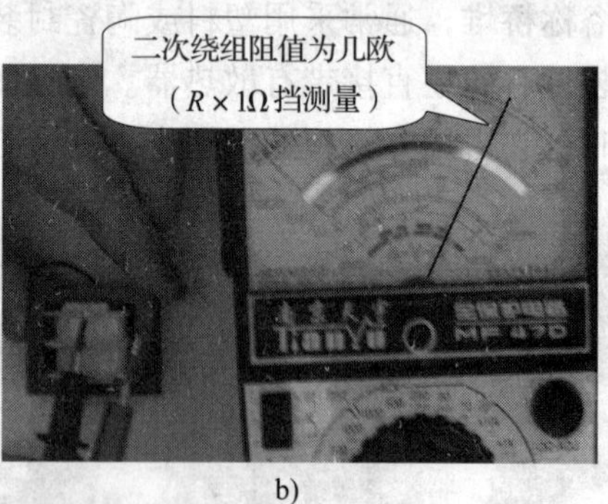

b)

图 1-28 变压器的检测

a）测一次绕组阻值 b）测二次绕组阻值

三、安装测试

1. 按电路原理图，在多孔电路板上画好布局草图。

2. 按工艺要求对元器件的引脚进行成形加工。

3. 参考图 1-29 所示单相桥式整流电路实物图，按工艺要求安装（见图 1-30）、焊接电路（见图1－31）。

图1－29　单相桥式整流电路实物图

图1－30　元件装配工艺要求

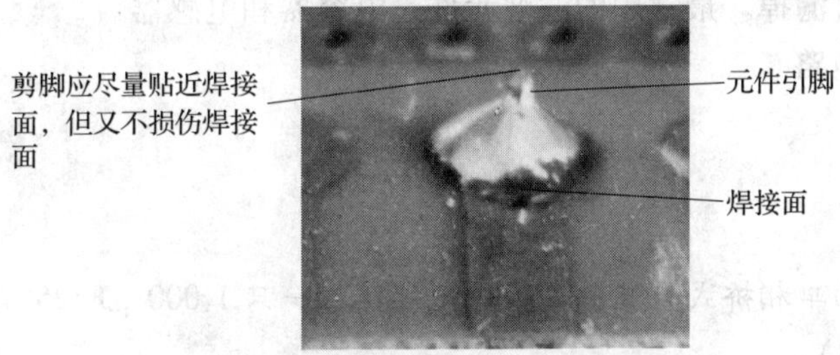

图1－31　焊接点剪脚示意图

4. 将电源变压器用螺钉紧固在电路板的元件面上，一次绕组的引出线向外，二次绕组的引出线向内。变压器一次绕组的两个输入接线端与电源插头线的连接处应用绝缘胶布包住或用套管套紧，以防短路或触电。

5. 用示波器观测整流电路输入、输出电压波形

按图1－32将示波器的探头连接至电路，测量输入波形。调节示波器，使显示波形稳定，将测得的输入波形绘制在表1－8中。

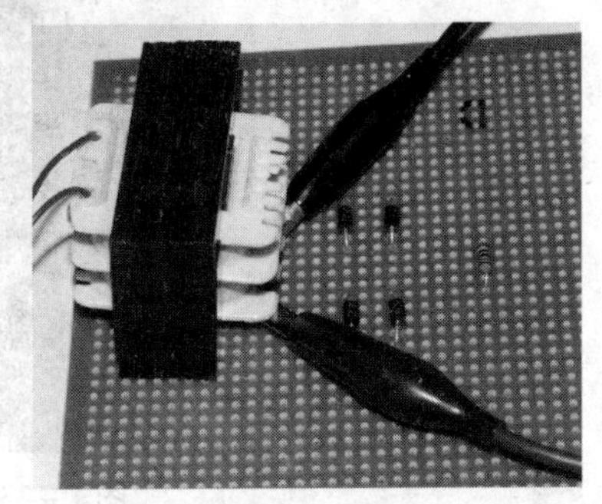

图1－32　示波器探头与电路板的连接

将示波器探头连接在 R_L 两端，用同样的方法测量输出波形，并绘制在表1-8中。

表1-8　　单相桥式整流电路波形测试记录

输入波形图	输出波形图

§1-4　滤波电路

交流电经整流后转换为脉动直流电，但其中仍含有较大的交流成分，俗称**纹波**。这种脉动直流电只能用在电镀、电焊、给蓄电池充电等用电要求不高的设备中，而很多家用电器如收录机、电视机、计算机、自动控制装置等，需要使用平滑的直流电，因为脉动直流电中的纹波会使音响发出交流噪声，会使电视图像产生扭曲，还会使自动控制系统不能正常工作。

为了得到平滑的直流电，必须在整流电路之后接入滤波电路，从而把脉动直流电中的交流成分尽可能多地过滤掉。最常用的滤波元件是电容器和电感器。

一、电容滤波电路

演示实验

在前面已完成的单相桥式整流电路板输出端接入一只1 000 μF/25 V的电解电容器与负载并联（见图1-33）。

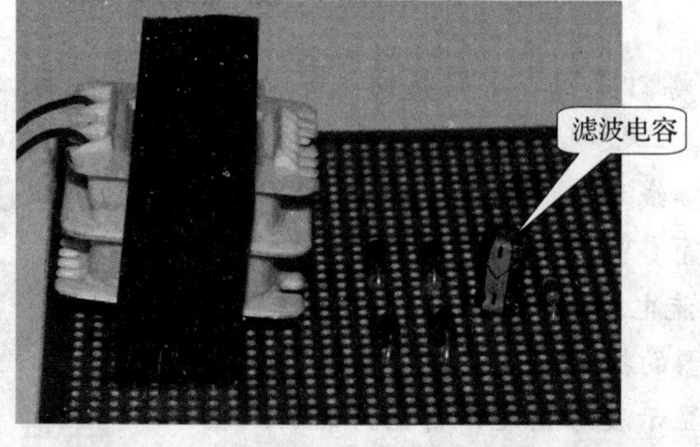

图1-33　单相桥式整流电容滤波实验电路

接通电源后，用示波器观测输出电压波形（见图1－34），可以看到接入滤波电容后输出电压波形变得较为平滑。

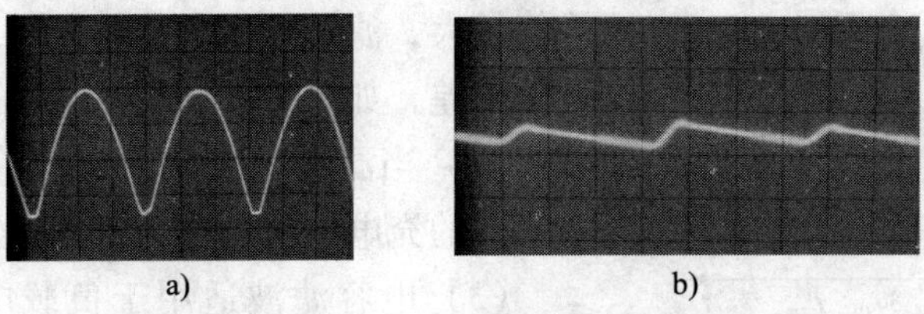

图1－34　单相桥式整流电容滤波前后输出电压波形

a）无滤波电容时的波形　b）接入滤波电容后的波形

1. 电容滤波原理

单相桥式整流电容滤波电路，如图1－35a所示。

设接通电源前电容C两端电压为零，当接通电源后，在 u_2 正半周，二极管VD1、VD3导通，电容C迅速充电（同时也向负载供电），电容C两端电压随 u_2 同步上升，并达到 u_2 的峰值（见图1－35b中 *OA* 段）。

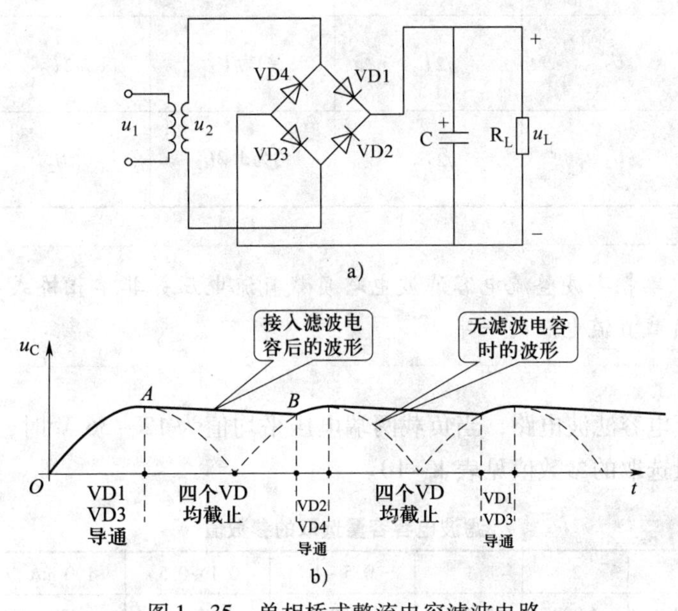

图1－35　单相桥式整流电容滤波电路

a）电路图　b）波形图

当 u_2 由峰值开始下降到 $u_2 < u_C$ 时，VD1、VD3截止（VD2、VD4仍截止），电容C通过 R_L 放电，u_L 下降平缓（见图1－35b中 *AB* 段）。

当 u_2 负半周到来，而且达到 $u_2 > u_C$ 时，VD2、VD4导通，电容重复上述充放电过程。

图1－35b中虚线所示为未接滤波电容时的输出电压波形，实线所示为电容滤波后的输出电压波形。由于滤波电容的充放电作用，输出电压的脉动程度大为减弱，波形相对平滑，输出电压平均值也得到提高。

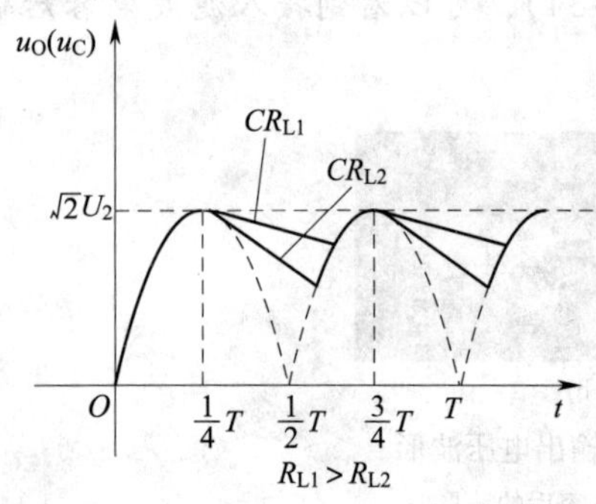

图 1－36　R_LC 变化对电容滤波的影响

2. 电容滤波特点

（1）R_LC 越大，电容放电越慢，输出直流电压平均值越大，滤波效果也越好；反之，输出电压低且滤波效果差，如图 1－36 所示 $CR_{L1} > CR_{L2}$。

（2）当滤波电容较大时，在接通电源的瞬间会有很大的充电电流，称为**浪涌电流**。

（3）电容滤波适用于负载电流较小且变化不大的场合。

单相桥式整流和单相半波整流电路经电容滤波后，有关电压电流的计算可参考表 1－9。

表 1－9　　电容滤波整流电路负载电压的估算

电路形式	输入交流电压有效值	负载两端电压平均值		整流二极管上的电压和电流	
		负载开路时	带负载时	最大反向工作电压 U_{RM}	通过的平均电流 I_F
单相半波整流电容滤波	U_2	$\sqrt{2}U_2$	约为 U_2	$2\sqrt{2}U_2$	I_L
单相桥式整流电容滤波	U_2	$\sqrt{2}U_2$	约为 $1.2U_2$	$\sqrt{2}U_2$	$\frac{1}{2}I_L$

单相半波整流电容滤波电路负载直流电压并非单相桥式整流电容滤波电路负载直流电压的一半。

单相桥式整流电容滤波电路，当负载两端电压平均值为 12～36 V 时，根据负载电流大小，滤波电容容量选取的参数值见表 1－10。

表 1－10　　滤波电容容量选取的参数值

输出电流（A）	2	1	0.5～1	0.1～0.5	100 mA 以下	50 mA 以下
滤波电容的容量（μF）	4 000	2 000	1 000	470	220～470	220

【例】

采用单相桥式整流电容滤波电路，要求输出直流电压为 24 V，负载电流为 50 mA。试选用合适的整流二极管和滤波电容。

解：（1）整流二极管的选择

电源变压器二次绕组电压有效值为

$$U_2 = \frac{U_L}{1.2} = \frac{24}{1.2} = 20\ (\text{V})$$

流过每只二极管的平均电流为

$$I_F=\frac{1}{2}I_L=\frac{1}{2}\times 50=25\ (\text{mA})$$

每只二极管承受的最大反向电压为

$$U_{RM}=\sqrt{2}U_2\approx 1.414\times 20\approx 28\ (\text{V})$$

查晶体管手册，可选用整流二极管 2CZ52B（$I_F=100$ mA，$U_{RM}=50$ V）。

（2）滤波电容的选择

参考表 1－10，可选用容量为 220 μF、耐压为 50 V 的电解电容器。

仿真实验

桥式整流电容滤波电路的特点

设桥式整流电容滤波电路中，变压器二次绕组电压有效值 $U_2=20$ V，负载电阻 $R_L=200\ \Omega$，滤波电容 $C=220$ μF。利用 Multisim 仿真软件构建该电路（有关 Multisim 仿真软件使用方法见本书附录），如图 1－37 所示，完成下列各项测试：

（1）电路正常工作时，利用虚拟仪器测量输出直流电压 U_L。

（2）令 $R_L=200\ \Omega$，将电容 C 改为 22 μF，观察输出电压 u_L 波形，测量 U_L。

（3）将负载 R_L 断开，$C=22$ μF 不变，观察 u_L 波形，测量 U_L。

（4）令 $R_L=200\ \Omega$，将电容 C 断开，观察 u_L 波形，测量 U_L。

（5）令 $R_L=200\ \Omega$，$C=220$ μF，将二极管 VD1 断开，观察 u_L 波形，测量 U_L。

（6）令 $R_L=200\ \Omega$，将二极管 VD1 和电容 C 同时断开，观察 u_L 波形，测量 U_L。

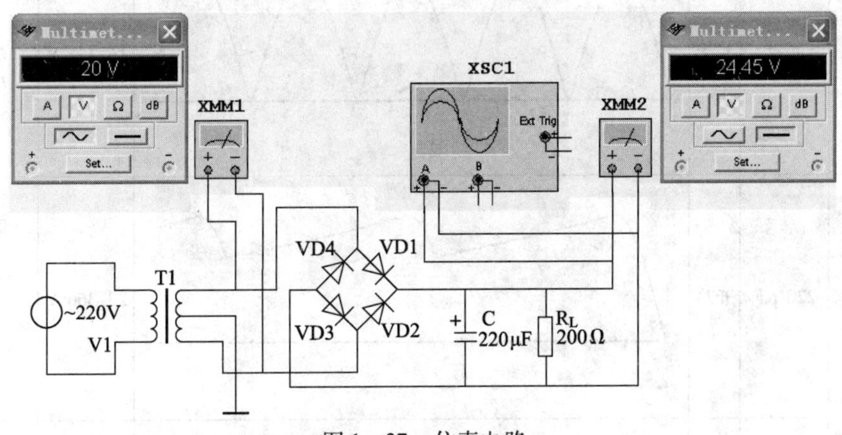

图 1－37　仿真电路

根据以上仿真结果，可总结出桥式整流电容滤波电路的特点。在不同情况下观察到输出电压 u_L 的波形及测得的 U_L 值见表 1－11。

表 1－11　　测量记录及分析

序号	电路参数			输出电压 u_L 波形	U_L 测量值	特点
	R_L	C	VD1			
1	200 Ω	220 μF	正常	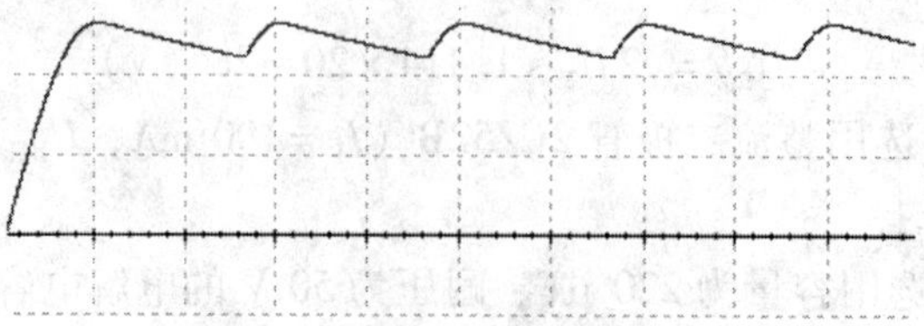	24.45 V	正常工作 $U_L \approx 1.2U_2$
2	200 Ω	22 μF	正常	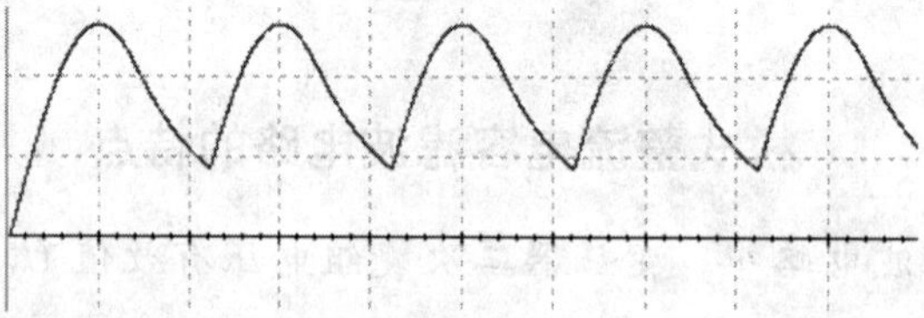	18.552 V	脉动成分增大， U_L值减小 $U_L < 1.2U_2$
3	开路	22 μF	正常	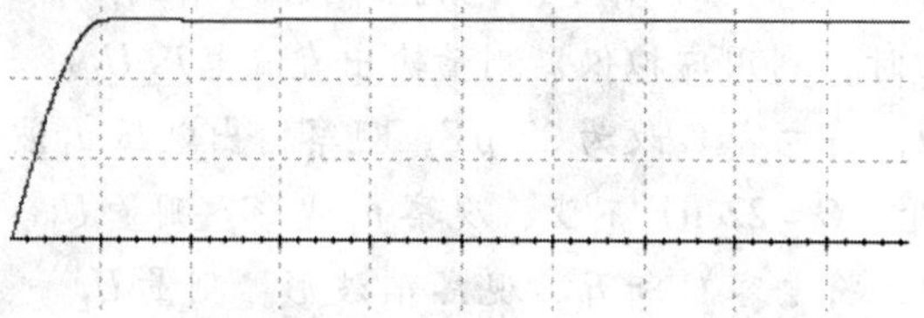	27.45 V	电容充电至最大值后不再放电 $U_L \approx \sqrt{2}U_2$
4	200 Ω	开路	正常	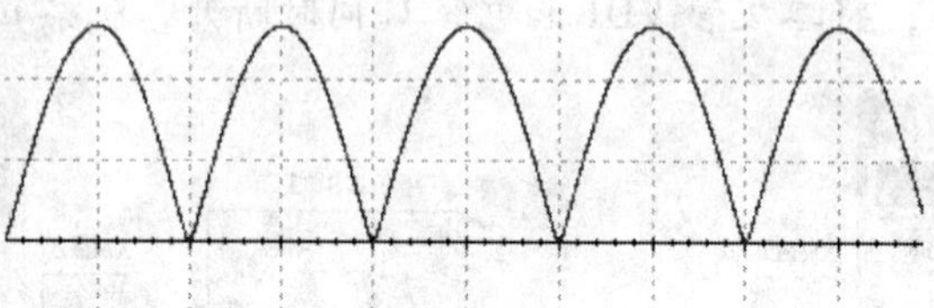	16.453 V	桥式整流 无电容滤波 $U_L \approx 0.9U_2$
5	200 Ω	220 μF	开路	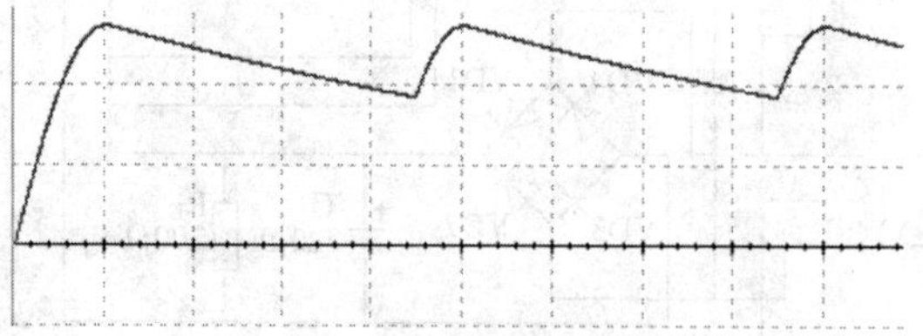	22.366 V	半波整流 电容滤波 $U_L \approx U_2$
6	200 Ω	开路	开路	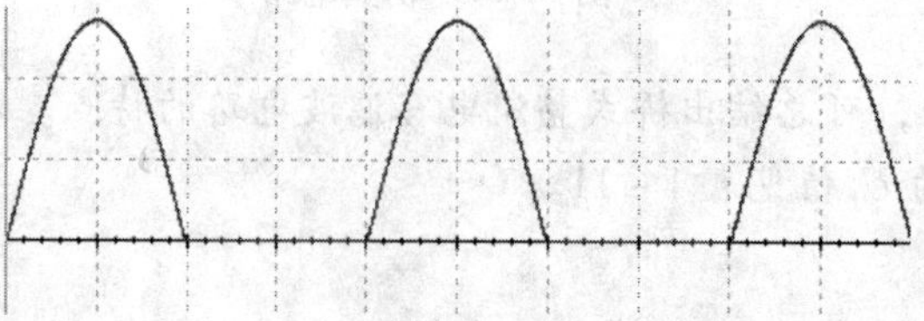	8.252 V	半波整流 无电容滤波 $U_L \approx 0.45U_2$

倍压整流电路

二倍压整流电路如图 1－38 所示，它由两只整流二极管和两只电容器组成。其工作原理分析如下：

当 u_2 为正半周时，假设 A 端为正，B 端为负，二极管 VD1 导通，VD2 截止；电容 C1 充电，C1 上电压极性为右正左负，电压最大值可达 $\sqrt{2}U_2$。

当 u_2 为负半周时，假设 A 端为负，B 端为正，C1 上电压与变压器二次绕组电压相加，使 VD2 导通，VD1 截止；电容 C2 充电，C2 上电压极性为右正左负，最大值可达 $2\sqrt{2}U_2$，C2 上的电压经 R_L 放电、当 R_L 很大时，其上获得的电压输出为 $2\sqrt{2}U_2$。利用同样原理，可构成多倍压整流电路，如图 1－39 所示。

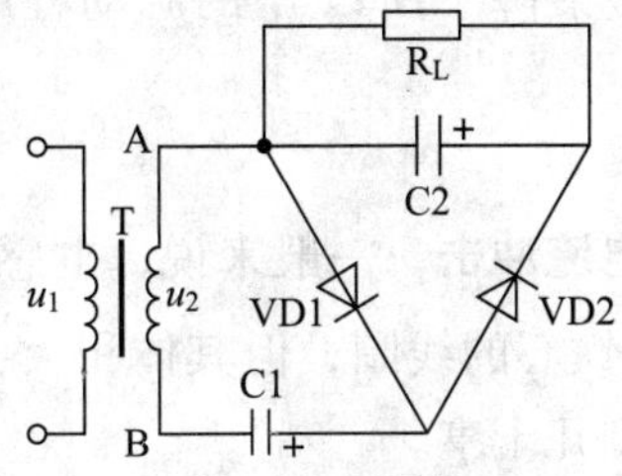

图 1－38　二倍压整流电路

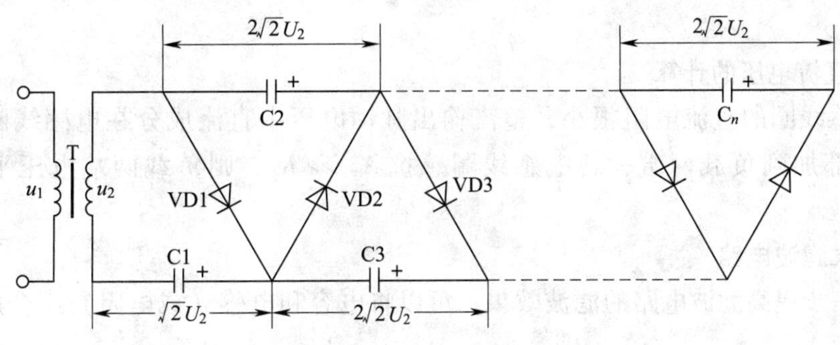

图 1－39　多倍压整流电路

二、电感滤波电路

电容滤波电路一般适用于负载电流较小且变化不大的场合。若是在负载电流很大（即负载电阻很小）的情况下，采用电容滤波，则所选用的电容器容量势必也要很大，这样对整流二极管的短时冲击电流，即浪涌电流也就很大，如何选择整流二极管和滤波电容就变得比较困难，这时采用电感滤波电路供电效果会更好。

1. 电感滤波原理

单相桥式整流电感滤波电路如图 1－40 所示，**滤波电感与负载串联**。

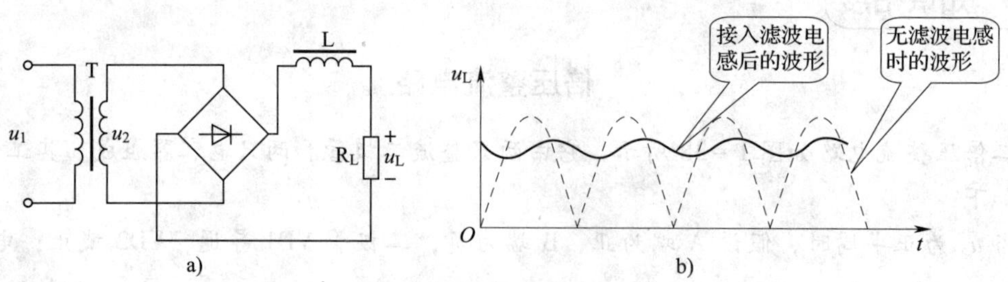

图 1－40 单相桥式整流电感滤波电路

a）原理电路图 b）波形图

当负载电流 i_L 发生变化时，电感线圈两端会产生自感电动势来阻碍电流的变化。当 i_L 增大时，自感电动势的阻碍作用会导致 i_L 只能缓慢上升；当 i_L 减小时，自感电动势的阻碍作用又会导致 i_L 只能缓慢下降。所以 i_L 的脉动程度会大为减弱，负载电压 u_L 的波形会变得比较平滑。

2. 电感滤波特点

电感滤波对整流二极管没有电流冲击。一般来说，电感线圈感抗 X_L 越大，滤波效果越好。为了增大 X_L 值，电感多用带铁心的线圈，但其体积大，较笨重，成本高，输出电压也会降低，所以滤波电感常取几亨到几十亨。

电感滤波主要用于大电流负载或电流经常变化的场合。有些整流电路负载是电动机线圈、继电器线圈等电感性负载，负载本身就能起到平滑脉动电流的作用，这时可以不必另加滤波电感。

3. 输出直流电压的计算

由于电感线圈的直流电阻很小，整流输出脉动电压中直流成分在电感线圈上降得很少，几乎全部加到负载两端，若电感线圈感抗 $X_L \gg R_L$，则负载两端电压平均值 $U_L \approx 0.9U_2$。

三、复式滤波电路

为了进一步提高滤波电路的滤波效果，可以将电容和电感（或电阻）组合成复式滤波电路。

1. LC 型滤波电路

在电感滤波电路的基础上，再在 R_L 上并联一个电容，便构成如图 1－41 所示的 LC 型滤波电路。脉动直流电经过电感 L，交流成分被削弱，再经过电容滤波，将交流成分进一步滤除，就可在负载上获得更加平滑的直流电压。

LC 型滤波电路带负载能力较强，在负载变化时，输出电压比较稳定。又由于滤波电容接于电感之后，因此，可使整流二极管免受浪涌电流的冲击。

采用 LC 型滤波电路的负载两端电压平均值 $U_L = 0.9U_2$。

2. LC－π型滤波电路

在 LC 型滤波电路的输入端再并联一个电容，便构成 LC－π 型滤波电路。如图 1－42 所示。

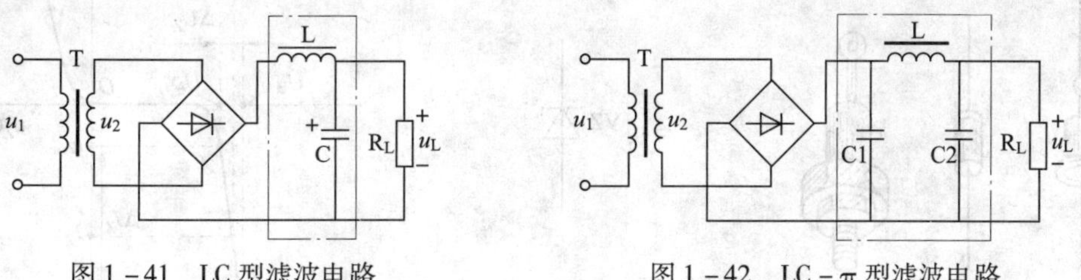

图 1－41　LC 型滤波电路　　图 1－42　LC－π 型滤波电路

LC－π 型滤波电路比 LC 型滤波电路的输出电压高，波形也更平滑。但带负载能力较差，对整流二极管仍存在浪涌电流。为了减小浪涌电流，一般取 $C_1 < C_2$。

采用 LC－π 型滤波电路的负载两端电压平均值 $u_L \approx 1.2u_2$。

3. RC－π型滤波电路

当负载电流较小时，常选用电阻 R 代替 LC－π 滤波电路中的电感 L，构成 RC－π 型滤波电路，如图 1－43 所示。脉动电压中交流分量在电阻 R 上产生较大压降，使输出电压中的交流成分减少，R 同时对直流分量也会产生直流压降，产生直流功率损耗，使输出直流电压降低。R 越大，滤波效果越好，但同时电压损失也越大。一般 R 的阻值取几十欧到几百欧，且满足 $R \ll R_L$。

采用 RC－π 型滤波电路的负载两端电压平均值 $u_L \approx 1.2u_2$。

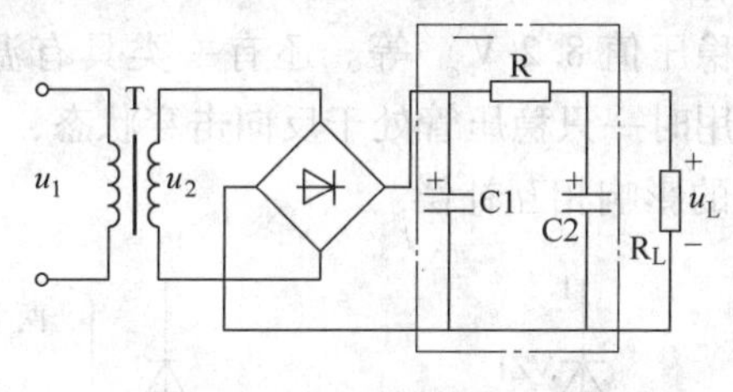

图 1－43　RC－π 型滤波电路

§1－5　几种特殊用途的二极管

前面介绍了整流二极管，它主要应用于整流电路。实际应用中还有许多其他用途的二极管，如稳压二极管、发光二极管、光电二极管、变容二极管等。

一、硅稳压二极管

1. 外形、图形符号和伏安特性

硅稳压二极管简称稳压管，其外形、图形符号和伏安特性曲线如图 1－44 所示。

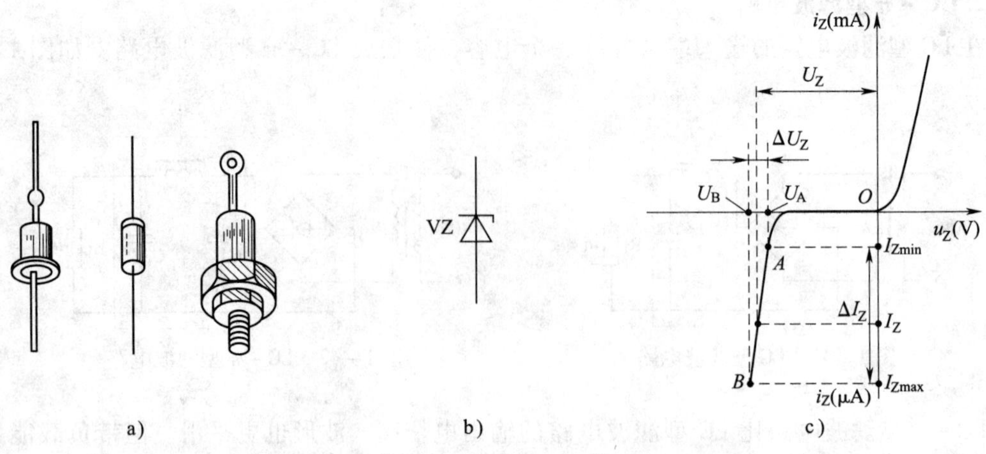

图 1－44　稳压二极管

a）外形　b）图形符号　c）伏安特性曲线

由图 1－44c 所示伏安特性曲线可以看出，硅稳压二极管的正向特性与普通硅二极管相似，但它的反向击穿特性很陡。由于硅稳压二极管是采用特殊工艺制作的面接触硅材料二极管，当它工作在反向击穿区时，只要采取限流措施，稳压管不会被击穿烧坏，当流过稳压管的电流在 $I_{Zmin}\sim I_{Zmax}$ 范围内变化时，其两端电压几乎不变，这就是它的稳压特性。

国内常用稳压二极管的型号有 2CW55（稳压值 6.2～7.5 V）、2CW140（稳压值 13.5～17 V）等，国外生产的型号有 1N4728A（稳压值 3.3 V）、1N4733（稳压值 5 V）、1N4735（稳压值6.2 V）、1N4738（稳压值 8.2 V）等。还有一类具有温度补偿作用的稳压管，如 2DW231（见图 1－45），使用时一只稳压管处于反向击穿状态，另一稳压管处于正向导通状态，两只稳压管受温度变化的影响相互补偿。

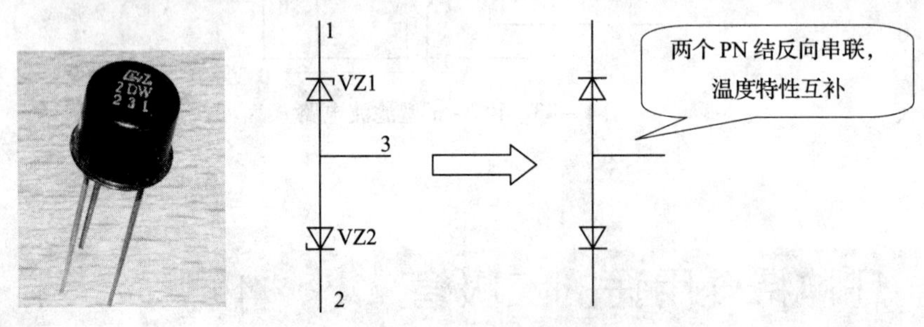

图 1－45　具有温度补偿的稳压管

2. 检测方法

对于稳压值小于 10 V 的稳压二极管，可以先按普通二极管的检测方法判断出稳压二极管的正负极性，然后将万用表置于 $R\times 10\ \mathrm{k\Omega}$ 挡（此时表内电池电压为 10 V 左右）测量稳压管的反向电阻，若此时所测电阻值明显减小，说明该稳压管有稳压作用。若稳压管反向击穿电压大于 10 V，则无法用万用表检测。

二、发光二极管

1. 外形与图形符号

发光二极管是一种将电能转换成光能的半导体器件，常用 LED 表示，它是 Light Emitting Diode 的缩写。发光二极管的外形和图形符号如图 1－46a、b 所示。

发光二极管根据所用材料不同，可以发出红、绿、黄、蓝、橙等不同颜色的光。此外，有些特殊的发光二极管还可以发出不可见光或激光。发光二极管的伏安特性与普通二极管相似，但正向导通电压稍大，红色 LED 管约为 1.7 V，黄色的约为 1.8 V，绿色的约为 2.3 V，蓝色的约为 3.5 V。图 1－46c 所示发光二极管有三个管脚，根据管脚电压情况可发出两种不同颜色的光。

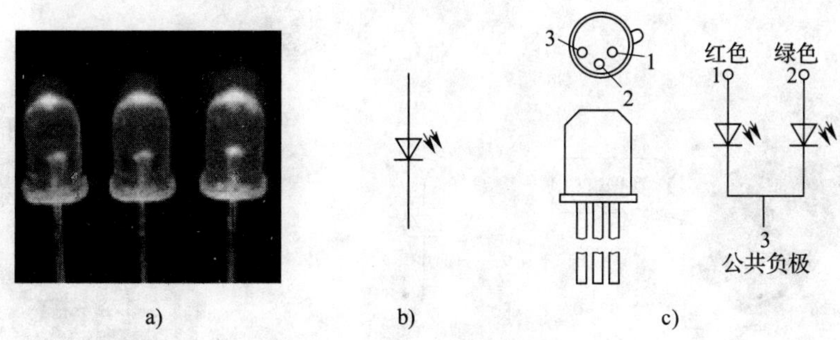

图 1－46　发光二极管

a）普通发光二极管外形　b）图形符号　c）双色发光二极管

2. 应用

发光二极管常用做显示器件，除单个使用外，也可制成七段式数码管或点阵显示器，显示数字或图形符号。图 1－47a、b 所示为七段式数码管的外形和电路图，图 1－47c 所示为用 LED 点阵显示器制成的公路信号灯。

3. 检测方法

将万用表置于 $R \times 10\ \text{k}\Omega$ 挡测量其正反向电阻，当测得正向电阻小于 $50\ \text{k}\Omega$，反向电阻大于 $200\ \text{k}\Omega$ 时均为正常。

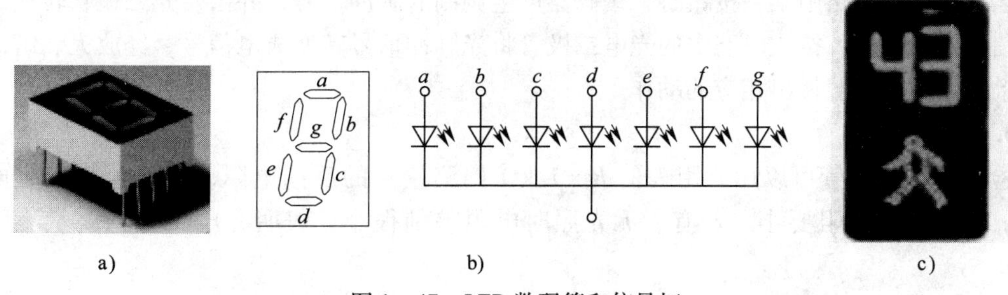

图 1－47　LED 数码管和信号灯

a）七段式数码管外形　b）七段式数码管电路　c）LED 信号灯

如果用368型万用表，由于该表 $R\times1\Omega\sim R\times1\ k\Omega$ 挡都是使用3 V电池，所以可以用这几个挡测量，若二极管发光，显然管子是好的，并且与黑表笔相接的是发光二极管的正极。用数字式万用表测量时，可将发光二极管的两只管脚分别插入 h_{FE} 插座的C、E检测孔，若二极管发光，在NPN挡插入C孔的管脚是正极；若二极管插入后不发光，对调管脚后再插入仍不发光，说明二极管已坏。

三、光电二极管

1. 外形与图形符号

光电二极管又称光敏二极管，它的基本结构也是一个PN结，但是，它的PN结接触面积较大，可以通过管壳上一个窗口接受入射光。光电二极管的外形和图形符号如图1－48所示。

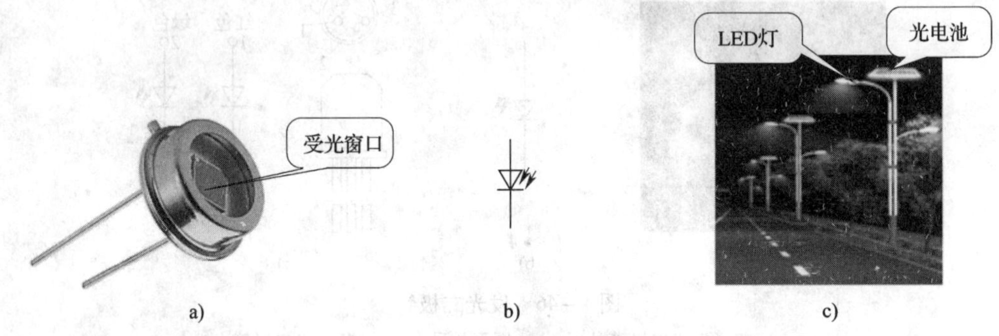

图1－48　光电二极管及其应用

a）光电二极管外形　b）图形符号　c）光电池

2. 应用

光电二极管工作在反偏状态，当无光照时，反向电流很小，称为暗电流，一般小于0.1μA。当有光照时，反向电流迅速增大，可达几十微安，称为光电流。光电流不仅与入射光的强度有关，而且与入射光的波长有关。光电二极管不仅能构成光电传感器件，如果制成受光面积大的光电二极管，则可成为一种能源装置，称为**光电池**。

图1－49所示为远红外线遥控电路示意图。图1－49a为发射电路，图1－49b为接收电路。

当按下发射电路中某一按钮时，编码器产生调制的脉冲信号，并由发光二极管转换成光脉冲信号发射出去，按收电路中的光电二极管将光脉冲信号转变成电信号，经放大、解码后由驱动电路驱动负载做出相应的动作。

3. 检测方法

检测光电二极管可以用万用表的 $R\times1\ k\Omega$ 挡测量它的反向电阻，要求无光照时电阻要大，有光照时电阻要小。若有、无光照时电阻差别很小，表明光电二极管质量不好或已坏。

四、变容二极管

1. 外形、图形符号和特性曲线

变容二极管是利用PN结结电容效应制成的一种特殊二极管。当变容二极管加上反向电

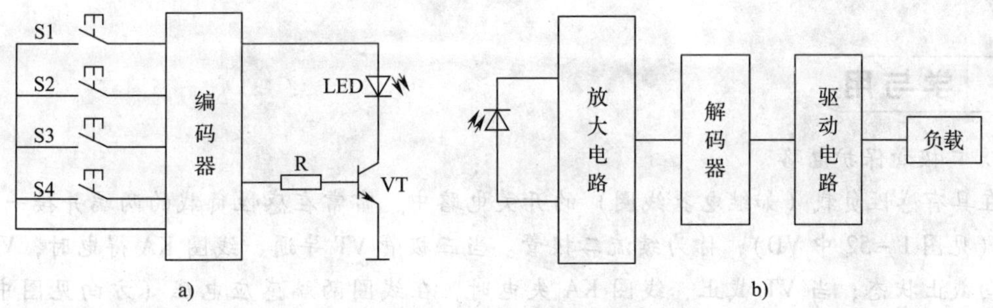

图 1-49　远红外遥控电路

a）发射电路　b）接收电路

压时，其结电容会随反向电压的大小而变化。变容二极管的外形、图形符号和 $C-u_R$ 特性曲线如图 1-50 所示。

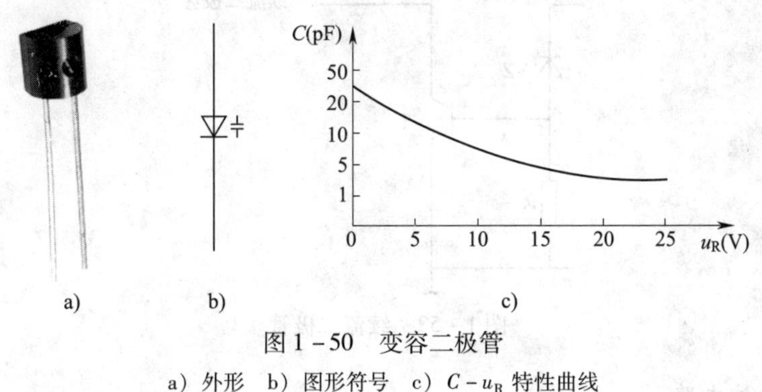

图 1-50　变容二极管

a）外形　b）图形符号　c）$C-u_R$ 特性曲线

2. 应用

变容二极管常用在高频电路中，例如用在电视机电调谐高频头的调谐电路中，通过改变反向偏置电压来选择电视频道。其原理电路如图 1-51 所示。当调节电位器 RP 时，加在变容二极管上的电压发生变化，其电容量相应改变，从而使振荡回路的谐振频率也随之改变。

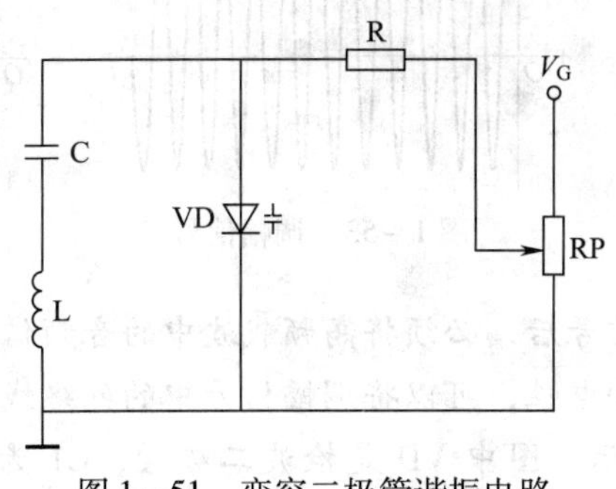

图 1-51　变容二极管谐振电路

1. 二极管保护电路

在具有感性负载（如继电器线圈）的开关电路中，常常在感性负载的两端并接一只二极管（见图1－52中VD），称为续流二极管。当三极管VT导通、线圈KA得电时，VD处于反向截止状态；当VT截止、线圈KA失电时，在线圈两端感应电压（方向见图中＋、－）的作用下，VD正向导通，使线圈中存储的磁场能能够迅速释放，对电路起到保护作用。

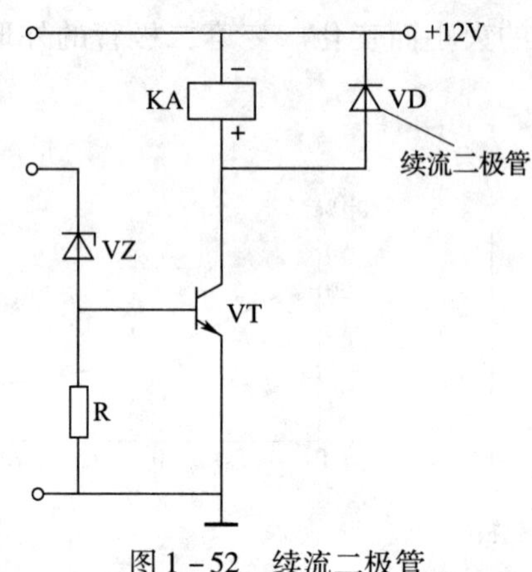

图1－52　续流二极管

2. 二极管检波电路

在无线电技术中，要将音频信号发送出去，必须将音频信号加载到高频载波上，这一过程称为调制。如果是用音频信号来改变高频载波的幅度，使高频载波的幅度按音频信号的大小不同而发生变化，这一方式称为调幅，所得的信号称为调幅信号，如图1－53所示。

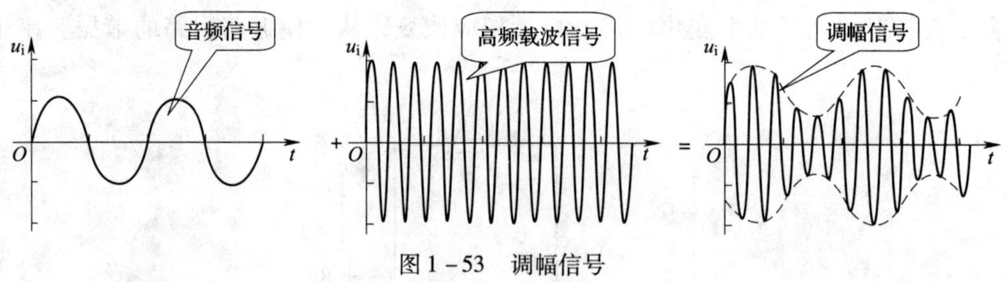

图1－53　调幅信号

调幅收音机接收到调幅信号后，必须将高频载波中的音频信号还原，也就是将调幅波进行解调。利用二极管的单向导电性，可以将调幅信号中的包络线取出，即完成检波。

检波原理如图1－54所示。图中VD是检波二极管，C1为高频滤波电容，C2为耦合电容。

在检波电路中，调幅信号加到检波二极管的正极，这时检波二极管的原理与整流电路中整流二极管的工作原理相似，正半周信号使二极管导通，输出正半周信号，再应用电容器通高频阻低频的特点，将其中高频信号滤除，留下低频（音频）部分。最后又经耦合电容 C2 隔断直流，这样就将高频载波中的音频信号解调出来。

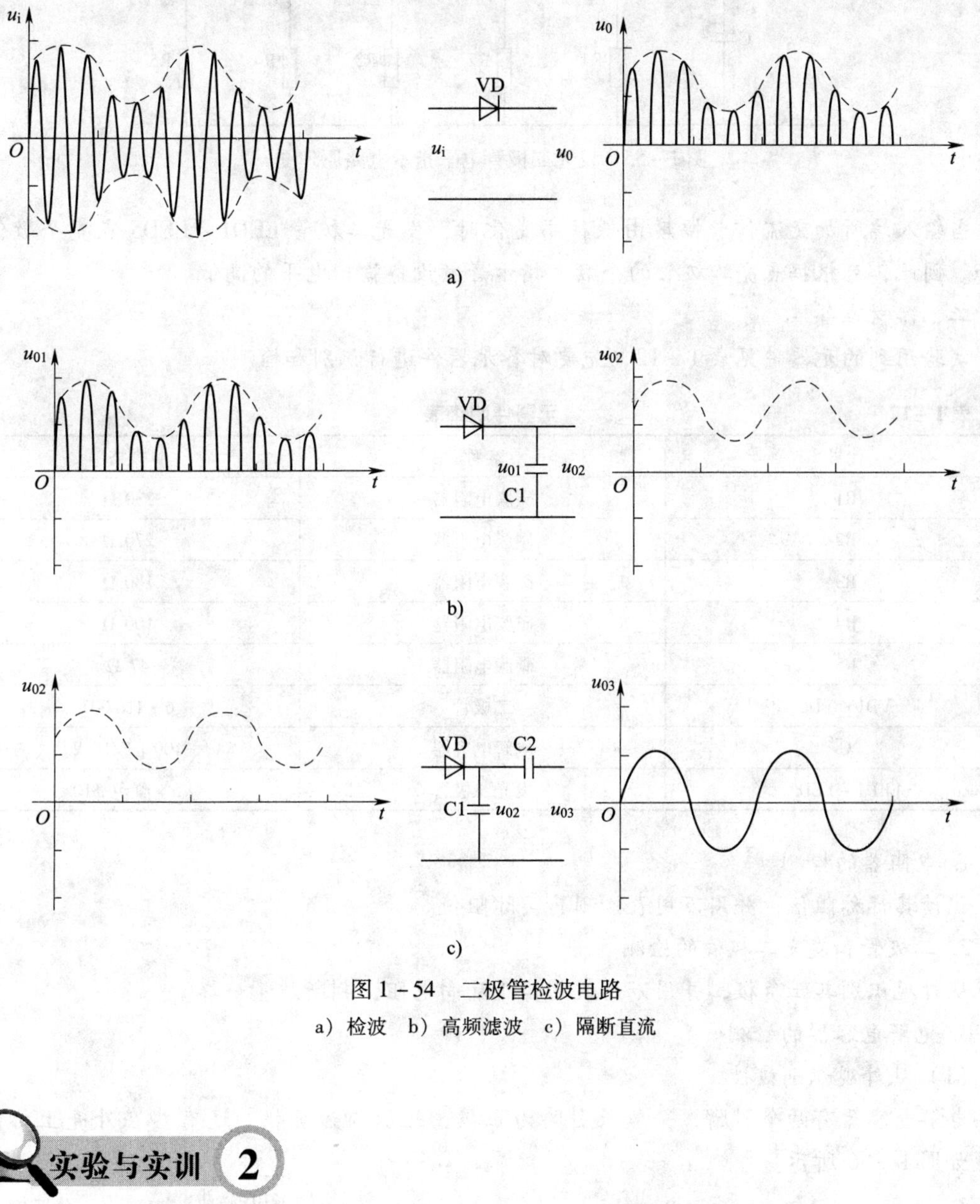

a)

b)

c)

图 1－54　二极管检波电路

a）检波　b）高频滤波　c）隔断直流

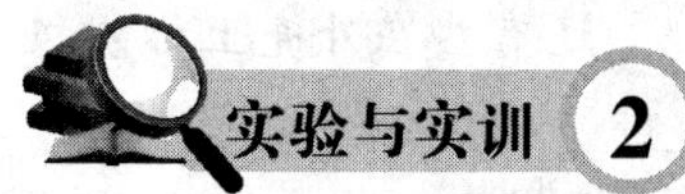

发光二极管电平指示电路的安装与调试

一、电路分析

如图 1－55 所示为发光二极管电平指示电路原理图。

二极管 VD1 和电容 C 组成半波整流电容滤波电路。

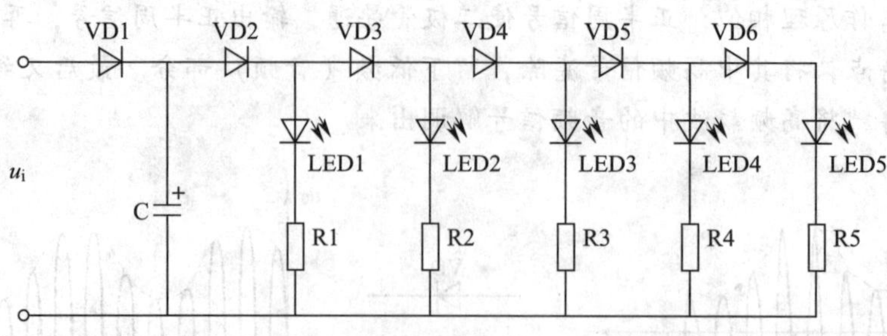

图 1－55　发光二极管电平指示电路原理图

当输入端所加交流信号幅度由低往高变化时，发光二极管 LED1～LED5 点亮个数依次增加。因此，可根据点亮二极管的个数，指示音频设备输出电平的高低。

二、器材准备

实验用到的元器件见表 1－12，先要对各元器件进行识别和检测。

表 1－12　　元器件明细表

代号	名称	规格
R1	碳膜电阻器	330 Ω
R2	碳膜电阻器	270 Ω
R3	碳膜电阻器	180 Ω
R4	碳膜电阻器	100 Ω
R5	碳膜电阻器	47 Ω
VD1～VD6	二极管	6×1N4007
C	电解电容器	100 μF/16 V
LED1～LED5	发光二极管	5×红色 ϕ10

1. 电阻器的检测

识读其标称阻值，并用万用表检测其实际阻值。

2. 二极管和发光二极管的检测

从外观识别其正负极，并用万用表测其正反向电阻，判断质量好坏。

3. 电解电容器的检测

（1）从外观识别极性

电解电容器有两个引脚，一般长引脚为正极，短引脚为负极。还有些在外壳上标明极性，如图 1－56 所示。

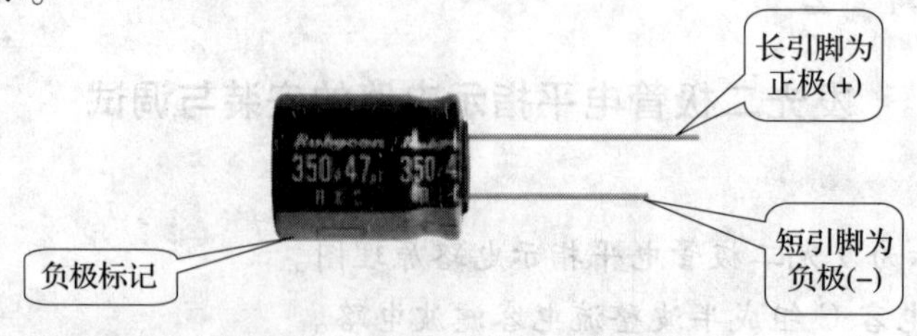

图 1－56　电解电容器的正负极识别

（2）用万用表检测质量

如图 1－57 所示，将万用表置于 $R\times1\ \text{k}\Omega$ 挡，黑表笔接电容器正极，红表笔接电容器负极。表针先向右偏转，然后向左回摆到底（阻值无穷大处），表明电容器质量良好。如果表针向左回摆不到底，而是停留在某一刻度上，该阻值即为电容器的漏电阻值。此值越小，说明漏电越严重。

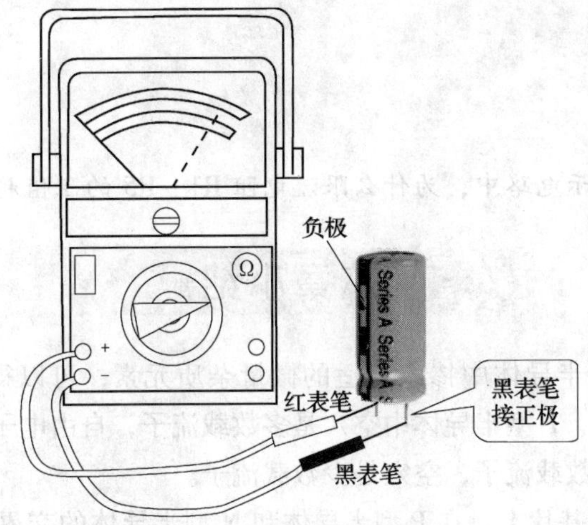

图 1－57　电解电容器质量检测

三、安装测试

1. 安装

对元器件进行成形加工，按布局图安装焊接。其中电阻器、二极管采用卧式安装，电阻器的色环方向一致；电解电容器和发光二极管采用立式安装。安装实物图如图 1－58 所示。

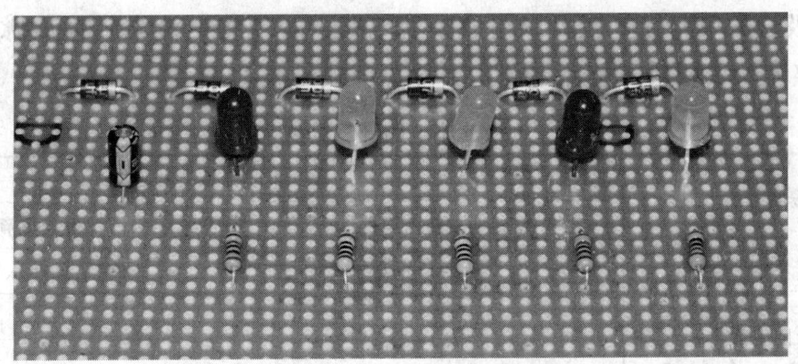

图 1－58　发光二极管电平指示电路安装实物图

2. 测试

在输入端加直流电压，用万用表测量当 1 个、3 个、5 个发光二极管正常发光时，输入电压 U_{i}、二极管 VD1 两端电压 U_{V1}、电容器两端电压 U_{C} 及发光二极管正常发光时两端的电压 U_{LED}、R1～R5 两端的电压 U_{R1}～U_{R5}。将数值记入表 1－13 中。

表 1－13　　测试记录

测试项目	U_i	U_{V1}	U_C	U_{LED}	U_{R1}	U_{R2}	U_{R3}	U_{R4}	U_{R5}
1 个 LED 正常发光									
3 个 LED 正常发光									
5 个 LED 正常发光									

想一想

发光二极管电平指示电路中，为什么限流电阻 R1～R5 的阻值越来越小？

本章小结

1. 在硅或锗等纯净半导体中掺入合适的微量杂质元素，可以得到两种杂质半导体：P 型半导体和 N 型半导体。P 型半导体中空穴是多数载流子，自由电子是少数载流子；N 型半导体中，自由电子是多数载流子，空穴是少数载流子。

2. 在同一块半导体基片上，在 P 型半导体和 N 型半导体的交界面会形成一个薄薄的空间电荷区（耗尽层），称为 PN 结。PN 结是构成多种半导体器件的基础。

3. 二极管是把一个 PN 结封装起来引出金属电极，其主要特点是具有单向导电性。当 PN 结外加正向电压时，耗尽层变窄，有正向电流流过，二极管导通；当 PN 结外加反向电压时，耗尽层变宽，反向电流几乎为零，二极管截止。

4. 二极管的主要参数包括最大整流电流、最大反向工作电压和反向饱和电流，高频工作时还应考虑其最高工作频率。

5. 利用二极管的单向导电性可以组成整流电路，实现将交流电转换成脉动直流电的功能。单相半波整流及单相桥式整流电路主要计算公式见表 1－14。

表 1－14　　单相整流电路计算公式

电路参数	主要计算公式	
	半波整流电路	桥式整流电路
输出电压平均值 U_L	$U_L=0.45U_2$	$U_L=0.9U_2$
二极管最大正向电流 I_{FM}	$I_{FM}=I_L$	$I_{FM}=\frac{1}{2}I_L$
二极管最大反向工作电压 U_{RM}	$U_{RM}>\sqrt{2}U_2$	$U_{RM}>\sqrt{2}U_2$

6. 几种特殊用途的二极管图形符号、工作电压及特性见表 1－15。

表 1－15　几种特殊用途的二极管

名称	图形符号	工作电压	特性
稳压二极管		反向电压	工作于反向击穿状态。这时，即使流过稳压管的电流有很大变化，稳压管两端的电压也几乎不变化
发光二极管		正向电压	外加正向电压，发光二极管导通发光
光电二极管		反向电压	无光照时，光电二极管截止；有光照时，光电二极管导通
变容二极管		反向电压	当反向电压升高时，结电容减小；当反向电压降低时，结电容增大

7. 滤波电路的作用是尽量降低输出直流电压中的脉动成分，同时尽量保留输出直流电压中的直流成分。滤波电路中用于滤波的主要元件有电容和电感。在组成电容滤波电路时，电容应与负载电阻并联；在组成电感滤波电路时，电感应与负载电阻串联。

单相桥式整流各滤波电路的主要参数和主要特点见表 1－16。

表 1－16　滤波电路的主要参数和主要特点

类型	输出直流电压 U_L	整流管电流	主要特点	适用场合
电容滤波	$U_L \approx 1.2U_2$	冲击电流大	电路简单，但如要求脉动成分很小，所需滤波电容量较大	小电流
电感滤波	$U_L \approx 0.9U_2$	电流平稳	整流管电流比较平稳，但电感笨重	大电流
LC 滤波	$U_L \approx 0.9U_2$	电流平稳	对负载适应性较强，整流管电流较平稳，但电感笨重	适应性较强
LC－π 型滤波	$U_L \approx 1.2U_2$	冲击电流大	脉动成分更少，电感上无直流压降，但电感笨重	小电流
RC－π 型滤波	$U_L \approx 1.2U_2$	冲击电流大	脉动成分比电容滤波小，但电阻上有直流压降	小电流

第二章 三极管及放大电路

学习目标

1. 掌握三极管的结构、符号、特性曲线和主要参数，会用万用表判别三极管的类型、管脚及三极管的质量好坏，会用晶体管特性图示仪观察三极管的特性曲线。

2. 理解共射放大电路主要元件的作用，掌握电路分析方法，了解小信号放大电路各项性能指标的含义，会装配和调试共射放大电路。

3. 理解放大电路波形失真与静态工作点的关系，掌握分压式射极偏置电路稳定静态工作点的原理，会进行简单计算。

4. 了解放大电路的3种组态，熟悉共集放大电路（射极输出器）的特点。

5. 了解场效应管的特点和应用。

6. 了解多级放大电路的4种级间耦合方式及特点。

7. 掌握反馈的概念和反馈的类型，理解负反馈对放大电路性能的影响，会装配和调试负反馈电路。

8. 掌握低频功率放大电路的基本要求和分类，理解OTL和OCL功率放大电路的工作原理，了解典型集成功放的引脚功能及应用，会用集成功放安装功放电路。

在电子电路的实际应用中，经常需要将一些微弱信号放大到所需要的程度，例如话筒将声音信号转变为电信号，必须经过放大电路将信号放大，才能送给扬声器发出洪亮的声音（见图2－1）。

如图2－2所示为汽车称重原理图。把电阻应变式传感器紧贴在电子秤的承重部位，电阻应变片的电阻随受力大小而变化，电阻的变化再被转换成电压的变化，这一变化信号也必须经过放大处理后，才能最终显示出汽车的重量。

放大电路中的核心元件是三极管。三极管不仅可以用来组成各种功能电路，而且也是构成集成电路的基础。本章主要介绍三极管及其在放大电路中的应用。

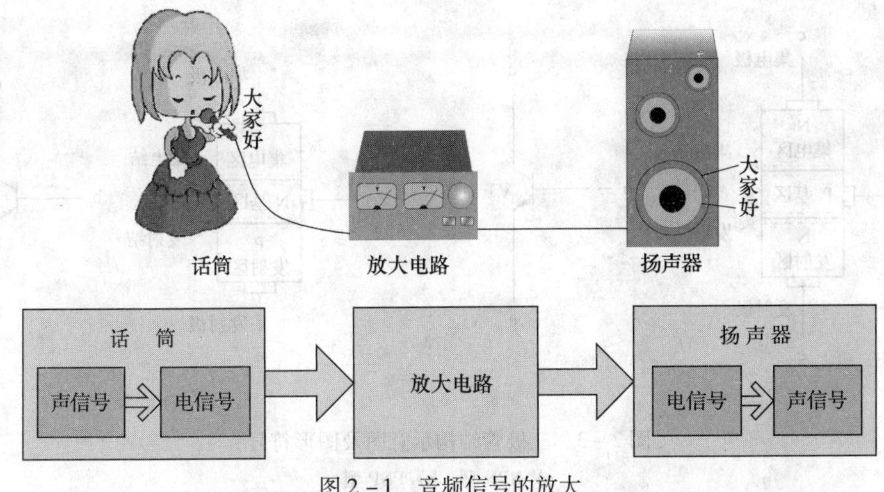

图 2－1 音频信号的放大

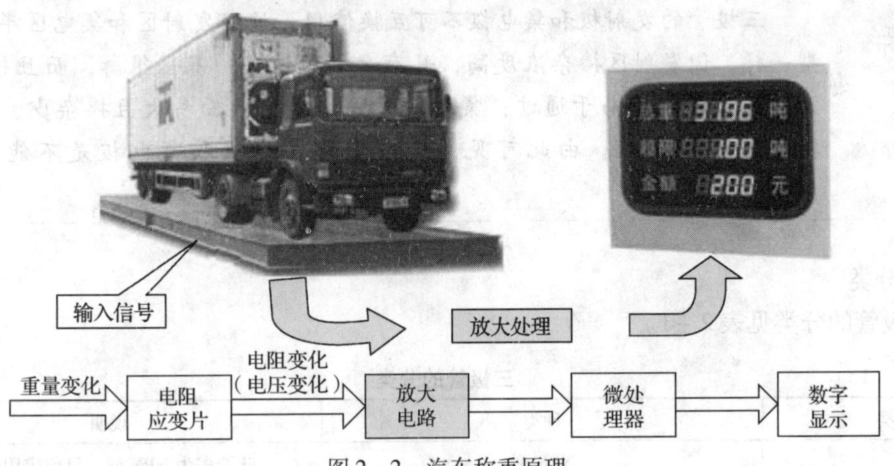

图 2－2 汽车称重原理

§2－1 认识三极管

一、三极管的结构、类型、封装形式与管脚排列

1. 结构与图形符号

三极管的内部结构如图 2－3 所示。三极管有两个 PN 结，对应的三个半导体区分别为**发射区、基区**和**集电区**，从三个区引出的三个电极分别为**发射极、基极**和**集电极**，分别用 E、B、C 或 e、b、c 表示。发射区与基区之间的 PN 结称为**发射结**，集电区与基区之间的 PN 结称为**集电结**。

按两个 PN 结的组合方式不同，三极管分为 **NPN 型**和 **PNP 型**两大类。其结构和图形符号分别如图 2－3a 和图 2－3b 所示。文字代号用 VT 或 V 表示。

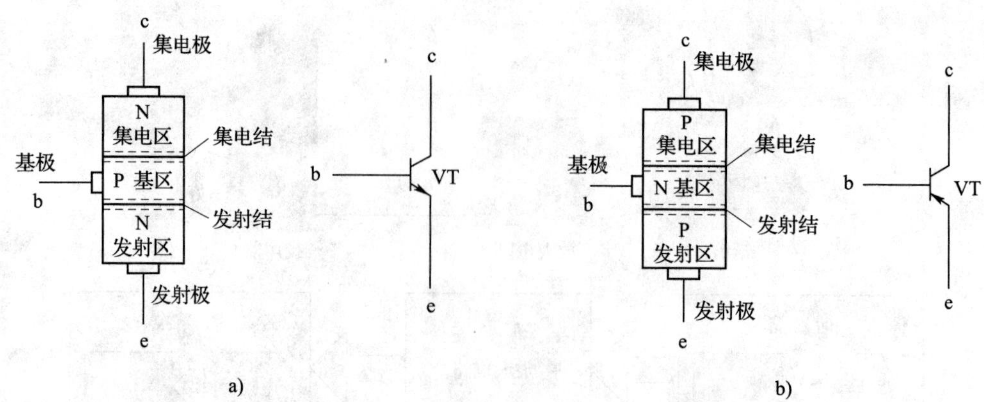

图 2－3　三极管结构示意图及图形符号

a）NPN 型　b）PNP 型

三极管的发射极和集电极不可互换使用。虽然发射区和集电区半导体类型一样，但发射区掺杂浓度高，具有大量载流子；基区很薄，而且掺杂少，为的是让载流子易于通过；集电区面积比发射区面积大且掺杂少，便于收集载流子和散热。由此可见，三极管的发射极和集电极是不能互换使用的。

2. 分类

三极管的分类见表 2－1。

表 2－1　三极管的分类

分类方法	种类	说明
按内部结构分	NPN 型	硅管多为 NPN 型，目前应用较多
	PNP 型	锗管多为 PNP 型
按材料分	硅三极管	反向电流小，热稳定性好
	锗三极管	反向电流大，热稳定性差
按工作频率分	高频管	工作频率大于 3 MHz
	低频管	工作频率小于 3 MHz
按功率分	大功率管	最大耗散功率大于 1 W
	小功率管	最大耗散功率小于 1 W
按用途分	放大管	主要用于模拟电路中
	开关管	主要用于数字电路中

3. 封装形式与管脚排列

三极管的封装形式与管脚排列见表 2－2。

表 2－2　　三极管的封装形式与管脚排列

类型	图示	管脚排列
大功率金属封装三极管（圆柱形）	b e c	将管脚朝向自己，“品”字放正，从左起顺时针方向依次为发射极 e、基极 b 和集电极 c
大功率金属封装三极管	c e b 安装孔 安装孔	面对管底，使引脚位于左侧，下面的引脚是基极 b，上面的引脚为发射极 e，管壳是集电极 c，管壳上两个安装孔用来固定三极管
小功率金属封装三极管	b e c 定位销	面对管底，由定位标志起，按顺时针方向，引脚依次为发射极 e、基极 b 和集电极 c
中功率塑封三极管	b c e	面对管子正面（型号打印面），散热片为管背面，引出线向下，从左至右依次为基极 b、集电极 c 和发射极 e
贴片式三极管	DJ RH b c e	面对管子正面（型号打印面），引出线向下，从左至右依次为基极 b、集电极 c 和发射极 e

二、三极管的电流放大作用

对于 NPN 型三极管，只有按图 2－4 所示电路中的电源极性给三极管加上电压，才能实现电流的放大。

发射结加正向偏置电压，集电结加反向偏置电压，这就是三极管电流放大的外部条件。这时三极管三个电极的电位有如下关系：$V_C > V_B > V_E$。

对于 PNP 型三极管，要保证其正常放大，电源极性与 NPN 型管相反，如图 2－5 所示。三个电极电位有如下关系：$V_C < V_B < V_E$。

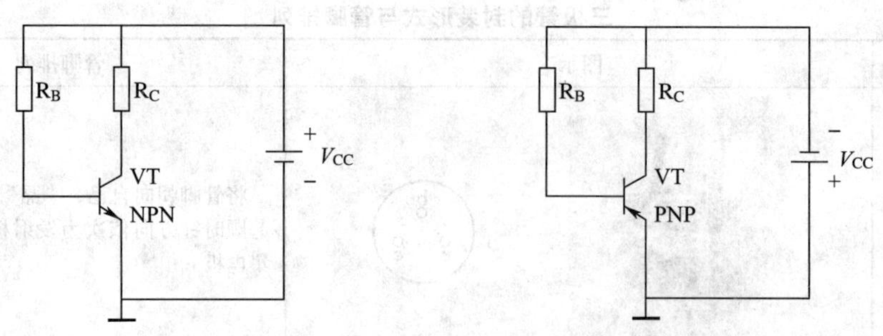

图 2－4　NPN 型三极管放大电路　　　　图 2－5　PNP 型三极管放大电路

课堂演示

下面以 NPN 型三极管为例，通过图 2－6 所示实验电路来探究三极管放大电路中各极电流的关系。

接通电源后，通过改变电位器 RP 的阻值可改变基极电流 I_B 的大小，集电极电流也随之变化。测量数据见表 2－3。

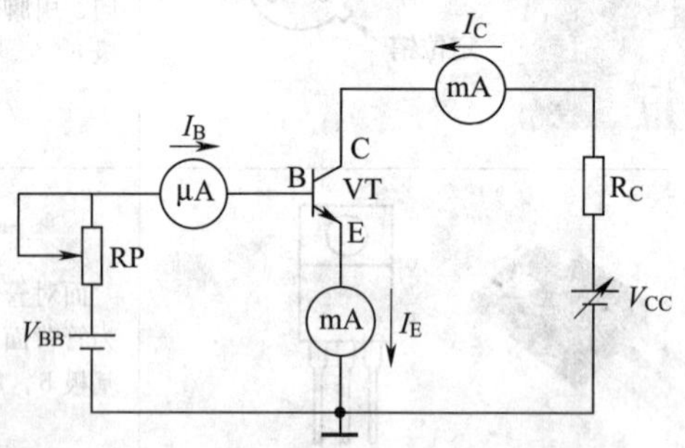

图 2－6　三极管实验电路

表 2－3　　三极管的电流放大作用

基极电流 I_B（μA）	0	35	70	110
集电极电流 I_C（mA）	0	8.7	16.2	23.6
基极电流变化 ΔI_B（μA）	0	35－0＝35	70－35＝35	110－70＝40
集电极电流变化 ΔI_C（mA）	0	8.7－0＝8.7	16.2－8.7＝7.5	23.6－16.2＝7.4

从表 2－3 中数据可知：$I_B=0$ 时，$I_C=0$，当 I_B 增大时，I_C 也增大，而且 I_C 远大于 I_B，ΔI_C 远大于 ΔI_B。即较小的基极电流变化，就可引起较大的集电极电流变化，这就是三极管的电流放大作用。

三极管集电极电流 I_C 与相应的基极电流 I_B 之比，称为三极管的直流电流放大系数$\left(\beta=\dfrac{I_C}{I_B}\right)$。

将三极管看作一个广义节点，根据基尔霍夫节点电流定律可知，$I_E = I_B + I_C$，所以三极管三个电极的电流关系为

$$I_C = \beta I_B$$

$$I_E = I_B + I_C = (1+\beta) I_B$$

β 的大小反映了三极管放大电流的能力。必须强调的是，这种电流放大能力实质是 I_B 对 I_C 的控制能力，因为无论 I_B 还是 I_C 都是来自电源，如果没有电源，三极管本身是不能放大电流的。

在图 2－4 和图 2－5 所示电路中，都是以发射极作为输入电路和输出电路的公共端（基极为输入端、集电极为输出端），称为**共发射极电路**。此外，还有**共集电极电路**和**共基极电路**。三极管电路的三种基本连接方式（或称**组态**）如图 2－7 所示。无论是采用这三种连接方式中的哪一种，也无论是采用 NPN 型管还是 PNP 型管，要使三极管具有放大作用，都必须保证发射结正偏、集电结反偏。

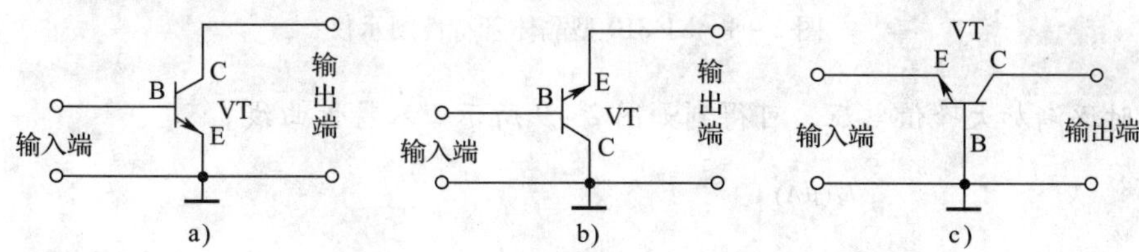

图 2－7　三极管电路的三种基本连接方式

a）共发射极接法　b）共集电极接法　c）共基极接法

三、三极管的伏安特性曲线

三极管各极电压和电流之间的关系通过伏安特性曲线来描述，包括输入特性曲线和输出特性曲线，可以用晶体管特性图示仪直接观测。

1. 输入特性曲线

输入特性曲线是指在 U_{CE} 一定的条件下，加在三极管基极和发射极之间的电压 U_{BE} 和基极电流 I_B 之间的关系曲线。

课堂演示

以三极管 3DG6 为例，用晶体管特性图示仪观测其输入特性曲线。XJ4810 型晶体管特性图示仪如图 2－8 所示。

将三极管插入测试台插座。仪器通电预热后，将光点移至屏幕左下角作为坐标零点，并调整基极阶梯信号，将仪器开关旋钮置于如下位置：

峰值电压范围：0～10 V；极性：正（＋）；功耗限制电阻：100 Ω；X 轴作用：基极电压，0.1 V/度；Y 轴作用：基极电流，20 μA/度；阶梯信号：重复；阶梯极性：正（＋）；阶梯选择：0.1 mA/级。

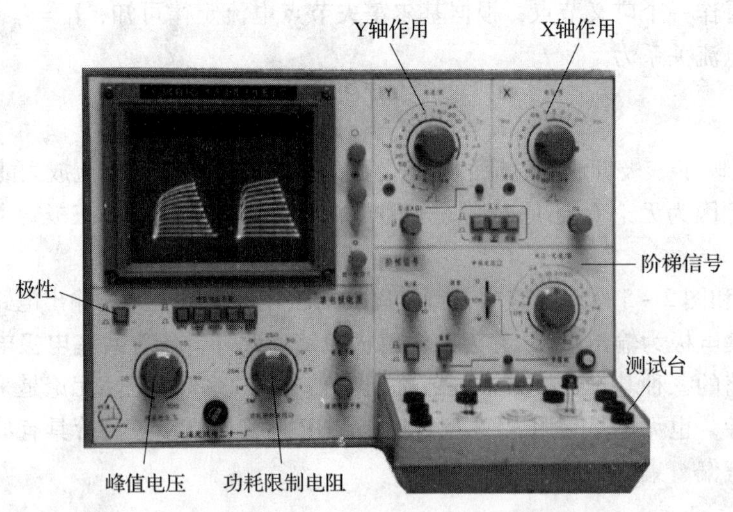

图 2-8　XJ4810 型晶体管特性图示仪

测试时逐渐加大峰值电压，可得到如图 2-9 所示输入特性曲线。

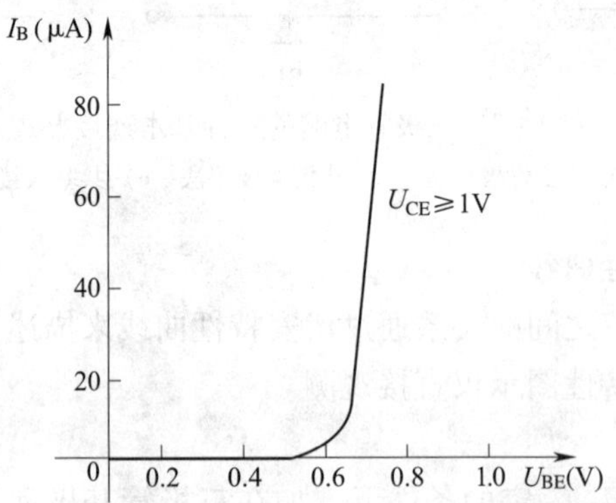

图 2-9　三极管 3DG6 输入特性曲线

由图可见，三极管的输入特性曲线与二极管的正向特性曲线相似，因为它们反映的都是 PN 结两端电压与通过电流的关系。只有当发射结的电压 U_{BE} 大于**开启电压**（硅管约为 0.5 V，锗管约为 0.1 V）时，才产生基极电流。三极管正常放大时，发射结两端电压变化很小，在电路估算时可视其为定值，硅管约为 0.7 V，锗管约为 0.3 V。

2. 输出特性曲线

输出特性曲线是指在 I_B 一定的条件下，三极管集电极与发射极之间电压 U_{CE} 与集电极电流 I_C 之间的关系曲线。

以三极管 3DG6 为例，观测其输出特性曲线。连接方法与调整方式同上。仪器开关旋钮

置于如下位置：

峰值电压范围：0 ~ 10 V；极性：正（+）；功耗限制电阻：250 Ω；X 轴作用：集电极电压，0.5 V/度；Y 轴作用：集电极电流，1 mA/度；阶梯信号：重复；阶梯极性：正（+）；阶梯选择：20 μA/级。

测试时逐渐加大峰值电压，可得到如图 2 - 10 所示输出特性曲线。

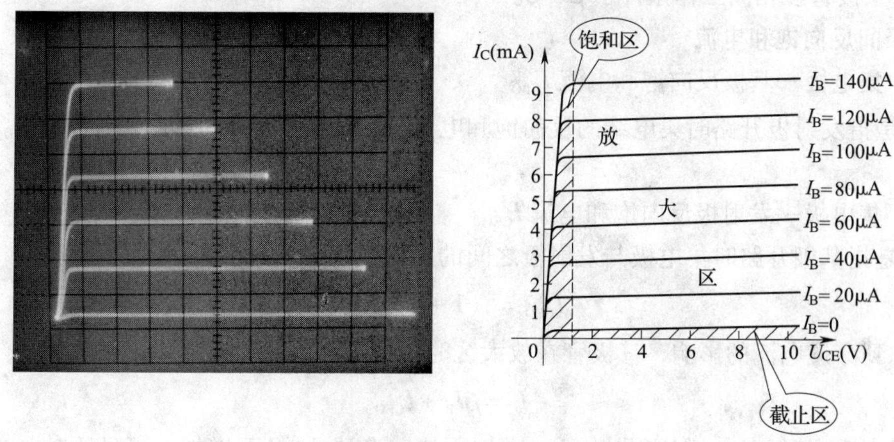

图 2 - 10　三极管 3DG6 输出特性曲线

由图可见，对于某一特定的 I_B，其输出特性曲线只有一条，而每条曲线都可分为上升、弯曲、平坦三部分，对应不同的 I_B 值可得到不同的曲线，从而形成曲线簇。若 I_B 取值间隔均匀，相应的特性曲线在平坦部分间隔也比较均匀，且与横轴平行，随着 U_{CE} 的增大曲线略有上抬。

输出特性曲线可以分为**截止区**、**放大区**和**饱和区**三个区域，对应着三极管截止、放大和饱和三种不同工作状态，具体见表 2 - 4。

表 2 - 4　　**三极管输出特性曲线的三个区域**

名称	位置	偏置情况	特点
截止区	$I_B=0$ 曲线以下区域	发射结反偏（或零偏） 集电结反偏	$I_B=0$，$I_C\approx0$ C 极和 E 极之间相当于开关断开
放大区	曲线平坦部分	发射结正偏 集电结反偏	（1）$I_C=\beta I_B$，体现电流放大作用和受控特性 （2）当 I_B 一定时，I_C 大小与 U_{CE} 基本无关，体现恒流特性
饱和区	曲线左侧上升和弯曲部分	发射结正偏 集电结正偏	（1）I_C 不再受 I_B 控制 （2）硅三极管饱和管压降 $U_{CES}=0.3$ V，锗三极管饱和管压降 $U_{CES}=0.1$ V （3）C 极和 E 极之间呈现低阻，相当于开关闭合

四、三极管的主要参数和型号命名

1. 共射电流放大系数

(1) 共射直流电流放大系数 $\bar{\beta}$（有时用 h_{FE} 表示）。

(2) 共射交流电流放大系数 β（有时用 h_{fe} 表示）。

同一三极管在相同工作条件下 $\bar{\beta} \approx \beta$。

2. 极间反向饱和电流

(1) 集电极—基极反向饱和电流 I_{CBO}

I_{CBO} 是指发射极开路时集电结的反向饱和电流。在常温下一般小功率硅管的 I_{CBO} 在 1 μA 左右。

(2) 集电极—发射极反向饱和电流 I_{CEO}

I_{CEO} 是指基极开路时集电极与发射极之间的穿透电流。I_{CBO} 和 I_{CEO} 有如下关系：

$$I_{CEO} = (1+\beta)\ I_{CBO}$$

考虑到穿透电流的影响，三极管在放大区时集电极电流为

$$I_C = \beta I_B + I_{CEO}$$

当温度升高时，I_{CBO} 增加很快，I_{CEO} 增加更快，造成 I_C 显著增加。可见 I_{CEO} 大的三极管温度稳定性差，因此，在选管时要求 I_{CEO} 越小越好。

3. 特征频率 f_T

f_T 是指三极管的 β 值下降到 1 时所对应的信号频率。它是反映三极管高频特性的主要参数。当工作频率 $f > f_T$ 时，三极管便失去了放大能力。

4. 极限参数

(1) 集电极最大允许电流 I_{CM}

集电极电流过大时，三极管的 β 值要降低，一般规定 β 下降到其正常值的 2/3 时的集电极电流为集电极最大允许电流。当集电极电流超过 I_{CM} 时，三极管的放大能力将明显下降。

(2) 集电极—发射极反向击穿电压 $U_{(BR)CEO}$

$U_{(BR)CEO}$ 是指当基极开路时，加在集电极和发射极之间的最大允许电压。U_{CE} 大于此值后，I_C 急剧增大，可能造成集电结热击穿。在使用三极管时，其集电极电源电压应低于此值。

(3) 集电极最大允许耗散功率 P_{CM}

集电极电流 I_C 流过集电结时会消耗功率而产生热量，使三极管温度升高。根据三极管允许的最高温度和散热条件来规定最大允许耗散功率 P_{CM}。在应用中，一定要使三极管实际耗散功率小于最大允许耗散功率。即

$$P_{CM} \geqslant I_C U_{CE}$$

5. 型号命名

国产三极管的型号命名方法见表 2－5。

表 2－5　　　　　　　　　国产三极管的型号命名

第一部分		第二部分		第三部分		第四部分	第五部分
用数字表示器件的电极数目		用汉语拼音字母表示器件的材料和极性		用汉语拼音字母表示器件的类型		用数字表示器件的序号	用汉语拼音字母表示规格号
符号	意义	符号	意义	符号	意义		
3	三极管	A B C D	PNP 型锗材料 NPN 型锗材料 PNP 型硅材料 NPN 型硅材料	X G D A U K CS	低频小功率管 高频小功率管 低频大功率管 高频大功率管 光电器件 开关管 场效应管	反映三极管参数的差别	反映三极管承受反向击穿电压的高低

例如：

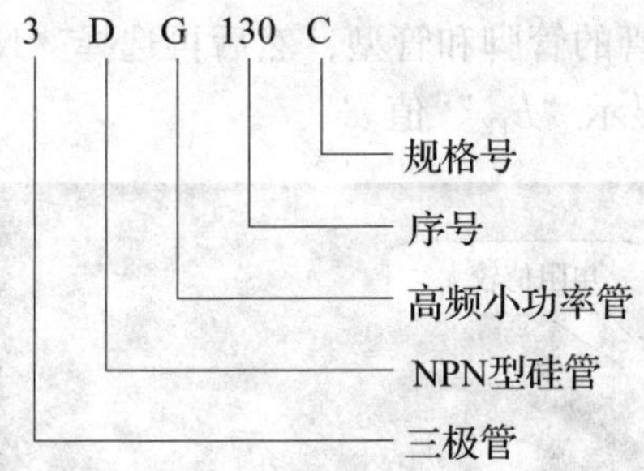

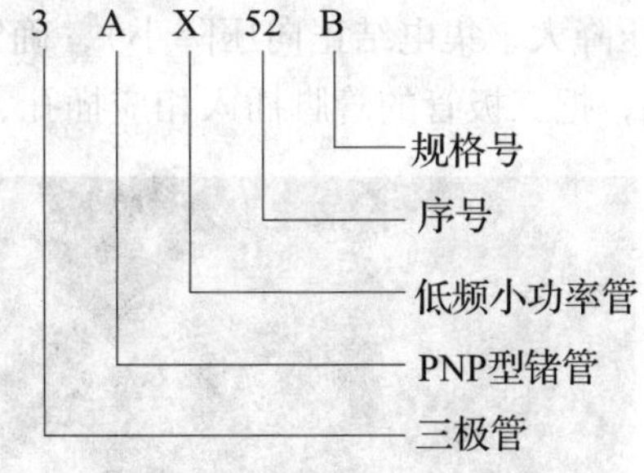

五、用万用表检测三极管

1. 确定基极和管型

如图 2－11 所示，将万用表置于 $R\times100\ \Omega$ 或 $R\times1\ \text{k}\Omega$ 挡，黑表笔接三极管任一管脚，用红表笔分别接触其余两个管脚，如果两次测得的阻值均较小，则黑表笔所接管脚为基极，管型为 NPN 型。如果两次测得的阻值相差很大，则应调换黑表笔所接管脚再测，直到找出基极为止。

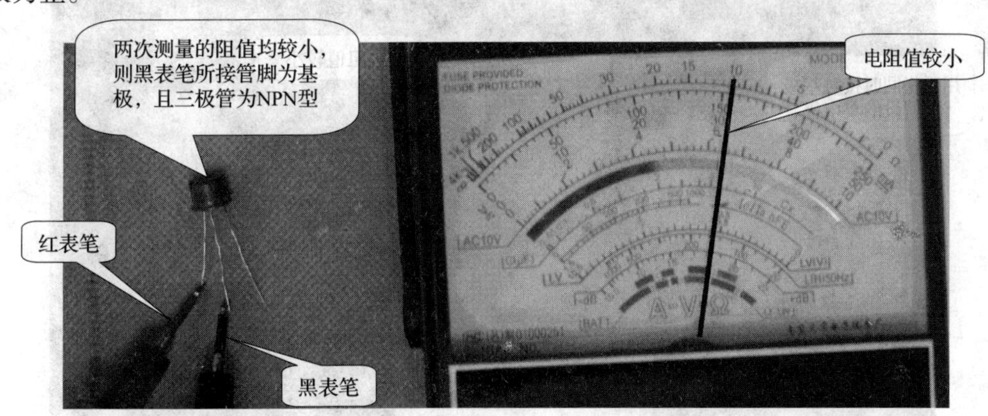

图 2－11　确定三极管的基极和管型

用红表笔接三极管任一管脚，用黑表笔分别接触其余两个管脚，如果两次测得的阻值均较小，则红表笔所接管脚为基极，管型为 PNP 型。如果两次测得的阻值相差很大，则应调换红表笔所接管脚再测，直到找到基极为止。

2. 确定集电极和发射极

在确定基极后，如果是 NPN 型管，可将红、黑表笔分别接在两个未知电极上，表针应指向无穷大处，如图 2－12 所示。再用手把基极和黑表笔所接管脚一起捏紧（注意两极不能相碰，即相当于接入一个电阻），如图 2－13 所示，记下此时万用表测得的阻值。然后对调管脚，用同样的方法再测得一个阻值，如图 2－14 所示，比较两次结果，读数较小的一次黑表笔所接的管脚为集电极，红表笔所接为发射极。若两次测试表针均不动，则表明三极管已失去放大能力。

PNP 型管测试方法相似，但在测试时，应用手同时捏紧基极和红表笔所接管脚。按上述步骤测两次阻值，则读数较小的一次红表笔所接管脚为集电极，黑表笔所接管脚为发射极。

如果是用数字万用表测量三极管，可先用“⊣▷⊢”挡，通过测量 PN 结的正向压降（发射结正向压降大，集电结正向压降小），确定三极管的管脚和管型，然后再选择“NPN”或“PNP”挡，把三极管的管脚插入相应插孔，即可显示“h_{FE}”值。

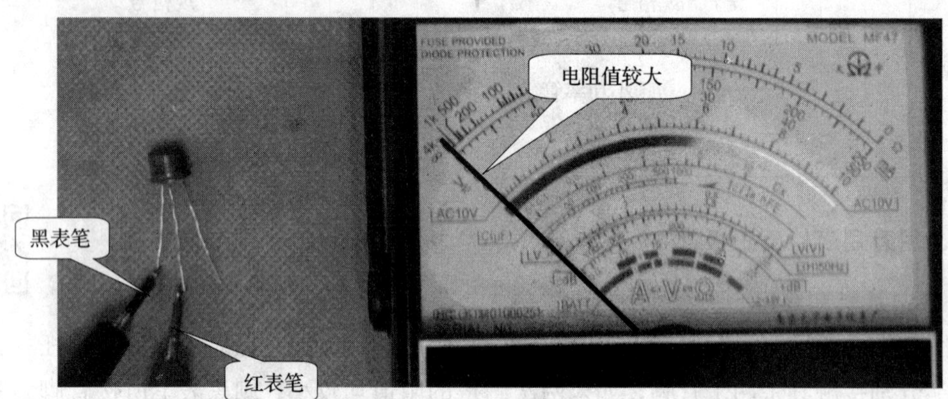

图 2－12　测量两未知电极间阻值无穷大

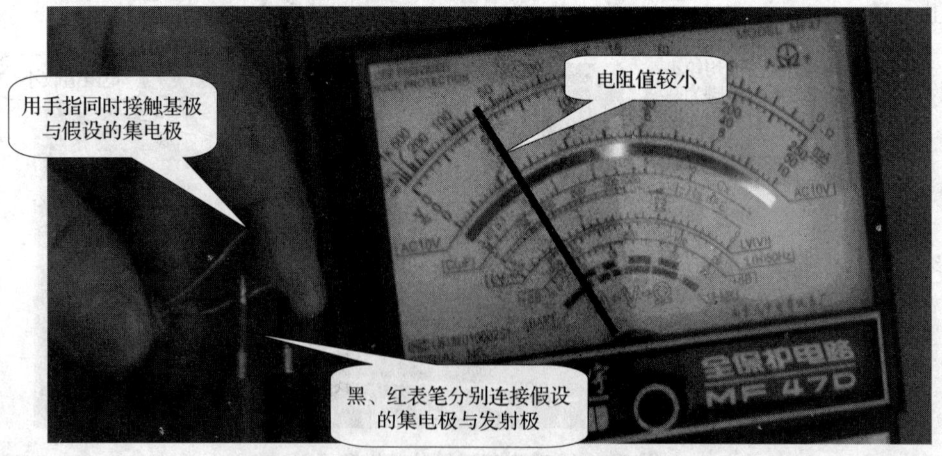

图 2－13　用手将基极和黑表笔所接管脚捏紧

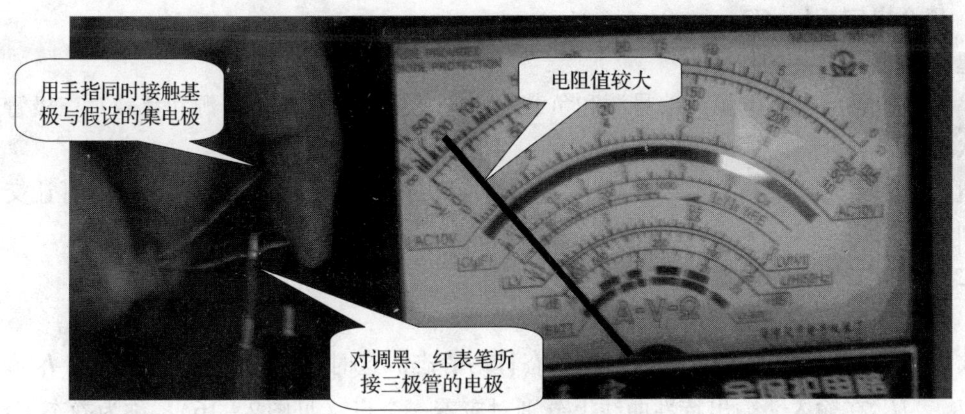

图 2－14　对调三极管管脚再次测量

§2－2　共射基本放大电路

放大电路的作用是将输入信号不失真地放大。按三极管的连接方式不同，分共射放大电路、共集放大电路和共基放大电路三种，本节介绍共射基本放大电路。

一、电路组成及各元件作用

共射基本放大电路如图 2－15 所示，电路中各元件作用分别如下所述。

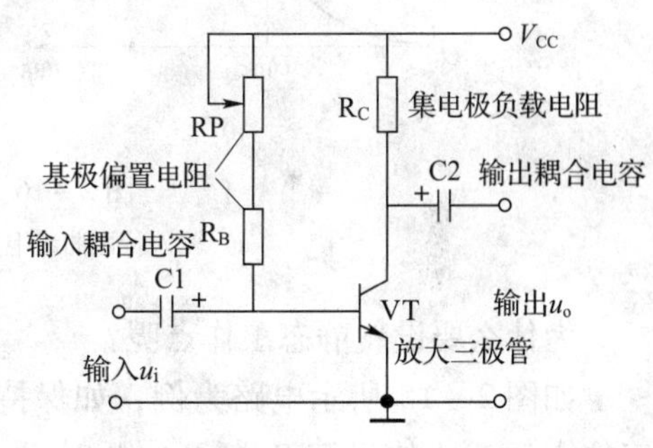

图 2－15　共射基本放大电路

1. 三极管 VT

它是放大电路的核心，起电流放大作用，可将微小的基极电流变化量转换成较大的集电极电流变化量。

电路中基极→发射极为**输入回路**，集电极→发射极为**输出回路**，**以发射极为公共端**，所以称为共射放大电路。

2. 直流电源 V_{CC}

为三极管和负载提供能源，同时为三极管提供实现电流放大的外部条件，即发射结正偏，集电结反偏。

3. 基极偏置电阻 RP 和 R_B

配合 V_{CC}为三极管提供一个合适的静态偏置电流 I_B，使三极管能不失真地放大交流信号。

4. 集电极负载电阻 R_C

将集电极电流的变化量转换成集电极电压的变化量，从而实现电压放大。

5. 耦合电容 C1、C2

起“隔直通交”的作用：

隔直——隔离直流电源对信号源和负载的影响，同时也隔离信号源和负载对三极管直流工作状态的影响。

通交——当 C1、C2 容量足够大时，它们的容抗很小，电路近似短路，这样可让交流信号顺利通过。

二、静态工作点的设置与调整

1. 静态工作点的设置

放大电路未加输入信号（u_i）时的状态称为**静态**。这时三极管的直流电流 I_B、I_C 和直流电压 U_{BE}、U_{CE}在输入、输出特性曲线上分别对应着一个点（见图 2－16），称为静态工作点，或简称 Q 点。由于 U_{BE}基本稳定，在讨论静态工作点时主要考虑 I_B、I_C 和 U_{CE}三个量，并分别用 I_{BQ}、I_{CQ}和 U_{CEQ}表示。

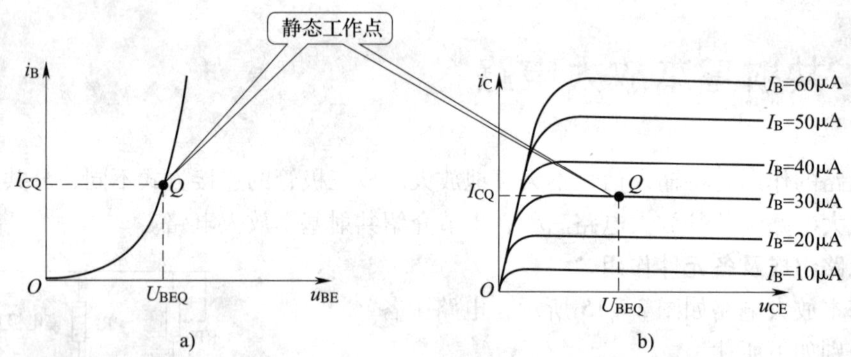

图 2－16　放大电路的静态工作点

a）输入特性曲线上的 Q 点　b）输出特性曲线上的 Q 点

为什么要设置静态工作点呢？

如图 2－15 所示电路为例，如保持电源 V_{CC}不变，调节 RP 即可改变 I_{BQ}，从而使静态工作点改变。如果把 R_B断开，此时 $I_{BQ}=0$，在输入端输入正弦信号电压 u_i，当 u_i处于正半周时，三极管发射结正偏，但由于三极管的输入特性存在死区，所以只有当信号电压超过开启电压以后，三极管才能导通。当 u_i处于负半周时，三极管因发射结反偏而截止（见图 2－17）。如果放大电路设置了合适的静态工作点，当输入正弦信号电压 u_i后，信号电压 u_i与静态电压 U_{BEQ}叠加在一起，三极管始终处于导通状态，基极总电流 $I_{BQ}+i_B$就始终是单方向的脉动电流，从而保证了放大电路能把输入信号不失真地加以放大（见图 2－18）。

2. 静态工作点的估算

估算静态工作点应以放大电路的**直流通路**为依据，所谓直流通路就是放大电路处于静态时，直流电流的流通路径。所以在画直流通路时，要将电路中的电容视为开路，电感视为短路，图 2－19b 即为图 2－19a 所示放大电路的直流通路。

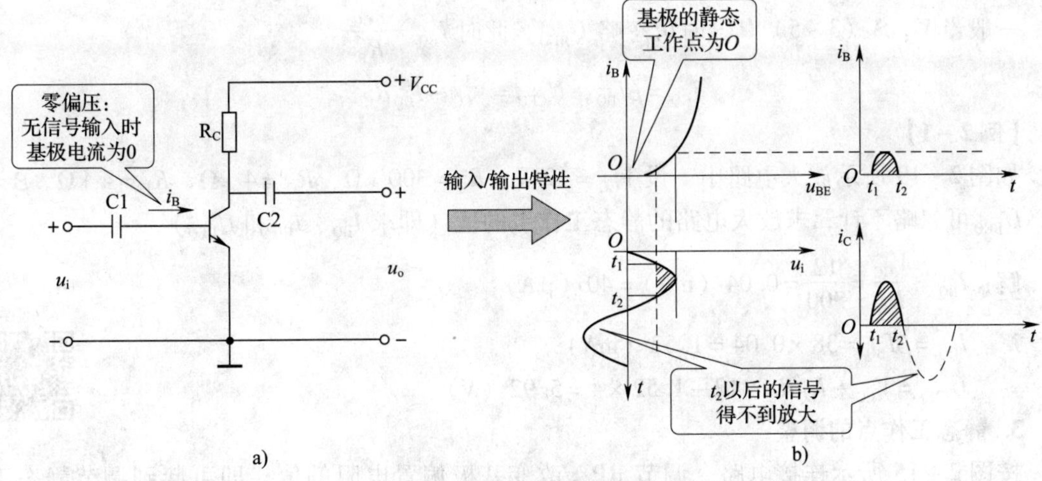

图 2－17　零偏置放大电路及电流波形

a）零偏置电路　b）对应电流波形

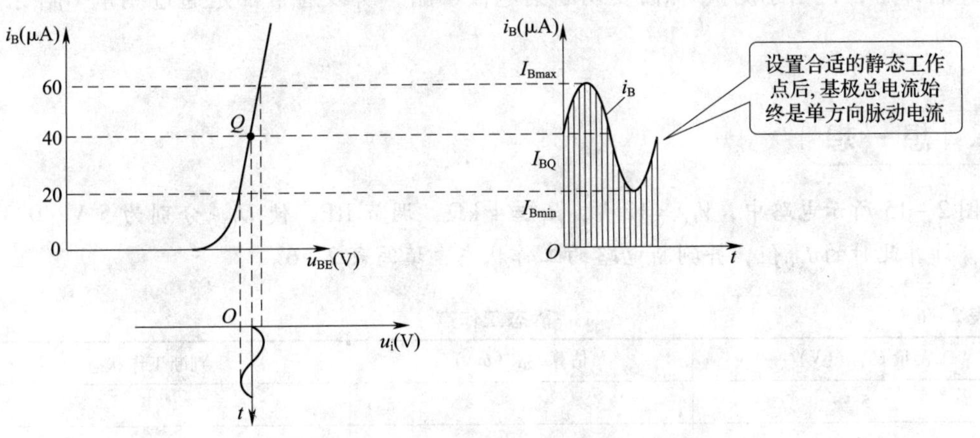

图 2－18　设置静态工作点后基极电流波形

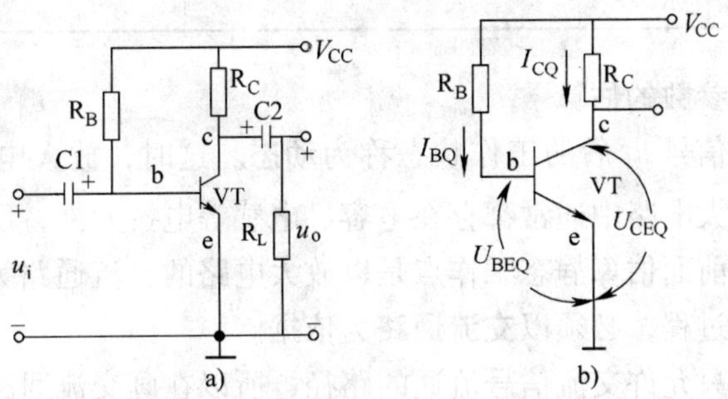

图 2－19　放大电路的直流通路

a）共射极基本放大电路　b）直流通路

由图可得：

$$I_{BQ}=\frac{V_{CC}-U_{BEQ}}{R_B}$$

一般当 V_{CC} >（3～5）U_{BEQ}时可忽略 U_{BEQ}，此时 $I_{BQ}=\frac{V_{CC}}{R_B}$。

$$I_{CQ}=\beta I_{BQ}，U_{CEQ}=V_{CC}-I_{CQ}R_C$$

【例 2－1】

如图 2－19 所示放大电路中，设 $V_{CC}=12$ V，$R_B=300$ kΩ，$R_C=4$ kΩ，$R_L=4$ kΩ，$\beta=38$，U_{BEQ}可忽略不计，求放大电路的静态工作点的值（即求 I_{BQ}、I_{CQ}和 U_{CEQ}）。

解： $I_{BQ}=\frac{V_{CC}}{R_B}=\frac{12}{300}=0.04$（mA）＝40（μA）

$I_{CQ}=\beta I_{BQ}=38\times0.04=1.52$（mA）

$U_{CEQ}=V_{CC}-I_{CQ}R_C=12-1.52\times4=5.92$（V）

3. 静态工作点的调整

按图 2－15 所示连接电路。调节 RP，改变基极偏置电阻的值，即可起到调节静态工作点的作用。例如 $R_P\downarrow\rightarrow I_{BQ}\uparrow\rightarrow I_{CQ}\uparrow\rightarrow U_{CEQ}\downarrow$。$I_{CQ}$一般取集电极最大电流（$V_{CC}/R_C$）的一半左右即可，但由于测量 I_{CQ}需要切断集电极回路，所以通常都是通过测量 U_{CEQ}来调整 Q 点。

想一想

图 2－15 所示电路中，$V_{CC}=12$ V，$R_C=4$ kΩ，调节 RP，使 U_{CEQ}分别为 5 V、0.35 V、12 V，计算此时的 I_{CQ}值，并判断电路的工作状态，填写表 2－6。

表 2－6　静态工作点

测量 U_{CEQ}（V）	估算 I_{CQ}（mA）	判断工作状态
5		
0.35		
12		

三、放大电路交流参数的估算

放大电路输入交流信号 u_i 后的工作状态称为**动态**。这时，放大电路中同时存在**直流分量**和**交流分量**，由于放大电路中通常都存在电容、电感等电抗元件，所以直流分量和交流分量的通路是不一样的。前面估算静态工作点是以放大电路的直流通路为依据的；而分析电路参数及交流信号的放大过程，必须以**交流通路**为依据。

所谓交流通路就是只允许交流信号流通的路径，所以在画交流通路时，小容抗的电容以及内阻小的电源，忽略其交流压降，都可以视为短路。图 2－20 即为图 2－19a 所示放大电路的交流通路。

1. 三极管的输入电阻 r_{BE}

当放大电路设置有合适的静态工作点，且输入为低频小信号时，三极管基极和发射极之间可用线性电阻 r_{BE}来等效，称为三极管的输入电阻。

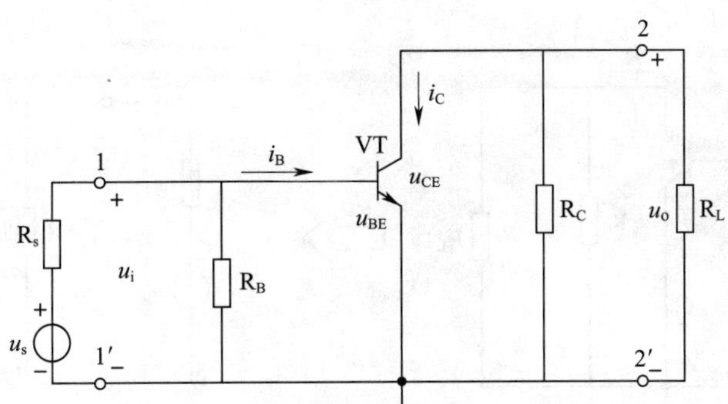

图 2-20　图 2-19a 所示放大电路的交流通路

对于一般低频小功率管，r_{BE}约为 1 kΩ，$r_{BE}=\frac{u_i}{i_B}$。

低频小信号时，r_{BE}还可采用下式估算：

$$r_{BE}=300+(1+\beta)\ \frac{26\ (\mathrm{mV})}{I_{EQ}}\ (\Omega)$$

2. 放大电路的输入电阻 r_i

从放大电路的输入端看进去的交流等效电阻（**注意：不包括信号源内阻**），称为放大电路的输入电阻，用r_i表示。由图 2-21 可知

$$r_i=R_B /\!/ r_{BE}$$

因为一般低频小功率管的r_{BE}约为 1 kΩ，而R_B常在几百千欧以上，所以$r_i \approx r_{BE}$。

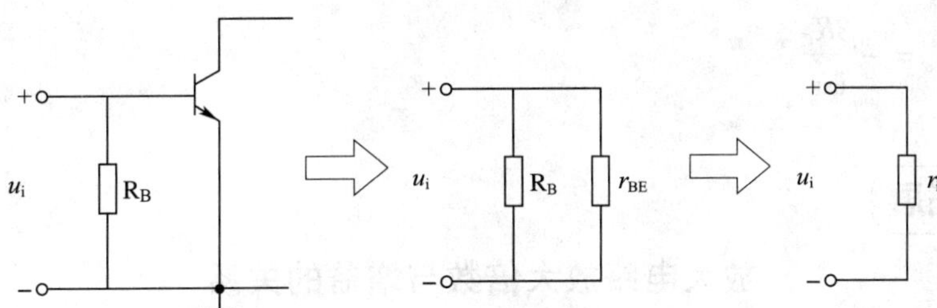

图 2-21　放大电路的输入电阻

对于信号源来说，放大电路是它的负载，输入电阻r_i即为信号源的负载电阻。一般情况下，希望放大电路的输入电阻尽可能大些，这样，向信号源（或前一级电路）汲取的电流小，有利于减轻信号源的负担，使送到放大电路输入端的信号尽可能大。但从上式可以看出，共射放大电路的输入电阻是比较小的。

3. 放大电路的输出电阻 r_o

从放大电路输出端看进去的交流等效电阻（**注意：不包括负载电阻**），称为放大电路的输出电阻，用r_o表示。由图 2-22 可知

$$r_o=R_C /\!/ r_{CE}$$

因为当三极管处于放大状态时，集电极与发射极之间的交流等效电阻r_{CE}很大，一般为几十千欧到几百千欧，而R_C一般为几千欧，所以$r_o \approx R_C$。

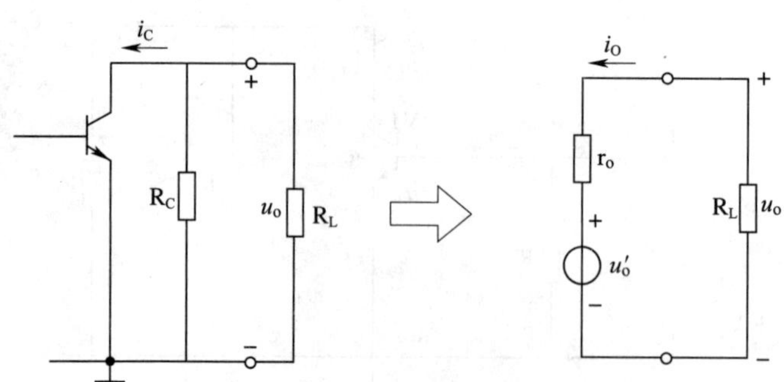

图 2－22　放大电路的输出电阻

对于负载来说，放大电路是向负载提供信号的信号源，而它的输出电阻就是信号源的内阻。信号源内阻越小，当负载变化时，输出电压的变化越小，即放大电路带负载能力越强，但从上式可以看出，共射放大电路的输出电阻是比较大的。

4. 电压放大倍数 A_u

放大电路的电压放大倍数定义为输出电压 u_o 与输入电压 u_i 的比值，即 $A_u=\frac{u_o}{u_i}$，由图 2－22 所示交流通路，可得电压放大倍数为

$$A_u=\frac{u_o}{u_i}=\frac{-i_C\ (R_C /\!/ R_L)}{i_B r_{BE}}=-\frac{\beta R_L'}{r_{BE}}$$

式中的**负号表示输出信号电压与输入信号电压的相位相反**。$R_L'=R_C /\!/ R_L$，当不接负载时，电压放大倍数 $A_u=-\frac{\beta R_C}{r_{BE}}$。

放大电路放大倍数与增益的关系

放大电路的电压放大倍数经常也用增益表示，单位为**分贝**（dB），规定为：

电压增益　　$G_u=20\lg A_u$（dB）

电流放大倍数和功率放大倍数也可以用增益表示，分别为：

电流增益　　$G_i=20\lg A_i$（dB）

功率增益　　$G_p=10\lg A_p$（dB）

例如，某交流放大电路输入电压是 10 mV，输入电流是 0.2 mA，输出电压为 10 V，输出电流为 20 mA，可知该放大电路的电压放大倍数、电流放大倍数和功率放大倍数分别为：

电压放大倍数　　$A_u=\frac{U_o}{U_i}=\frac{10}{0.01}=1\ 000$

电流放大倍数　　$A_i=\frac{I_o}{I_i}=\frac{20}{0.2}=100$

功率放大倍数　　$A_P=A_uA_i=1\ 000\times 100=100\ 000$

若用增益表示，则分别为：

电压增益　　$G_u = 20\lg A_u = 20\lg 1\,000 = 60$（dB）

电流增益　　$G_i = 20\lg A_i = 20\lg 100 = 40$（dB）

功率增益　　$G_p = 10\lg A_p = 10\lg 100\,000 = 50$（dB）

放大倍数用增益表示，常常可以简化运算，有时也是电子电路分析中某些场合特定的要求。表 2－7 是一个简单的分贝换算表，它列出了电压放大倍数 A_u 和增益的关系，可供计算时查用。

表 2－7　　电压放大倍数和增益的关系

A_u（倍）	0.001	0.01	0.1	0.2	0.707	1	2	3	10	100	1 000
G_u（dB）	－60	－40	－20	－14	－3	0	6.0	9.5	20	40	60

例如，一个放大电路的电压放大倍数 $A_u = 30$，查表再经简单计算，可得放大电路的电压增益为 29.5 dB。

在计算电路增益时也可能出现负值，例如，增益为 －3 dB，查表可得所对应的放大倍数为 0.707，这表明信号不是被放大，而是被衰减了。

四、放大电路的图解分析

利用三极管的特性曲线和电路参数，通过作图分析放大电路性能的方法，称为图解分析法，简称图解法。

1. 作直流负载线

在放大电路中，三极管的管压降 U_{CE} 和集电极电流 I_C 之间有如下关系：

$$U_{CE} = V_{CC} - I_C R_C$$

对于一个给定的放大电路来说，V_{CC} 和 R_C 是定值，因此上式可以用一条直线来描述。在三极管的输出特性曲线上可以作出这条直线，称为直流负载线。仍以图 2－19a 所示放大电路为例，电路参数同例 2－1。三极管输出特性曲线如图 2－23 所示，直流负载线作图步骤如下：

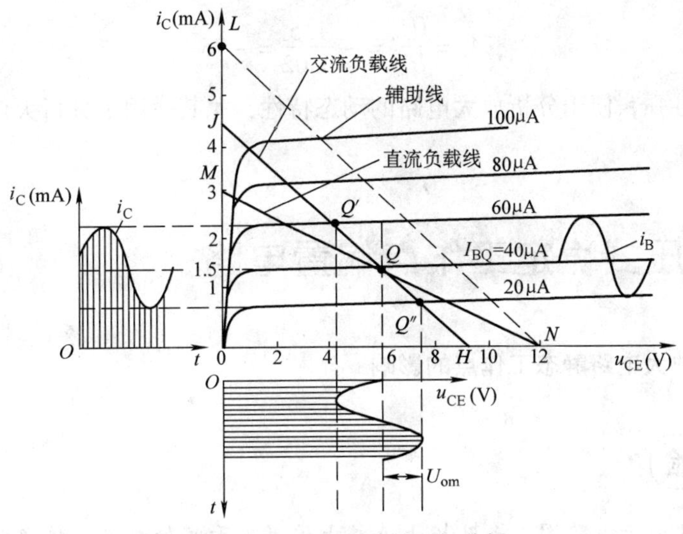

图 2－23　放大电路的图解分析

令 $U_{CE}=0$，则 $I_C=V_{CC}/R_C=12/4=3$（mA），在纵轴（i_C 轴）可得 M 点。

令 $I_C=0$，则 $U_{CE}=V_{CC}=12$ V，在横轴（u_{CE}轴）可得 N 点。

连接 M、N 点，便可得到直流负载线 MN。显然，直流负载线的斜率为 $1/R_C$，R_C 越小，直流负载线越陡。

2. 确定静态工作点

在例 2－1 中已求得 $I_{BQ}=40$ μA，在三极管的输出特性曲线上可以找到 $I_B=I_{BQ}=40$ μA 的那条曲线，它与直流负载线 MN 的交点即为所求的静态工作点 Q。根据 Q 点的坐标可得：

$$I_{CQ}=1.5\ \text{mA}$$

$$U_{CEQ}=6\ \text{V}$$

$$I_{BQ}=40\ \mu\text{A}$$

3. 作交流负载线

由放大电路的交流通路可知，接入负载电阻 R_L后，三极管集电极的交流等效负载电阻 $R'_L=R_C/\!/R_L$，交流负载线的斜率即由 R'_L值决定。又由于在动态时，U_{CE}和 i_C 的值在静态工作点附近移动，当输入信号变为零，U_{CE}和 i_C 的值应该是 U_{CEQ}和 I_{CQ}，可见交流负载线是通过静态工作点的。因此，可按下述方法作出交流负载线。

（1）先求集电极交流等效负载电阻

$$R'_L=R_C/\!/R_L=2\ \text{k}\Omega$$

（2）再求 $V_{CC}/R'_L=12/2=6$（mA），在纵轴可得 L 点。

（3）连接 L、N 得辅助线 LN（其斜率为 $1/R'_L$），通过静态工作点 Q 作 LN 的平行线交于两坐标轴得直线 JH，这就是所求得的交流负载线。

4. 分析动态工作情况

假设输入信号电压幅度为 20 mV，信号电流 i_B的幅度为 20 μA，由图 2－23 可见，放大电路的动态工作范围即在 Q'和 Q''点之间，输出电压的幅值约为 1.5 V。因此，放大电路的电压放大倍数为

$$A_u=\frac{U_{om}}{U_{im}}=-\frac{1.5}{0.02}=-75$$

图解法直观性强，便于分析放大电路的动态特性，尤其适用于分析大信号电路。

§2－3 分压式稳定工作点偏置电路

一、温度对放大电路静态工作点的影响

按如图 2－24 所示电路图在多孔板上连接上偏置单管实验电路，接通电源，用万用表直

流电压挡测量三极管C、E间电压，再用加热后的电烙铁或电吹风对三极管加热，观察指针变化情况。

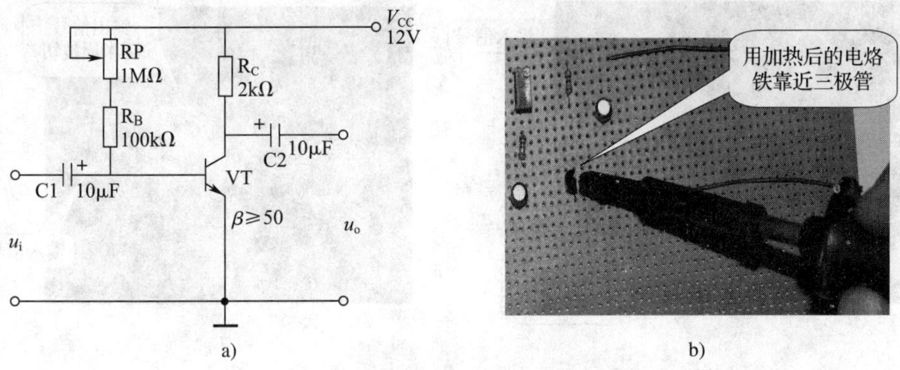

图2-24　温度对放大电路静态工作点的影响

a）原理图　b）实物实验图

对三极管加热后U_{CE}变化明显，说明放大电路的静态工作点因温度升高而发生了偏移。这是因为半导体材料对光和热的变化非常敏感，电路中所处工作环境温度的升高以及三极管自身功耗引起的温升都会导致工作点发生偏移，使电路工作不稳定。此外，电源电压波动、元件参数变化等也会影响静态工作点的稳定，但温度是最主要的影响因素。

二、静态工作点对输出电压波形的影响

1. 调节如图2-19所示电路静态工作点，使电路工作在放大状态。输入适当的正弦波信号，使示波器屏幕显示最大幅度不失真的信号波形，如图2-25b所示。

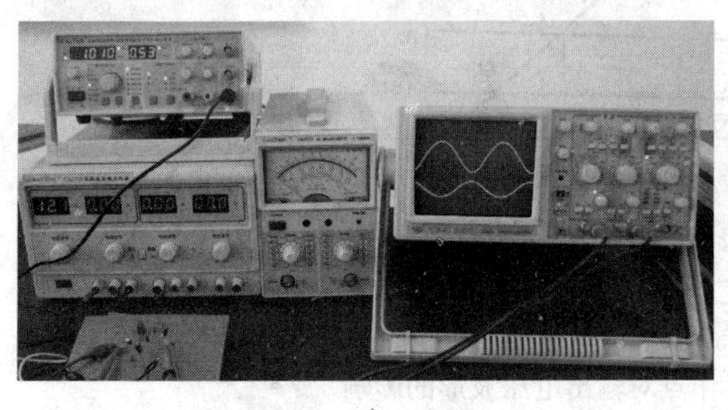

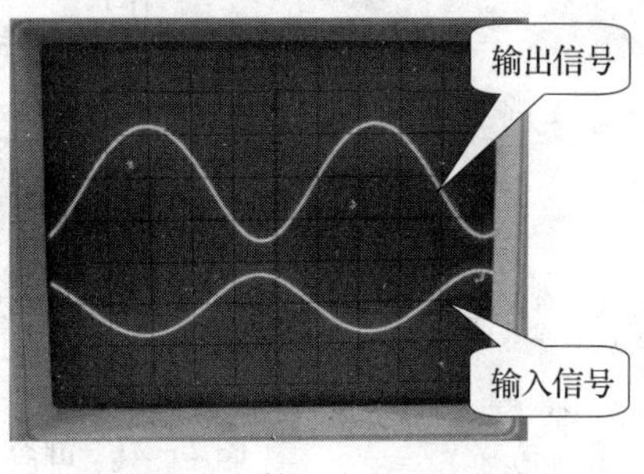

a)　b)

图2-25　实验仪器接线及实训波形

a）实验接线图　b）最大不失真信号波形

2. 调节R_B减小时，有$R_B \downarrow \rightarrow I_B \uparrow \rightarrow I_C \uparrow \rightarrow U_{CE} \downarrow$，$Q$点上移，到一定程度后可发现负半周被部分削平，如图2-26a所示，这一现象称为**饱和失真**。

3. 调节 R_B 增大时，有 $R_B\uparrow\rightarrow I_B\downarrow\rightarrow I_C\downarrow\rightarrow U_{CE}\uparrow$，$Q$ 点下移，到一定程度后可发现正半周被部分削平（见图 2－26b），这一现象称为**截止失真**。

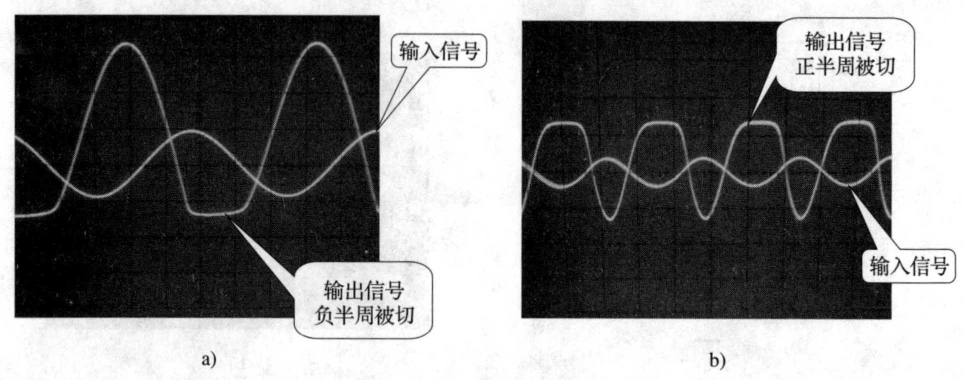

图 2－26　失真信号波形

a）饱和失真　b）截止失真

产生饱和失真的原因是 Q 点偏高（见图 2－27 中 Q' 点），输入信号的正半周有一部分进入饱和区，使输出信号的负半周波形部分削平。

产生截止失真的原因是 Q 点偏低（见图 2－27 中 Q'' 点），输入信号电压负峰值的一部分进入截止区，从而使输出信号电压的正峰值附近被削平。

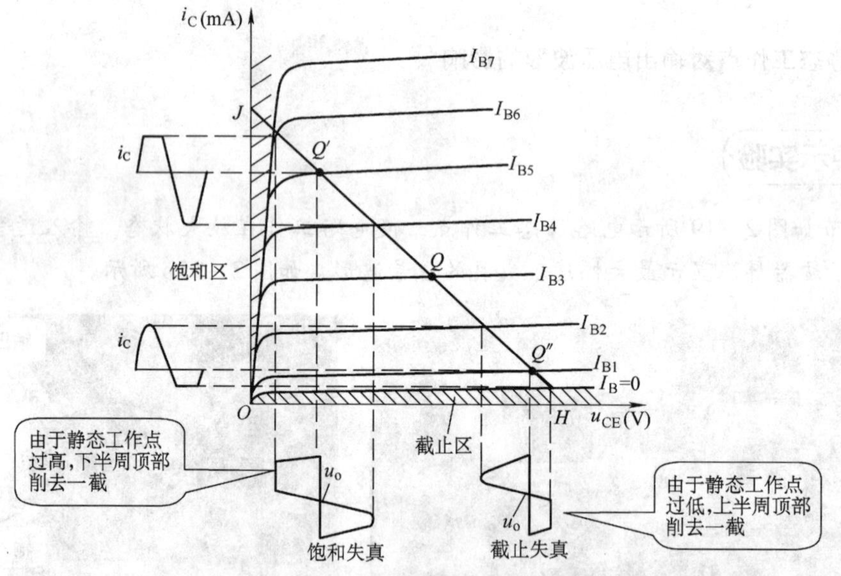

图 2－27　静态工作点对输出电压波形的影响

三、电路参数对静态工作点的影响

放大电路静态工作点的位置与 R_B、R_C 及 V_{CC} 的大小有关，其中任一参数改变，静态工作点都会发生相应的变化，见表 2－8。

表2－8　R_B、R_C及V_{CC}对静态工作点的影响

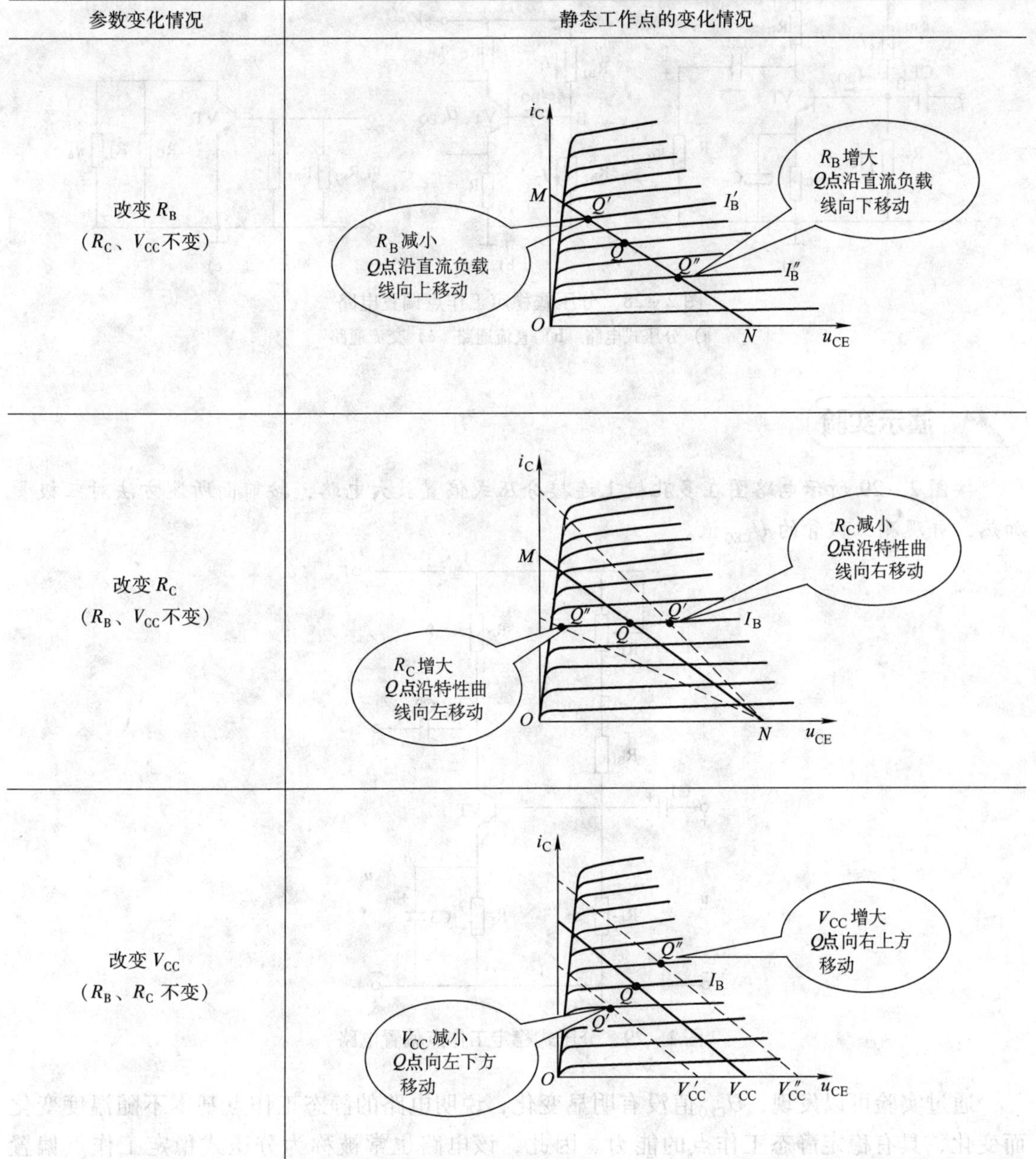

参数变化情况	静态工作点的变化情况
改变R_B（R_C、V_{CC}不变）	R_B增大，Q点沿直流负载线向下移动；R_B减小，Q点沿直流负载线向上移动
改变R_C（R_B、V_{CC}不变）	R_C减小，Q点沿特性曲线向右移动；R_C增大，Q点沿特性曲线向左移动
改变V_{CC}（R_B、R_C不变）	V_{CC}增大，Q点向右上方移动；V_{CC}减小，Q点向左下方移动

四、分压式稳定工作点偏置电路

如图2－28a所示，R_{B1}为上偏置电阻，R_{B2}为下偏置电阻，R_{B1}和R_{B2}将电源电压V_{CC}分压后为三极管基极提供一个相对稳定的直流电流，所以称该电路为分压式偏置电路。C_E为发射极电阻R_E的**旁路电容**。C_E一般选用几十到几百微法的电解电容，对交流信号呈现的容抗很小，故称旁路电容。交流电流经C_E流入公共端，直流电流经R_E流入公共端，由于电容的隔直作用，C_E对电路的静态工作点没有影响。

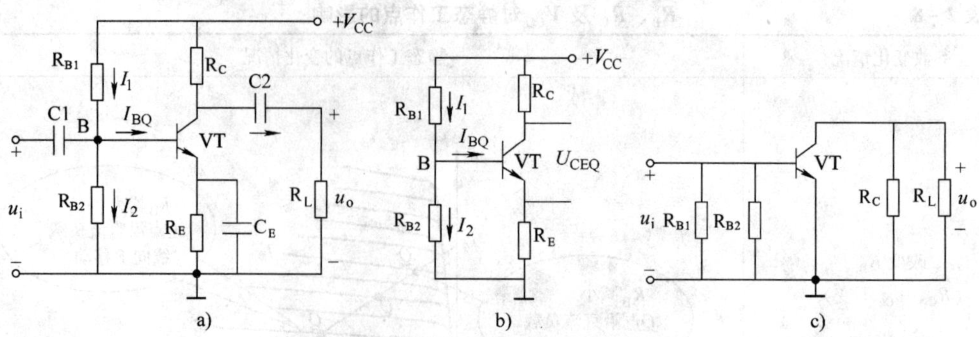

图 2-28　分压式稳定工作点偏置电路

a）分压式电路　b）直流通路　c）交流通路

演示实验

按图 2-29 所示电路图在多孔板上连接分压式偏置放大电路，按前面所述方法对三极管加热，并观测三极管的 U_{CEQ}值。

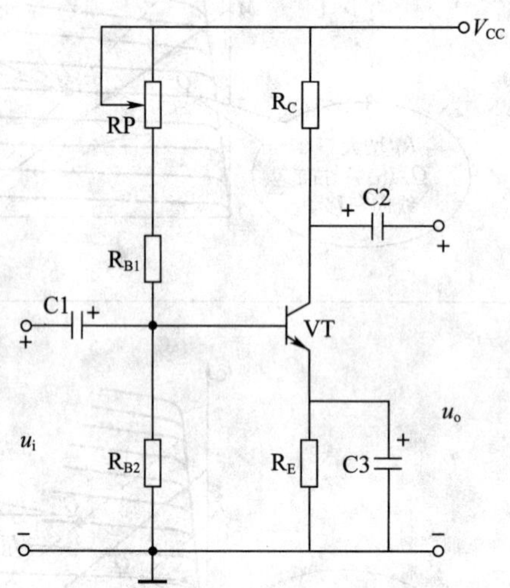

图 2-29　分压式稳定工作点偏置电路

通过实验可以发现，U_{CEQ}值没有明显变化，说明电路的静态工作点基本不随温度变化而变化，具有稳定静态工作点的能力。因此，该电路也常被称为分压式稳定工作点偏置电路。

1. 稳定静态工作点的原理

适当选择 R_{B1}和 R_{B2}的值，使 R_{B1}上流过的直流电流 I_1远大于 I_{BQ}（一般选 5～10 倍）。这时基极电压 U_{BQ}就由 V_{CC}和 R_{B1}与 R_{B2}的分压比确定，即

$$U_{BQ}=\frac{V_{CC}R_{B2}}{R_{B1}+R_{B2}}$$

由于接入了发射极电阻 R_E，发射极直流电流 I_{EQ}在其上产生直流电压，加到发射结的直

流电压为

$$U_{BEQ}=U_{BQ}-U_{EQ}$$

当温度升高引起 I_{CQ} 增大时，I_{EQ} 和 U_{EQ} 也相应增大。由于 U_{BQ} 基本不变，由 $U_{BEQ}=U_{BQ}-U_{EQ}$ 可知，U_{BEQ} 减小，I_{BQ} 随之减小，从而抑制了 I_{CQ} 的增大，最终使静态工作点趋于稳定。

上述过程可表示为

$$\text{温度}T\uparrow\rightarrow I_{CQ}\uparrow\rightarrow I_{EQ}\uparrow\rightarrow U_{EQ}\uparrow\rightarrow U_{BEQ}\downarrow\rightarrow I_{BQ}\downarrow\rightarrow I_{CQ}\downarrow$$

由以上分析可知，正是由于 R_E 对 I_{CQ} 变化的抑制作用，才使放大电路的静态工作点得到了稳定，这种抑制作用实质上是一种负反馈。有关反馈的概念将在本章第七节详细讨论。

2. 静态工作点的估算

由上述稳定静态工作点的原理及相关公式，可以对静态工作点进行估算。

【例 2－2】

如图 2－28b 所示，$R_{B1}=30\ \text{k}\Omega$，$R_{B2}=10\ \text{k}\Omega$，$R_C=2\ \text{k}\Omega$，$R_E=1\ \text{k}\Omega$，$\beta=50$，$V_{CC}=12\ \text{V}$，$U_{BEQ}=0.7\ \text{V}$。估算静态工作点。

解： $U_{BQ}=V_{CC}\dfrac{R_{B2}}{R_{B1}+R_{B2}}=12\times\dfrac{10}{30+10}=3\ (\text{V})$

$$I_{CQ}\approx I_{EQ}=\frac{U_{BQ}-U_{BEQ}}{R_E}=\frac{3-0.7}{1}=2.3\ (\text{mA})$$

$$U_{CEQ}=V_{CC}-I_{CQ}(R_C+R_E)=12-2.3\times(2+1)=5.1\ (\text{V})$$

3. 计算输入电阻、输出电阻和电压放大倍数

如图 2－28c 所示，由于发射极电阻 R_E 被电容 C_E 交流旁路短路，所以在交流通路中，发射极仍为直接接地。设负载电阻 $R_L=8\ \text{k}\Omega$，$r_{BE}=1\ \text{k}\Omega$，其他参数值同例 2－2，计算步骤如下：

输入电阻 $r_i=R_{B1}/\!/R_{B2}/\!/r_{BE}=30\ \text{k}\Omega/\!/10\ \text{k}\Omega/\!/1\ \text{k}\Omega\approx1\ \text{k}\Omega$

输出电阻 $r_o\approx R_C=2\ \text{k}\Omega$

电压放大倍数 $A_u=-\beta\dfrac{R_L'}{r_{BE}}=-\beta\dfrac{R_C/\!/R_L}{r_{BE}}=-\dfrac{50\times\dfrac{2\times8}{2+8}}{1}=-80$

分压式稳定工作点偏置电路的安装与调试

一、实训电路

实训电路如图 2－30 所示。

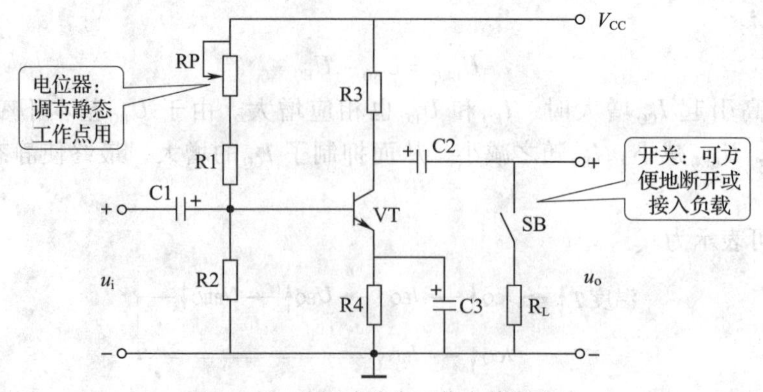

图 2－30　分压式稳定工作点偏置电路

二、器材准备

1. 仪器设备

直流稳压电源、低频信号发生器、双踪示波器各一台。

2. 元器件明细

实验需用到的元器件明细见表 2－9。

表 2－9　元器件明细表

代号	名称	规格	代号	名称	规格
R1	碳膜电阻器	12 kΩ	C1、C2	电解电容器	2×10 μF/16 V
R2	碳膜电阻器	10 kΩ	C3	电解电容器	100 μF/16 V
RP	微调电位器	100 kΩ	VT	三极管	9013 或 3DG6
R3、R_L	碳膜电阻器	2 kΩ	SB	开关	按钮开关
R4	碳膜电阻器	1 kΩ			

三、安装调试

1. 对元器件进行检测和筛选后，安装焊接电路，其工艺要求如图 2－31 所示。

（1）电阻器及微调电位器紧贴电路板水平安装。

（2）电容器垂直安装，电容器底部距离电路板 5 mm，安装时注意正负极性。

（3）三极管垂直安装，三极管底部距离电路板 10 mm，安装时注意引脚极性。

a)

b)

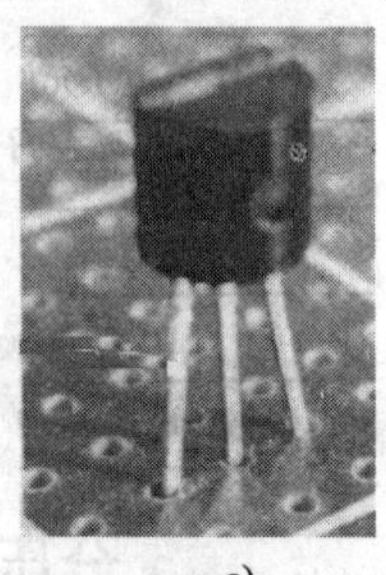
c)

图 2－31　元器件安装工艺要求

a）微调电位器紧贴电路板水平安装　b）电容器垂直安装，底部离电路板 5 mm

c）三极管垂直安装，底部离电路板 10 mm

2. 调整静态工作点

电路检查无误后，接通 12 V 直流稳压电源，调整静态工作点方法如图 2-32 所示。

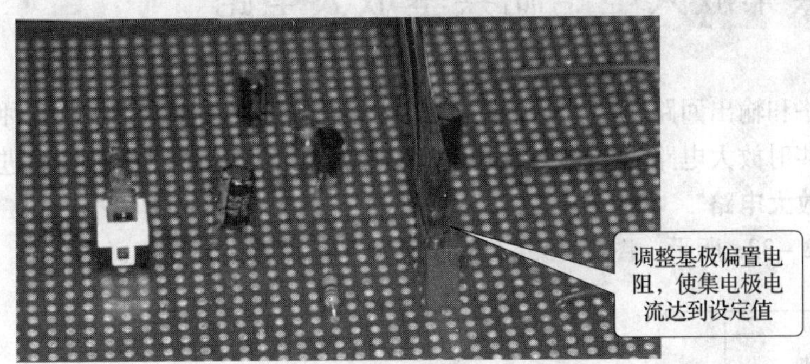

图 2-32　静态工作点调试

3. 用万用表直流电压挡测量三极管的 U_B、U_C 值，然后估算 I_C，记入表 2-10 中。

表 2-10　静态工作点调试记录

RP 阻值	U_B（V）	U_C（V）	估算电路 I_C（mA）$\left(I_C = \frac{V_{CC} - U_C}{R_3}\right)$
最大			
适当位置		9	1.5
最小			

4. 观察输入输出信号波形

观察静态工作点与输出波形关系。在最大不失真输出的基础上保持 u_i 不变，将 RP 的阻值调大或调小，用示波器分别观察波形变化。当 RP 的阻值调大或调小到一定数值时，将出现失真，分别判断它们属于什么失真，并将失真波形记录到表 2-11 中。

表 2-11　失真波形测试记录

RP 阻值状态	最大时	最小时
输出波形		
失真类型		

§2－4 共集放大电路和共基放大电路

按输入回路和输出回路公共端的不同，放大电路有共射、共集和共基三种基本接法。前面已经讨论过共射放大电路，本节介绍共集和共基放大电路，并对三种接法进行比较。

一、共集放大电路

电路如图 2－33a 所示，图 2－33b、c 分别为其直流通路和交流通路。

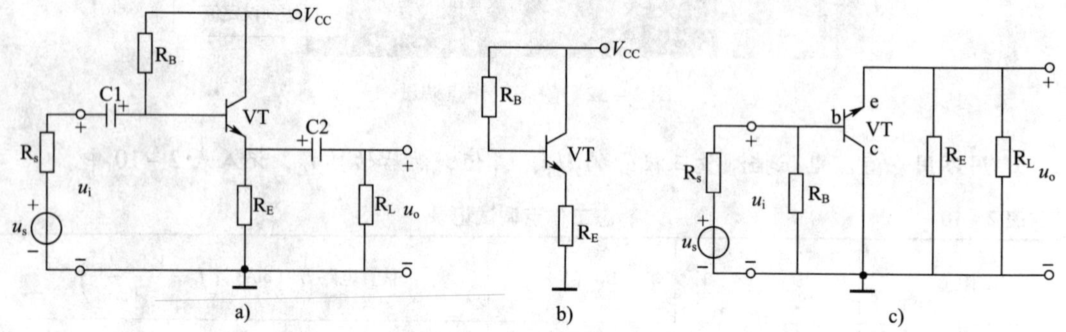

图 2－33　共集放大电路

a）电路原理图　b）直流通路　c）交流通路

由图 2－33 可知，输入信号是从三极管的基极与集电极之间输入，从发射极与集电极之间输出。集电极为输入与输出电路的公共端，故称共集放大电路。由于信号从发射极输出，所以又称**射极输出器**。

1. 静态工作点的估算

分析该电路的直流通路可知

$$V_{CC} = I_{BQ}R_B + U_{BEQ} + (1+\beta)I_{BQ}R_E$$

由此可得

$$I_{BQ} = \frac{V_{CC} - U_{BEQ}}{R_B + (1+\beta)R_E}$$

$$I_{CQ} = \beta I_{BQ}$$

$$U_{CEQ} = V_{CC} - I_{EQ}R_E \approx V_{CC} - I_{CQ}R_E$$

对 I_{BQ} 计算公式中的 $(1+\beta)R_E$ 也可以这样理解：把 R_E 从发射极回路折合到基极回路，电流减小到原来的 $1/(1+\beta)$，因此电阻应折合为 $(1+\beta)R_E$。

2. 电压放大倍数的估算

由交流通路可知，输出电压 u_o 和输入电压 u_i 及三极管发射结电压 u_{BE} 三者之间有如下关系：

$$u_o = u_i - u_{BE}$$

通常 $u_{BE} \ll u_i$，可认为 $u_o \approx u_i$，所以射极输出器的电压放大倍数总是小于 1 而又接近于 1。这表明射极输出器没有电压放大作用，但射极电流是基极电流的 $(1+\beta)$ 倍，故它有电流放大作用，同时也有功率放大作用。

3. 输入电阻和输出电阻的估算

（1）输入电阻 r_i

在图 2－33c 中，若先不考虑 R_B 的作用，则输入电阻为

$$r_i' = \frac{u_i}{i_B} = \frac{i_B r_{BE} + (1+\beta) i_B R_L'}{i_B} = r_{BE} + (1+\beta) R_L'$$

式中 $R_L' = R_E /\!/ R_L$。

考虑 R_B 的作用，输入电阻应为

$$r_i = R_B /\!/ r_i' = R_B /\!/ [r_{BE} + (1+\beta) R_L']$$

显然，射极输出器的输入电阻比共射放大电路的输入电阻大得多。

（2）输出电阻 r_o

根据输出电阻的定义，由交流通路可得

$$r_o = R_E /\!/ \left[\frac{r_{BE} + R_s'}{(1+\beta)}\right]$$

式中 $R_s' = R_s /\!/ R_B$，R_s 为信号源内阻，考虑到 $R_B \gg R_s$，所以 $R_s' \approx R_s$，若 $r_{BE} \gg R_s$，则上式可简化为

$$r_o \approx R_E /\!/ \left(\frac{r_{BE}}{1+\beta}\right)$$

若 $R_E \gg \frac{r_{BE}}{1+\beta}$，则

$$r_o \approx \frac{r_{BE}}{1+\beta}$$

显然，射极输出器的输出电阻比共射放大电路的输出电阻小得多。

4. 射极输出器的特点

综合以上分析可知，射极输出器的特点是：

（1）电压放大倍数小于 1，但又接近于 1。

（2）输出电压与输入电压相位相同。

（3）输入电阻大。

（4）输出电阻小。

由于射极输出器的输出电压 u_o 和输入电压 u_i 相位相同且近似相等，可近似看做 u_o 随 u_i 的变化而变化，所以射极输出器又称为射极跟随器，或简称**射随器**。

5. 射极输出器的应用

射极输出器具有电压跟随作用和输入电阻大、输出电阻小的特点，且有一定的电流和功率放大作用，因而无论是在分立元件多级放大电路还是在集成电路中，它都有十分广泛的应用。

（1）用作输入级，因其输入电阻大，可以减轻信号源的负担。

（2）用作输出级，因其输出电阻小，可以提高带负载的能力。

（3）用在两级共射放大电路之间作为隔离级（或称缓冲级），因其输入电阻大，对前级

影响小，输出电阻小，对后级的影响也小，所以可以有效地提高总的电压放大倍数。

二、共基放大电路

电路如图 2－34a 所示，图 2－34b、c 分别为其直流通路和交流通路。

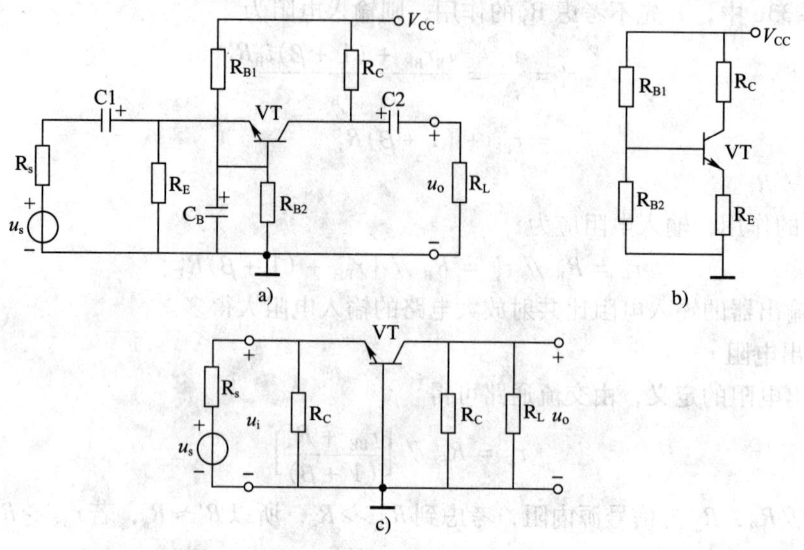

图 2－34　共基放大电路

a）电路原理图　b）直流通路　c）交流通路

根据直流通路可以估算电路的静态工作点，方法与共射放大电路的分压式偏置电路相同。由交流通路可知，基极为输入与输出的公共端。经分析推导可得，电压放大倍数为

$$A_u = \frac{\beta R'_L}{r_{BE}}$$

式中

$$R'_L = R_C // R_L$$

输入电阻

$$r_i \approx R_E // \left(\frac{r_{BE}}{1+\beta}\right)$$

输出电阻

$$r_o \approx R_C$$

电压放大倍数 A_u 为正值，表明共基放大电路为同相放大电路。从计算公式来看，A_u 的数值与共射放大电路相同，但这里并没有考虑信号源内阻的影响。实际上，由于共基放大电路的输入电阻要比共射放大电路的输入电阻小得多，因此，当考虑信号源内阻时，共基放大电路的电压放大倍数也要比共射放大电路的电压放大倍数小得多。

共基放大电路的电流放大倍数 $\alpha = \dfrac{\Delta I_C}{\Delta I_E}$，其值小于 1，但接近于 1；同时，由于它的输入电阻低而输出电阻高，可将低阻输入端的电流几乎无衰减地接续到高阻输入端，其功能接近于恒流源。

三、放大电路三种接法的比较

综合以上分析，现将共射、共集和共基三种接法放大电路的特点列于表 2－12，以供比较。

表 2-12 共射、共集和共基放大电路的特点

组态类型	共射放大电路	共集放大电路	共基放大电路
输入电阻	中等	大	小
输出电阻	中等	小	大
电流放大倍数	大	大	略小于1
电压放大倍数	大	略小于1	大
功率放大倍数	大	中等	中等
输出/输入相位	反相	同相	同相
高频特性	差	较好	好
适用场合	低频放大和多级放大电路的中间级	多级放大电路的输入级、输出级和中间缓冲级	高频电路、宽带放大电路和恒流源电路

共射放大电路的电压、电流和功率放大倍数都比较高，因而应用广泛；但是它的输入电阻较低，对前级的影响较大；输出电阻较高，带负载能力较差；共集放大电路虽然没有电压放大作用，但由于它独特的优点，因而被广泛用作多级放大电路中的输入级、输出级或隔离缓冲级；共基放大电路则可用于恒流源电路。

四、改进型放大电路

1. 组合放大电路

通常电压放大电路要求输入电阻高，输出电阻低；电流放大电路则要求输入电阻低，输出电阻高。在三种组态的放大电路中，只有共射放大电路同时具有电压和电流放大作用，但它的输入和输出电阻却与上述要求存在差距，如果将它与共集或共基放大电路相接，构成组合放大电路，就可以改变放大电路的输入和输出电阻，从而较好地解决这一问题。

前面在讨论射随器的应用时曾经介绍过，可以把射随器用作多级放大电路的输入级、输出级或隔离级。例如，把它作为输入级接于共射放大电路之前，就构成了图 2-35a 所示的共集—共射组合放大电路，它的总电压放大倍数和单独一级共射放大电路相同，但输入电阻大大提高了。采用类似方法，还可以接成如图 2-35b、c 所示的共射—共基、共集—共基组合放大电路，以满足相应的性能要求。

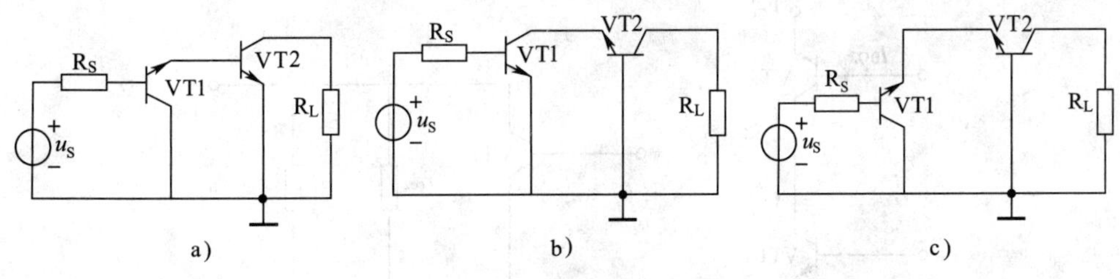

图 2-35 组合放大电路

a）共集—共射组合放大电路 b）共射—共基组合放大电路 c）共集—共基组合放大电路

此外，还可以从共射放大电路的偏置电路入手，改进其性能。下面介绍的接有发射极电阻的共射放大电路和采用有源负载的共射放大电路，在多级放大电路，特别是在集成电路

中，有着很广泛的应用。

2. 接有发射极电阻的共射放大电路

接有发射极电阻的共射放大电路及其交流通路分别如图 2－36a、b 所示。

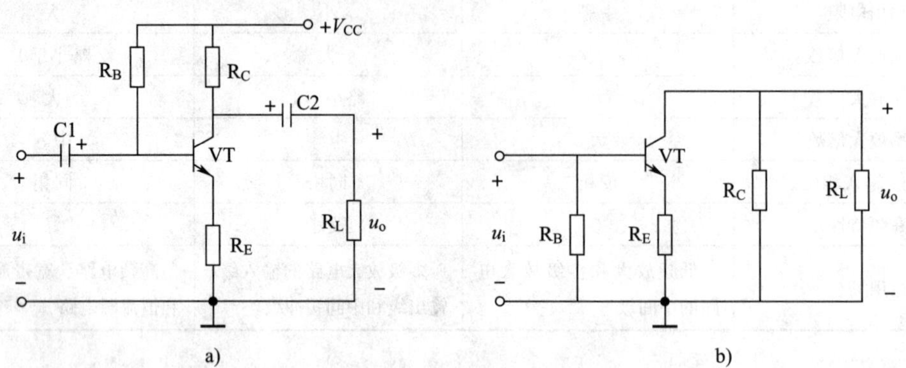

图 2－36　接有发射极电阻的共射放大电路

a）电路原理图　b）交流通路

分析电路可得
$$A_u \approx -\frac{R'_L}{R_E}$$

式中，$R'_L = R_C /\!/ R_L$。

空载时
$$A_u \approx -\frac{R_C}{R_E}$$

即电压放大倍数近似等于两个电阻之比，而与 β 的大小无关。因其具有这一特点恰好适合制成性能稳定的集成放大电路。但由于电阻 R_C 不可能取得很大，所以电压放大倍数受到限制。采用有源负载取代共射放大电路中的 R_C 是提高放大倍数的有效措施。

3. 采用有源负载的共射放大电路

所谓有源负载，就是利用三极管工作在放大区时，集电极电流只受基极电流控制而与管压降无关的特性构成的电路。实际上它就是一个恒流源电路。在图 2－37 所示电路中，三极管 VT2 为 VT1 的有源负载。

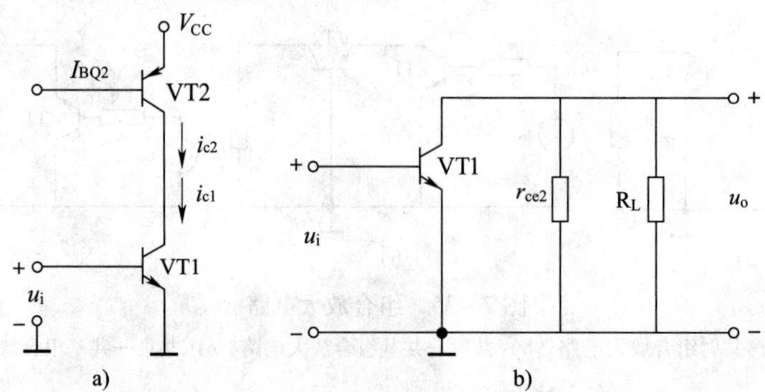

图 2－37　采用有源负载的共射放大电路

a）电路原理图　b）交流通路

三极管 VT2 的输出特性曲线如图 2－38 所示，在静态工作点 Q 处的直流等效电阻为

$$R_{CE2}=\frac{U_{CEQ}}{I_{CQ}}=\frac{5}{1.5}\approx 3.33(k\Omega)$$

在工作点 Q 附近的交流等效电阻为

$$r_{ce2}=\frac{\Delta U_{CE}}{\Delta I_{C}}=\frac{10-5}{1.6-1.5}=50(k\Omega)$$

可见三极管 VT2 所呈现的直流电阻并不大，交流电阻却很大，这就有效地提高了放大电路的电压放大倍数。当然，负载 R_L 必须足够大，才能充分发挥有源负载的作用。

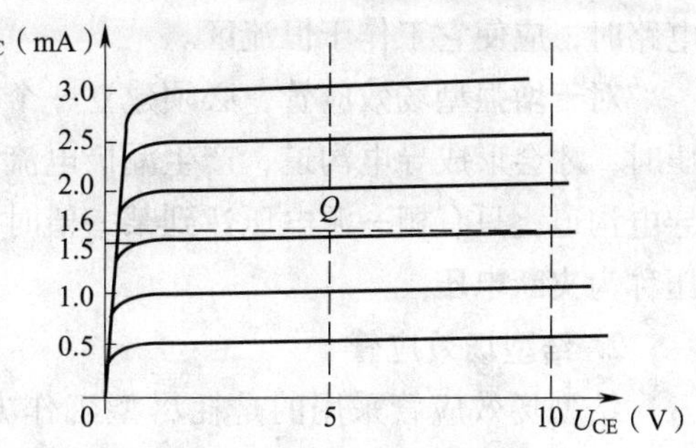

图 2－38　三极管的输出特性曲线

§2－5　场效应管放大电路

在用三极管组成的放大电路中，基极输入电流的大小直接影响输出电流的大小，这是一种**电流控制型**器件。场效应管则是一种**电压控制型**器件，它是利用输入电压产生的电场效应控制输出电流的。

场效应管按其结构不同分为**绝缘栅型**和**结型**两大类。其中绝缘栅型场效应管由于制造工艺简单，便于实现集成化，因而应用更为广泛。

一、场效应管

1. 绝缘栅型场效应管

绝缘栅型场效应管简称 MOS 管，分为 N 沟道和 P 沟道两类，每一类又可分为**增强型**和**耗尽型**两种，因此，共有 4 种类型，其图形符号见表 2－13。三个引脚分别为源极（S）、栅极（G）、漏极（D），分别对应于三极管的发射极、基极、集电极。B 表示衬底（有时也用 U 表示），一般与源极 S 相连。衬底箭头向内表示为 N 沟道，反之为 P 沟道。D 极和 S 极之间为三段断续线表示增强型，为连续线表示耗尽型。

表 2－13　　绝缘栅型场效应管的分类及符号

绝缘栅型场效应管（N 沟道）		绝缘栅型场效应管（P 沟道）	
耗尽型	增强型	耗尽型	增强型
D G B S	D G B S	D G B S	D G B S

场效应管也有三个工作区域：**可变电阻区、恒流区和夹断区**。当利用场效应管组成放大电路时，应使它工作于恒流区。

对于增强型场效应管，必须建立一个栅—源电压，而且只有当栅—源电压值达到开启电压时，才会形成导电沟道，产生漏极电流。对于耗尽型场效应管则不加栅—源电压时已存在导电沟道，只有栅—源电压达到某一值时，才能使漏—源极之间电流为零，此时的栅—源电压称为**夹断电压**。

2. 结型场效应管

结型场效应管采用的是耗尽型工作方式，也分 P 沟道和 N 沟道两种，其图形符号如图 2－39 所示。

3. 特殊场效应管

（1）CMOS 管

N 沟道 MOS 管和 P 沟道 MOS 管组成互补电路，称为 CMOS 管，其结构如图 2－40 所示。CMOS 管输入电流小，功耗小，工作电源范围宽，连接方便，目前广泛应用于集成电路中。

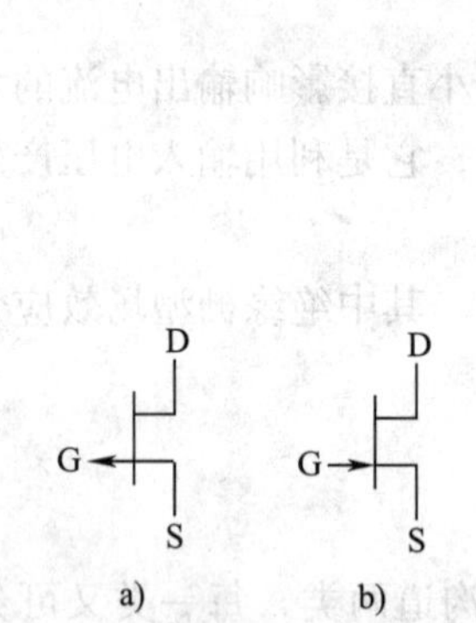

图 2－39　结型场效应管图形符号

a）P 沟道　b）N 沟道

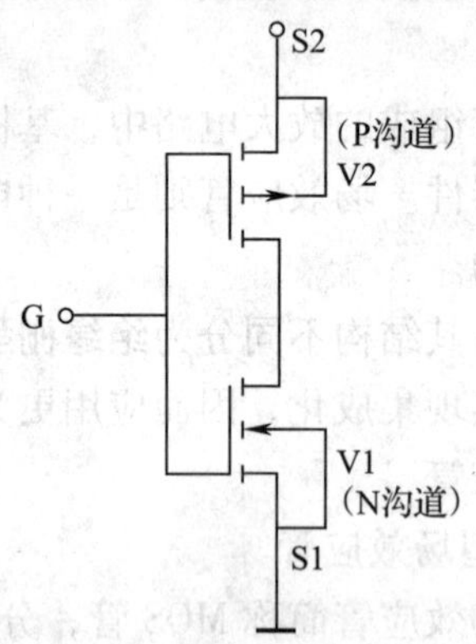

图 2－40　CMOS 管结构示意图

（2）VMOS 管和 UMOS 管

这两种 MOS 管的最大特点是耗散功率大，工作速度快，耐压高，转移特性的线性度好，是较理想的大功率器件。而且它们所需驱动功率都不大，可用 CMOS 集成电路驱动，也可用双极型 TTL 集成电路驱动。

（3）P－MOS 管

即**功率场效应管**，又称**电力场效应管**，由大量小单元 MOS 管并联而成。这是一种大功率场效应管，多用于可控整流、逆变及变频电路。

二、场效应管的主要参数

1. 开启电压 U_T

开启电压指 U_{DS}为定值时，使增强型绝缘栅场效应管开始导通的栅源电压 U_{GS}值。它是增强型场效应管的重要参数。N 沟道场效应管的 U_T为正值，P 沟道场效应管的 U_T为负值。

2. 夹断电压 U_P

夹断电压指 U_{DS}为定值时，使耗尽型绝缘栅场效应管漏极电流 I_D减小到近似为零时的 U_{GS}值。它是耗尽型场效应管的重要参数。N 沟道场效应管的 U_P为负值，P 沟道场效应管的 U_P为正值。

3. 低频跨导 g_m

低频跨导指 U_{DS}为定值时，漏极电流的增量 ΔI_D与引起这一变化的栅源电压的增量 ΔU_{GS}之比，即

$$g_m = \frac{\Delta I_D}{\Delta U_{GS}}$$

这是表征栅源电压 U_{GS}对漏极电流 I_D控制能力的重要参数。g_m的单位是 S（西门子）或 mS。

三、场效应管放大电路

与三极管组成的放大电路类似，场效应管放大电路也相应有**共源、共漏**和**共栅**三种接法。

1. 共源放大电路

（1）自给偏置电路

自给偏置电路如图 2－41 所示。图中采用的是 N 沟道耗尽型绝缘栅场效应管，漏极电流在 R_S上产生的电压恰好可作为栅极偏压，即 $U_{GS} = -I_D R_S$。栅极电阻 R_G将栅极和源极构成了一个回路，使 R_S上的电压能加到栅极而成为栅极偏压。电路对信号的放大作用是通过场效应管的电压控制作用实现的。经分析，电压放大倍数为

$$A_u = -g_m R'_L$$

式中，$R'_L = R_D /\!/ R_L$。

（2）分压式偏置电路

如果用增强型绝缘栅场效应管构成放大电路，则不能采用自给偏置电路，而要采用分压式偏置电路，如图 2－42 所示。

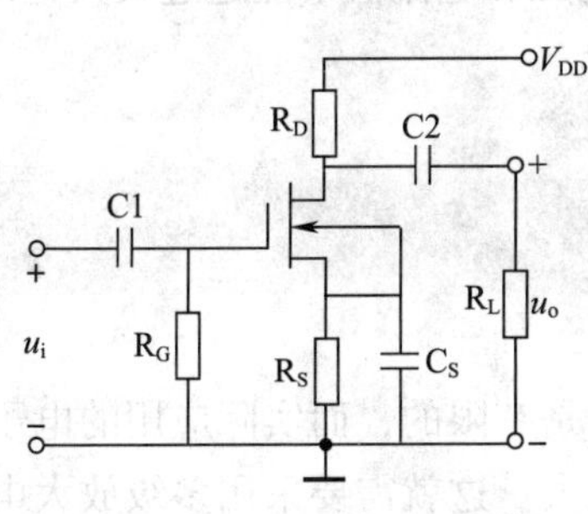

图 2－41　自给偏置电路

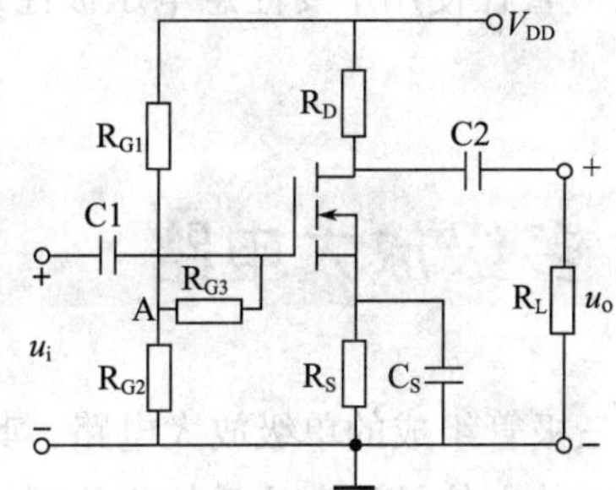

图 2－42　分压式偏置电路

2. 共漏放大电路

电路如图 2－43 所示。图中采用的是分压式偏置电路。其输出信号与输入信号相位相同，大小近似相等，所以它又称**源极跟随器**。

3. 共栅放大电路

电路如图 2－44 所示。放大电路的偏置电路由电阻 R_S 和电源 V_{GG}构成。电压放大倍数为

$$A_u = g_m R'_L$$

式中，$R'_L = R_D // R_L$。

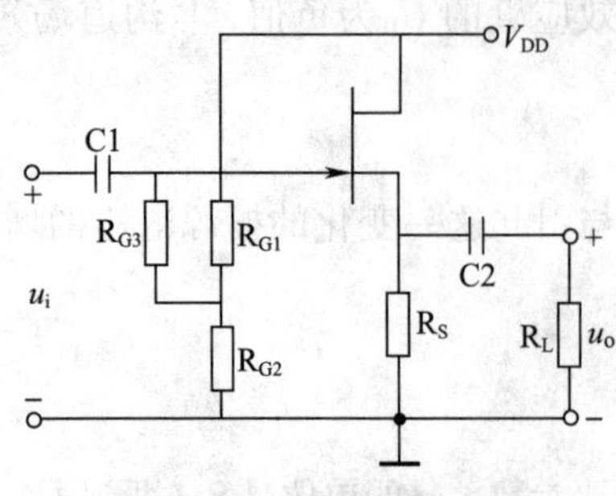

图 2－43　共漏放大电路

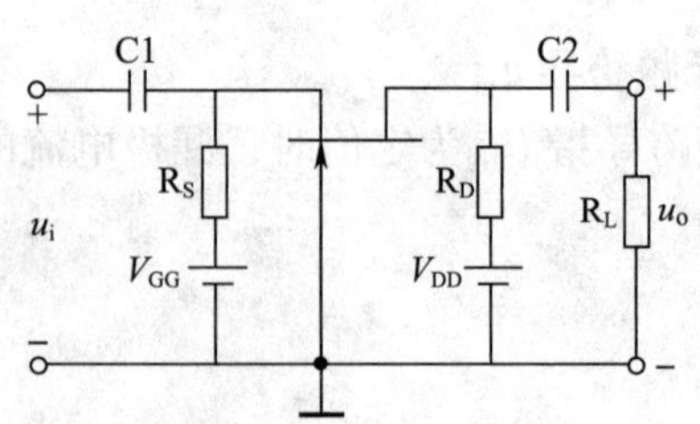

图 2－44　共栅放大电路

场效应管放大电路三种接法的性能特点与三极管放大电路相似。但由于场效应管栅极不取电流，所以共源和共漏放大电路的输入电阻都远比共射和共集放大电路的大。此外，在相同静态电流下，共源和共栅放大电路的电压放大倍数远比相应的共射和共基放大电路的小。

四、场效应管安全使用常识

1. 对绝缘栅型场效应管一般不允许用万用表检测，以防高压击穿；对结型场效应管可用判定晶体三极管基极的方法来判定栅极，但漏极和源极用此方法不能判定。

2. 场效应管的漏极和源极通常可互换使用，但有些产品源极与衬底已连在一起，此时漏极和源极不能互换使用。

3. 存放绝缘栅型场效应管时，应将三个极短路，防止栅极击穿。取用管子时应注意人体静电对栅极的感应，可在手腕上套一接地的金属箍，以消除静电的影响。

4. 要求一切测试仪器、电烙铁等都有外接地线。焊接时用小功率电烙铁，动作要迅速，或切断电源后利用余热焊接。焊接时应先焊源极，最后焊栅极。

5. 场效应管在使用中要注意电压极性，并注意电压和电流值不能超过最大允许值。

§2－6　多级放大电路

由单个三极管组成的单级放大电路，其放大能力是有限的，而实际应用的电子设备往往要将一个微弱的电信号放大几千倍或几万倍，甚至更大。这就需要采用多级放大电路。多级放大电路由多个单级放大电路连接而成，其组成框图如图 2－45 所示。多级放大电路的第一级为输入级，也称为**前置级**，最后一级为输出级，也称为**功放级**。

图 2－45　多级放大电路的组成框图

一、级间耦合方式

多级放大电路中各单级电路之间的连接称为**耦合**。实际应用中，应根据不同电路的要求，选择合适的级间耦合方式。

1. 阻容耦合

如图 2－46 所示为两级阻容耦合放大电路。第一级的输出信号通过 R_{C1} 和 C2 加到第二级的输入电阻上，即信号是通过电阻和电容传递的，故称为阻容耦合。由于耦合电容的隔直作用，前后级放大电路的静态工作点互不影响，但它不适宜传输缓慢变化的直流信号，更不能传输恒定的直流信号。

2. 变压器耦合

如图 2－47 所示为变压器耦合的两级放大电路。耦合变压器的作用是隔断前后级的直流联系，同时把前级输出的交流信号通过电磁感应传送到后级。此外，在某些放大电路中，耦合变压器在传递信号的同时还可以实现阻抗变换。但它的低频特性较差，不能传输直流信号，而且体积较大。主要应用于调谐放大电路或由分立元件组成的功率放大电路中。

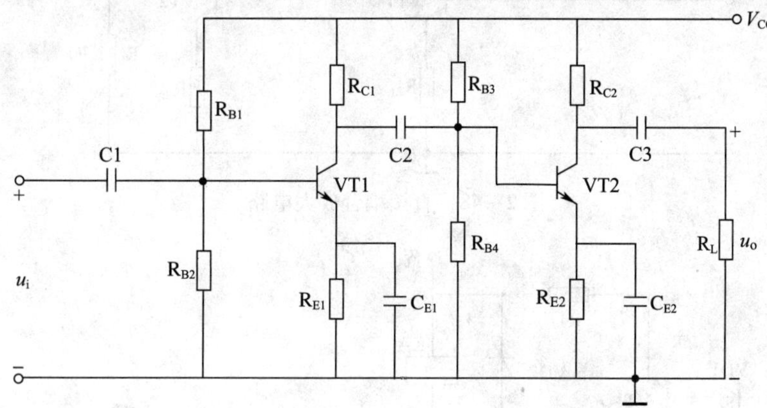

图 2－46　阻容耦合放大电路

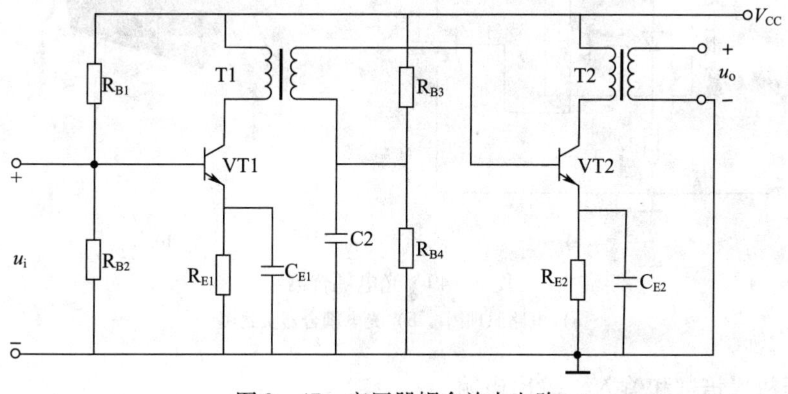

图 2－47　变压器耦合放大电路

3. 直接耦合

所谓直接耦合，就是把前一级放大电路的输出端直接连接到后一级放大电路的输入端，如图 2－48 所示。前后级之间没有隔断直流的耦合电容或变压器，信号直接传递，因此，它可以放大变化缓慢的信号。但前后级静态工作点相互影响，这给电路的设计、调试带来一定困难。直接耦合便于实现电路集成化，故在集成电路中得到了广泛应用。

4. 光电耦合

如图 2－49a 所示为光电耦合多级放大电路。它是以光电耦合器为媒介来实现信号的耦合和传输的。光电耦合器简称光耦，其外形如图 2－49b 所示。光耦的基本结构是将光发射器（红外发光二极管）和光敏器（光敏三极管）的芯片封装在同一外壳内。当输入端加电信号时，光发射器发出光信号，光敏器接收后又转换成电信号输出，从而实现了电→光→电信号的转换和传输，并在电气上完全隔离。光电耦合既可传输交流信号也可传输直流信号，而且抗干扰能力强，易于实现电路集成化。

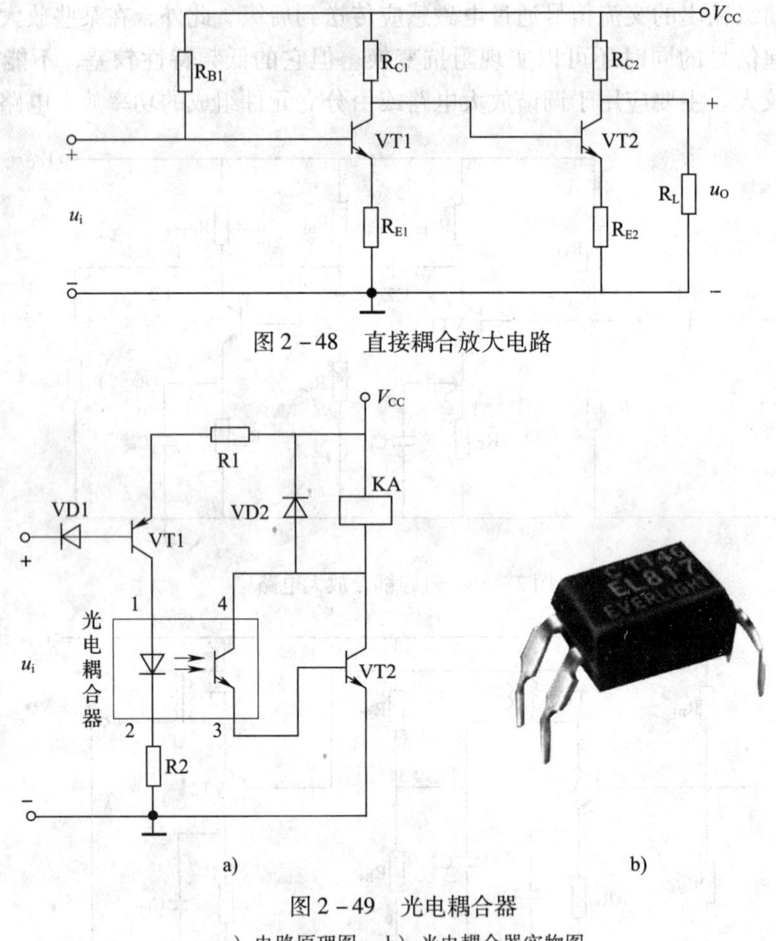

图 2－48　直接耦合放大电路

图 2－49　光电耦合器

a）电路原理图　b）光电耦合器实物图

二、电压放大倍数和输入、输出电阻

1. 电压放大倍数

下面以三级放大电路为例，用如图 2－50 所示框图来说明总的电压放大倍数与多级电压放大倍数的关系。

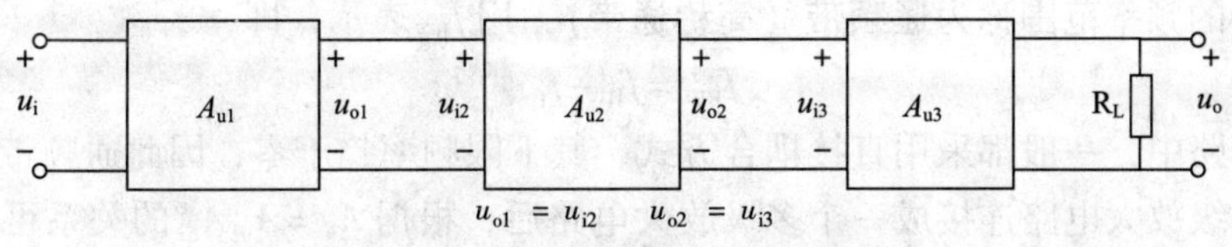

图 2－50　三级放大电路框图

第一级电压放大倍数 $A_{u1}=\dfrac{u_{o1}}{u_i}$

第二级电压放大倍数 $A_{u2}=\dfrac{u_{o2}}{u_{o1}}$

第三级电压放大倍数 $A_{u3}=\dfrac{u_o}{u_{o2}}$

多级放大电路总的电压放大倍数

$$A_u=\frac{u_o}{u_i}=\frac{u_o}{u_{o2}}\frac{u_{o2}}{u_{o1}}\frac{u_{o1}}{u_i}=A_{u1}A_{u2}A_{u3}$$

即多级放大电路总的电压放大倍数等于各单级放大电路电压放大倍数的乘积。但必须注意，**计算各单级放大电路的电压放大倍数时应考虑后一级放大电路对前一级放大电路的负载效应。**

如果用增益表示，则多级放大电路的总增益为多级增益的代数和，即

$$G_u(\mathrm{dB})=G_{u1}(\mathrm{dB})+G_{u2}(\mathrm{dB})+G_{u3}(\mathrm{dB})$$

2. 输入电阻和输出电阻

由图 2－50 所示框图可以看出，多级放大电路的输入电阻就是第一级（输入级）放大电路的输入电阻，多级放大电路的输出电阻就是最后一级（输出级）放大电路的输出电阻。

三、频率特性

放大电路电压放大倍数与信号频率之间的关系称为频率响应，也称放大电路的频率特性。它包括**幅频特性**和**相频特性**。

幅频特性反映放大电路电压放大倍数的大小与信号频率之间的关系，相频特性反映放大电路输出电压与输入电压之间的相位差与信号频率之间的关系。以单级阻容耦合放大电路为例，其幅频特性和相频特性曲线分别如图 2－51a 和图 2－51b 所示。

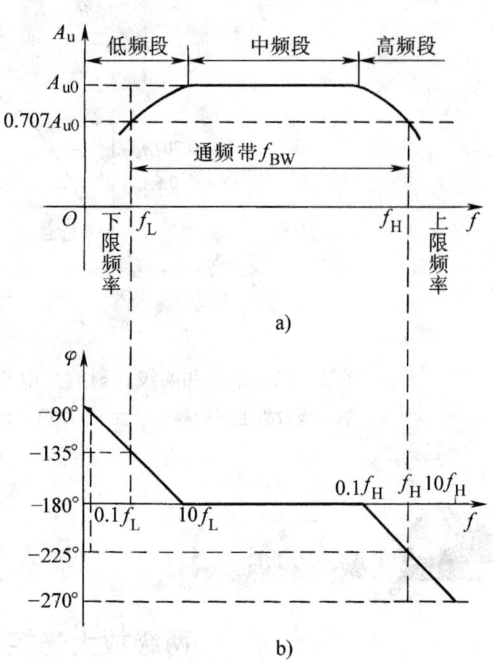

图 2－51　单级阻容耦合放大电路的频率特性

a）幅频特性　b）相频特性

放大倍数基本相同的一段频率范围称为**中频段**。频率过高或者过低都会使放大倍数下降，当放大倍数下降到中频段的 $\dfrac{1}{\sqrt{2}}$（约 0.707）倍时所对应的低端频率称为**下限频率**，用 f_L 表示；所对应的高端频率称为**上限频率**，用 f_H 表示。

在f_H和f_L之间的频率范围称为**通频带（简称通带）**，用f_{BW}表示，即

$$f_{BW}=f_H-f_L$$

在集成电路中，一般都采用直接耦合方式，其下限频率趋于零，因此通频带即为f_H。

当两个单级放大电路连接成一个多级放大电路后，根据$A_u=A_{u1}A_{u2}$的关系可知，中频段电压放大倍数的$\frac{1}{\sqrt{2}}$倍所对应的下限频率f_L将升高，上限频率f_H将降低，因此通频带变窄（见图2－52）。

由于放大电路对不同频率分量放大倍数不同而引起的输出信号波形失真，称为**幅度失真**；由于不同频率分量产生不同附加相移而引起的失真称为**相位失真**。幅度失真和相位失真总称为**频率失真**。显然，为了避免频率失真，放大电路必须有与信号频率相适应的通频带。

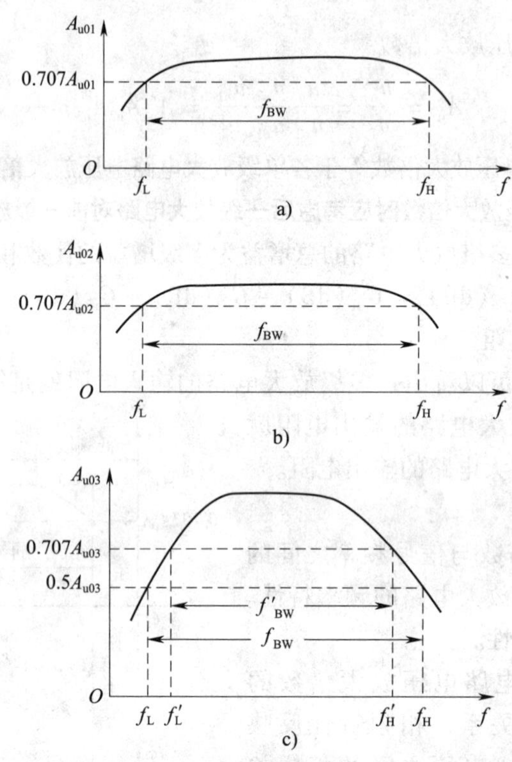

图2－52　单级和两级共射放大电路的幅频特性（设两个放大电路通频带相同）

a）第一级放大电路的幅频特性　b）第二级放大电路的幅频特性　c）两级放大电路的幅频特性

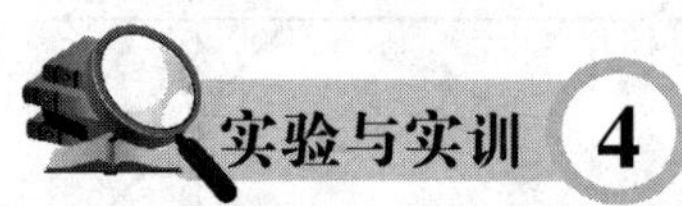

两级放大光控灯电路的安装与调试

一、识读电路

两级放大光控灯电路如图2－53所示。

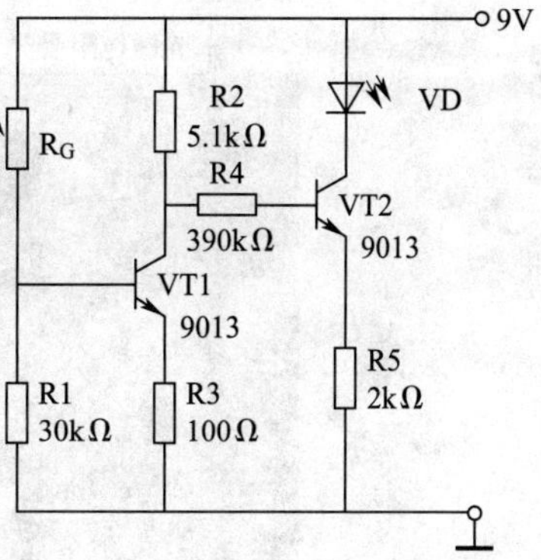

该电路为采用直接耦合方式的两级放大电路，而且都是采用的分压式偏置方式。电路中 R_G 为光敏电阻，有光照时阻值小，无光照时阻值大。

当有光照射在光敏电阻 R_G 上时，R_G 的阻值小（约几千欧）分得电压少，R1 阻值大于 R_G 分得电压多，使 VT1 管饱和导通，导致 VT2 管基极电位较低，VT2 管处于截止状态，发光二极管不亮。

当无光照射在光敏电阻上时，R_G 的阻值增大（达几百千欧），VT1 管的基极电位低，VT1 趋向截止状态，集电极电位升高，VT2 基极电位也升高，从而进入放大工作状态，使发光二极管 VD 点亮。

图 2－53　两级放大光控灯电路

二、器材准备

直流稳压电源一台、万用表一只及常用电子组装工具。

实验用到的元器件明细见表 2－14。

表 2－14　　元器件明细表

代号	名称	规格	代号	名称	规格
VT1、VT2	三极管	9013 或 3DG6	R3	电阻	100 Ω
R_G	光敏电阻	5516	R4	电阻	390 kΩ
R1	电阻	30 kΩ	R5	电阻	2 kΩ
R2	电阻	5. 1 kΩ	VD	发光二极管	

三、检测元器件

以下着重介绍光敏电阻的检测方法。

1. 将万用表置于 R ×1 k 挡，测光敏电阻有光照时的阻值（亮阻），亮阻 R_G = ＿＿＿＿＿ kΩ。

2. 将万用表置于 R ×10 k 挡，测光敏电阻无光照时（可用黑胶布套住光敏电阻受光面）的阻值（暗阻），暗阻 R_G = ＿＿＿＿＿ kΩ。

一般情况下，当亮阻约为几千欧，暗阻大于几百千欧时，该光敏电阻视为正常。

四、安装调试

1. 参考如图 2－54 所示安装实物图安装电路。

2. 在电路板安装焊接完成并经检查确认无误后，接通 9 V 直流电源。

（1）在光敏电阻 R_G 有光照的情况下：

1）观察发光二极管 VD 的工作状态。

2）检测电路相应的电压值，并根据所测电压值，判断 VT1、VT2 的工作状态。估算 R_G 两端电压值，记入表 2－15。

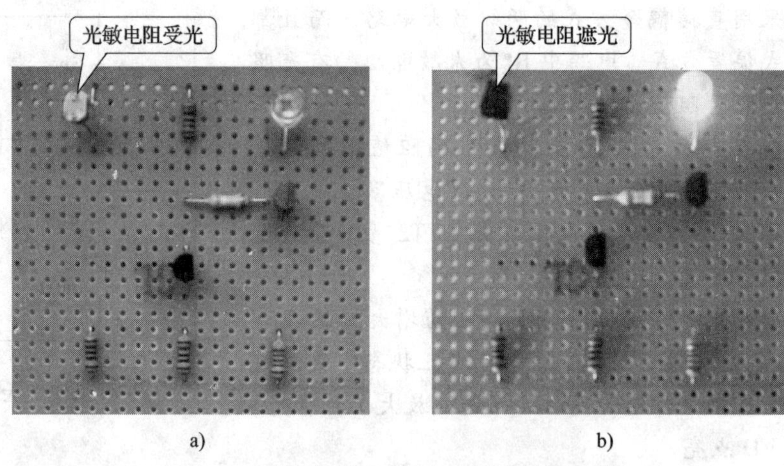

a) b)

图 2－54 两级放大光控灯电路安装实物图

a）光敏电阻受光时 b）光敏电阻遮光时

（2）在光敏电阻 R_G 无光照的情况下：

1）观察发光二极管 VD 的工作状态。

2）检测电路相应的电压值，并判断三极管的工作状态，估算 R_G 两端的电压值，记入表 2－15。

3）将 R_4 短接，重复上一步。

表 2－15 光控灯电路测试记录

电路状态	U_{B1}（V）	U_{CE1}（V）	VT1	U_{B1}（V）	U_{CE2}（V）	VT2	R_G 两端电压（V）
有光照							
无光照（R_4 = 390 kΩ）		6					
无光照（R4 短接）							

光电开关的应用

光电开关通常由红外发射管和光敏三极管组成，适用于各种光电控制、扫描定位等自动控制系统。光电开关大致可分透过型和反射型两大类，如图 2－55 所示为 GP2S22 反射型光电开关，可用来检测发光元件（LED）的反射光是否受到阻挡。

如图 2－56 所示为用 GP2S22 反射型光电开关实现的门防盗报警器原理电路。

门一被打开，反射光就被遮断，光敏三极管就处于截止状态。三极管 VT1 也处于截止状态，VT2 基极电位上升，变为导通状态，压电蜂鸣器发出报警声。

光敏电阻 R_G 与光敏三极管并联，白天光敏电阻阻值低，三极管 VT1 导通，VT2 截止，压电蜂鸣器不会发声。夜间，防盗报警器正常工作。

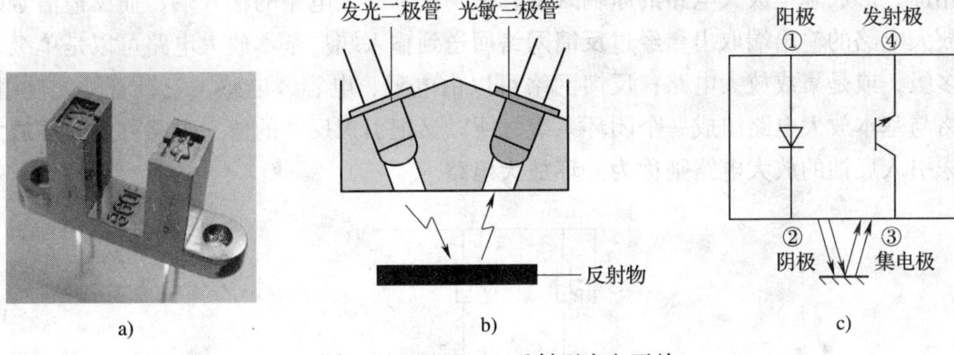

图 2－55　GP2S22 反射型光电开关

a）外形图　b）原理示意图　c）内部接线

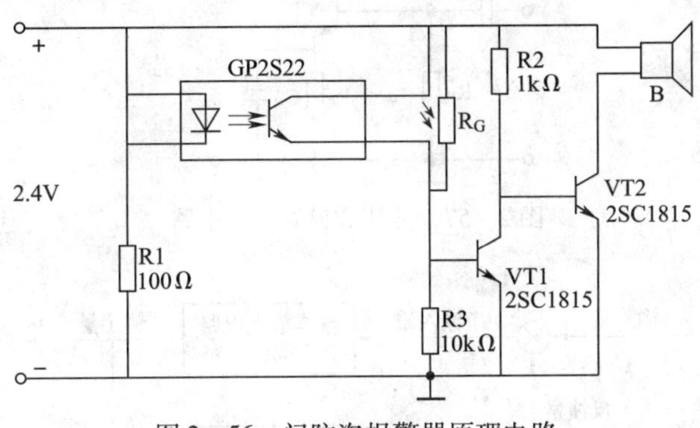

图 2－56　门防盗报警器原理电路

§2－7　放大电路中的负反馈

一、反馈的概念

此前已经讨论过分压式偏置放大电路（见图 2－57），其工作点稳定过程如下：

$$温度 T\uparrow \rightarrow I_{CQ}\uparrow \rightarrow I_{EQ}\uparrow \rightarrow U_{EQ}\uparrow \rightarrow U_{BEQ}\downarrow$$

$$I_{CQ}\downarrow \leftarrow I_{BQ}\downarrow \leftarrow$$

当放大电路的输出电流 I_C发生变化时，发射极电阻 R_E将电流 I_E（$I_E \approx I_C$）的变化量转换成电压 U_E的变化，并回送到输入回路，影响输入量 U_{BE}，导致 I_B向相反的方向变化，从而使 I_C趋于稳定。

像这样将输出量（电压或电流）的一部分或全部，通过一定的电路形式送回到输入回路，并对输入量产生影响的过程称为**反馈**。

引入了反馈的放大电路称为反馈放大电路，它由**基本放大电路和反馈电路（反馈网络）**

两部分组成，如图 2－58 所示为反馈放大电路的框图。图中⊗称为**比较环节**，输入信号与反馈信号相加，形成基本放大电路的**净输入量**，加到基本放大电路的输入端，而反馈信号则是从基本放大电路的输出端取出，经过**反馈网络**回送到输入端。基本放大电路可以是单级，也可以是多级，或是集成放大电路；反馈网络可以由电阻、电容、电感、三极管等元件组成。反馈网络与基本放大电路组成一个闭环系统，所以又把引入反馈的放大电路称为**闭环放大电路**，而未引入反馈的放大电路则称为**开环放大电路**。

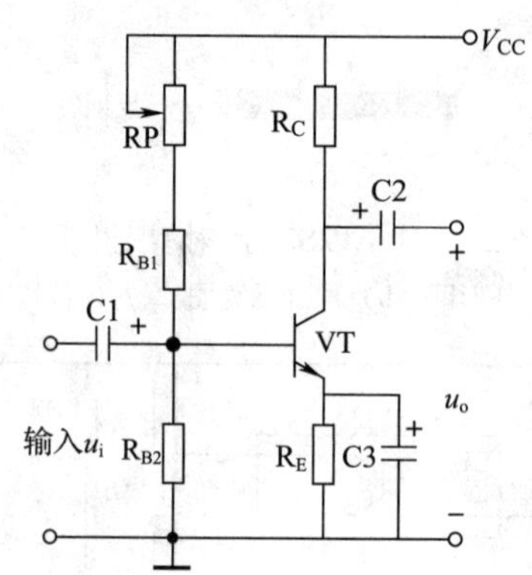

图 2－57　分压式偏置放大电路

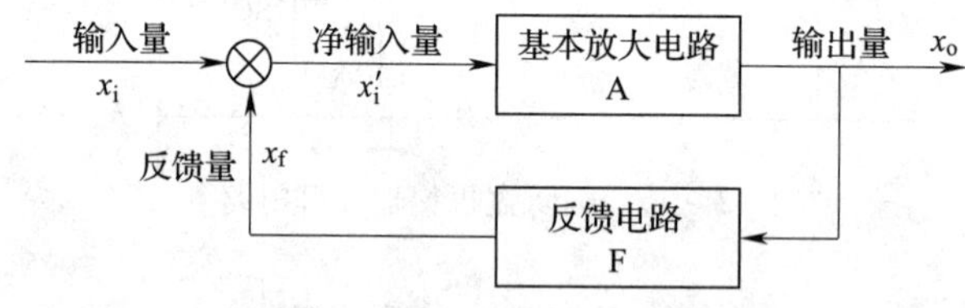

图 2－58　反馈放大电路框图

反馈是改善放大电路性能的重要手段，也是自动控制系统中的重要环节。实际应用的放大电路几乎都要引入各种各样的反馈，因此，掌握反馈的基本概念和分析方法是研究实用放大电路的基础。

二、反馈的判断

1. 有无反馈的判断

因为反馈元件联系着放大电路的输出与输入，并影响放大电路的输入，所以能否从电路中找到反馈元件是判断有无反馈的关键。

如图 2－59a 所示电路中无反馈元件，所以无反馈。图 2－59b 所示电路中，R_f、C_f既是输入电路的一部分，又是输出回路的一部分，它在电路的输出和输入之间起着联系作用，是反馈元件，所以电路存在反馈。图 2－59c 所示电路中，电阻 R_{f2}接在电压输出端（VT2 集电极）和 VT1 发射极之间，使 VT1 的净输入量受到输出量的影响，所以电路中引入了反馈。

2. 正反馈和负反馈

根据反馈极性的不同，可将反馈分为正反馈和负反馈。使放大电路净输入量增大的反馈称为正反馈，使放大电路净输入量减小的反馈称为负反馈（见图 2－60）。放大电路中主要采用负反馈，正反馈多用于振荡电路中。

判别反馈极性通常采用瞬时极性法，具体步骤如下：

（1）先假设输入信号在某一瞬间对地极性为“+”。

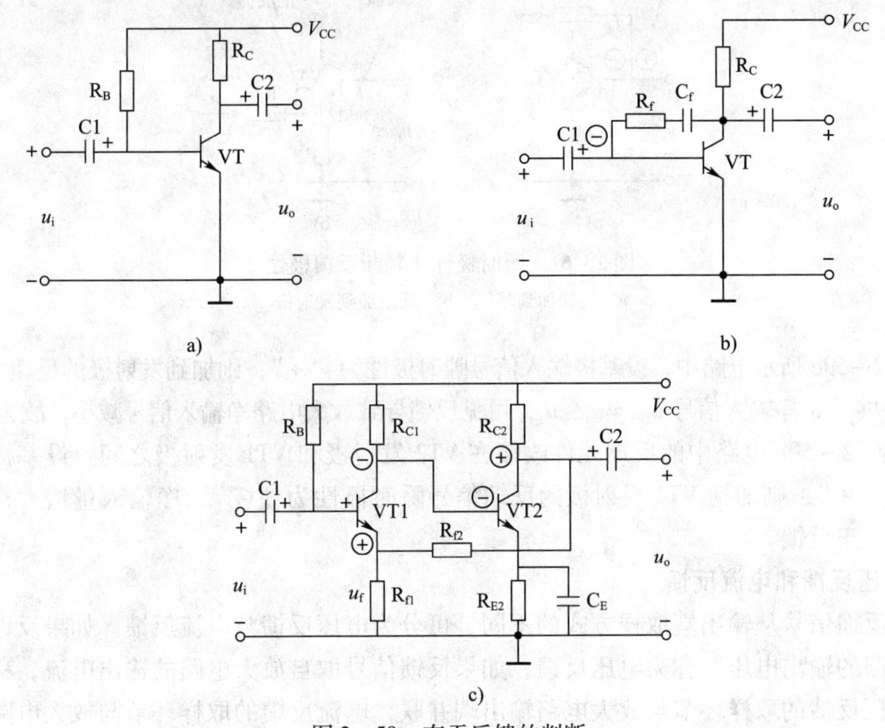

图 2-59　有无反馈的判断

a）无反馈　b）、c）有反馈

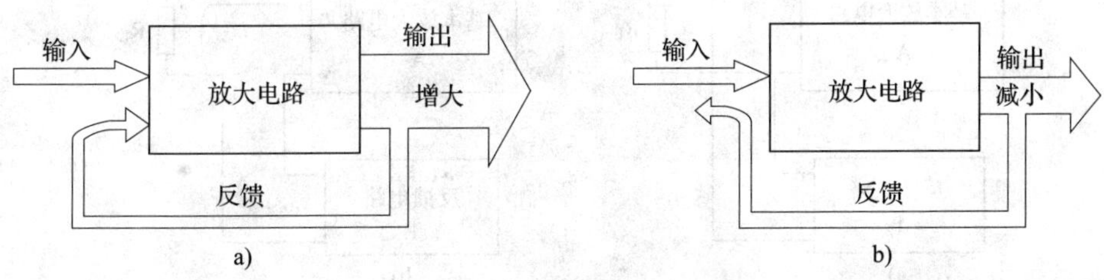

图 2-60　反馈极性的判断

a）正反馈　b）负反馈

（2）从输入端到输出端，依次标出放大电路各点的瞬时极性。

（3）根据反馈信号的极性，再与输入信号进行比较，最后确定反馈极性。

假设加到三极管基极的输入信号瞬时极性为“+”，若送回基极的反馈信号瞬时极性为“⊖”，为负反馈；反之，则为正反馈，如图 2-61a 所示。若送到发射极的反馈信号瞬时极性为“⊕”，为负反馈；反之，则为正反馈，如图 2-61b 所示。

在运用瞬时极性法时要掌握好三极管各极之间的相位关系，**即发射极输出信号与基极输入信号的瞬时极性相同，集电极输出信号与基极输入信号的瞬时极性相反；集电极输出信号**

与发射极输入信号的瞬时极性相同。此外，对于反馈电路中的电阻、电容等元件，一般认为它们的信号在传输过程中不产生附加相移，对瞬时极性没有影响。

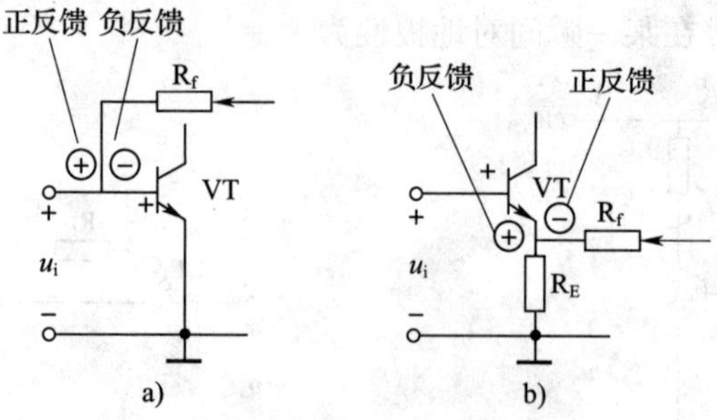

图 2－61　瞬时极性法判断反馈极性

a）反馈加到基极　b）反馈加到发射极

在图 2－59c 所示电路中，设基极输入信号瞬时极性为“＋”，则加到发射极的反馈信号瞬时极性也为“⊕”，净输入信号 $u_{BE}=u_i-u_f$，可见反馈导致放大电路净输入信号减小，故为负反馈。

如果图 2－59c 电路中的反馈元件改接在 VT2 发射极和 VT1 发射极之间。设基极输入瞬时极性为“＋”，则加到 VT1 发射极的反馈信号瞬时极性为“⊖”，净输入量增大，此时电路就变为了正反馈。

3. 电压反馈和电流反馈

根据反馈信号从输出端取样方式的不同，可分为电压反馈与电流反馈。如果反馈信号取自放大电路的输出电压，称为电压反馈；如果反馈信号取自放大电路的输出电流，称为电流反馈。电压反馈的取样环节与放大电路输出端并联，电流反馈的取样环节与放大电路输出端串联，如图 2－62 所示。

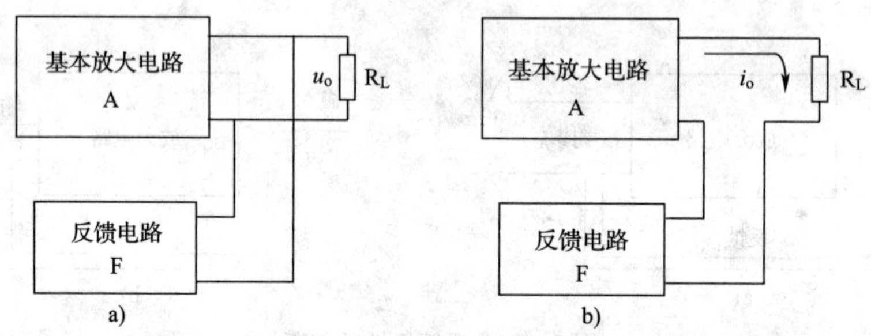

图 2－62　反馈电路在输出端的取样方式

a）电压反馈　b）电流反馈

判别电压反馈与电流反馈可采用输出短路法，即将负载短路，使输出电压为零，若反馈信号也为零，则为电压反馈，否则便是电流反馈。例如，图 2－59b 所示电路中的 R_f、C_f 及图 2－59c 电路的 R_{f2} 所引入的反馈都是电压反馈，而分压式偏置放大电路中发射极电阻 R_E 引入的反馈则是电流反馈。

4. 串联反馈和并联反馈

根据反馈信号与输入信号连接方式（也称比较方式）的不同，可分为串联反馈与并联反馈。如果反馈信号在输入端是与信号源串联的称为串联反馈；如果反馈信号在输入端是与信号源并联的称为并联反馈。如图 2－63 所示。在串联反馈中，反馈信号以电压形式出现，净输入电压 $u_i' = u_i - u_f$（见图 2－63a）；在并联反馈中，反馈信号以电流形式出现，净输入电流 $i_i' = i_i - i_f$（见图 2－63b）。一般当放大电路的输入信号由内阻很低的电压源提供时，应采用串联反馈；当放大电路的输入信号由内阻很高的电流源提供时，应采用并联反馈。

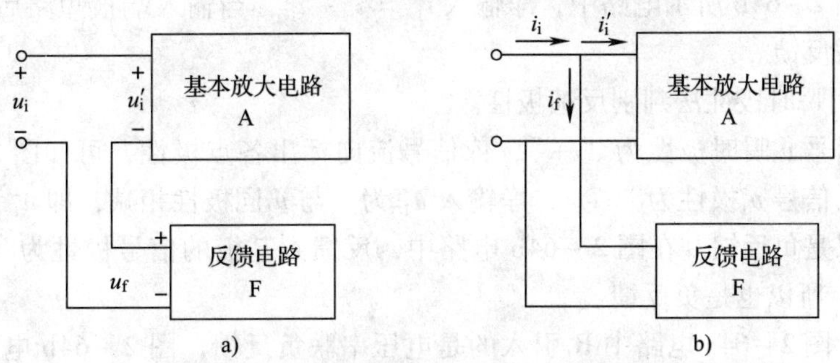

图 2－63　反馈信号与输入信号的连接方式

a）串联反馈　b）并联反馈

判别串联反馈与并联反馈可采用输入短路法，即将输入端短路，如反馈信号同时被短路，即净输入信号为零，则为并联反馈，否则为串联反馈。也可以从反馈电路在输入端的连接方式来判别，若输入信号和反馈信号分别从不同端引入，为串联反馈；若二者从同一端引入，则为并联反馈。

5. 直流反馈与交流反馈

如果反馈量只含有直流量，称为直流反馈；如果反馈量只含有交流量，称为交流反馈。在分压式偏置放大电路中，如果发射极电阻 R_E 接有交流旁路电容，则 R_E 只对直流量有反馈作用，而对交流量没有反馈作用，即所引入的是直流反馈。如果去掉交流旁路电容，则 R_E 所引入的就是交、直流反馈了。

直流负反馈主要用于稳定放大电路的静态工作点，交流负反馈可以改善放大电路的动态特性。

【例 2－3】

判别如图 2－64 所示电路的反馈类型。

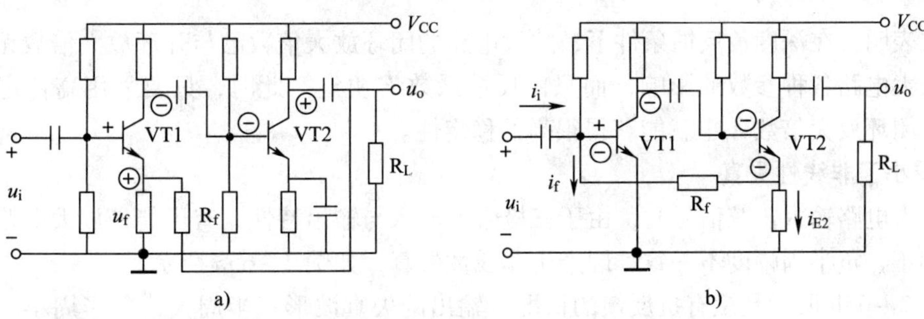

图 2－64　判别反馈类型

解：（1）先看输出端，判别是电压反馈还是电流反馈。

当输出端被分别短路后，图 2－64a 电路中 u_f 即消失，图 2－64b 电路中 i_{E2} 和 i_f 却依然存在，所以如图 2－64a 所示电路是电压反馈，如图 2－64b 所示电路是电流反馈。

（2）再看输入端，判别是串联反馈还是并联反馈。

如图 2－64a 所示电路中，净输入 $u_i' = u_i - u_f$，当输入端短路后，u_f 依然存在，所以是串联反馈。如图 2－64b 所示电路中，净输入 $i_i' = i_i - i_f$，当输入端被短路后，净输入即为零，所以是并联反馈。

（3）最后用瞬时极性法判别反馈极性。

假设输入信号 u_i 瞬时极性为"＋"，依信号流向标出各点极性，可知图 2－64a 电路中反馈到发射极的信号 u_f 极性为"⊕"，净输入 u_i' 为 u_i 与 u_f 同极性相减，即 $u_i' = u_i - u_f$，净输入量减小，所以是负反馈。在图 2－64b 电路中，反馈到基极的信号极性为"⊖"，i_f 增大，净输入 i_i' 减小，所以也是负反馈。

综上所述，图 2－64a 电路中 R_f 引入的是电压串联负反馈，图 2－64b 电路中 R_f 引入的是电流并联负反馈。

三、负反馈对放大电路性能的影响

1. 放大倍数下降，但稳定性能提高

为了便于分析，假设负反馈放大电路工作于中频段，信号无附加相移。在图 2－65c 所示负反馈放大电路框图中，A 为基本放大电路，F 为负反馈电路。u_i 为输入量，u_f 为反馈量，u_i' 为净输入量，u_o 为输出量。基本放大电路的放大倍数称为开环放大倍数，用 A 表示

$$A = \frac{u_o}{u_i'}$$

反馈系数

$$F = \frac{u_f}{u_o}$$

负反馈放大电路的放大倍数称为**闭环放大倍数**，用 A_f 表示，由图可得

$$A_f = \frac{A}{1 + AF}$$

由上式可知，引入负反馈后，放大电路的闭环放大倍数衰减为开环放大倍数的 $1/(1 + AF)$。通常将（$1 + AF$）称为**反馈深度**。当（$1 + AF$）$\gg 1$ 时，称为**深度负反馈**。此时

$$A_f \approx \frac{1}{F}$$

上式表明，在深度负反馈条件下，放大电路的闭环放大倍数已与开环放大倍数无关，它不再受放大电路各种参数的影响，而只由反馈系数 F 决定。此时，只要采用高稳定性的反馈元件，闭环放大倍数 A_f 也就能获得很高的稳定性。

2. 减小了非线性失真

当放大电路输入正弦信号时，由于三极管的输入与输出特性，有可能使放大电路输出信号的波形正、负半周幅度不一致，即产生非线性失真，如图 2－65a 所示。

如图 2－65b 所示是没有负反馈的情况，输出的失真波形正半周大，负半周小。引入负反馈后如图 2－65c 所示，负反馈信号 u_f 与输入信号 u_i 进行叠加后使净输入信号 u_i' 正半周

小，负半周大。这样的预失真信号经过放大后恰好得到补偿，使输出信号正、负半周幅度接近相等，从而减小了非线性失真。应当注意的是，引入负反馈并不能彻底消除非线性失真。此外，如果输入信号本身就有失真，引入负反馈也无法改善，因为负反馈所能改善的只是放大电路本身所引起的非线性失真。

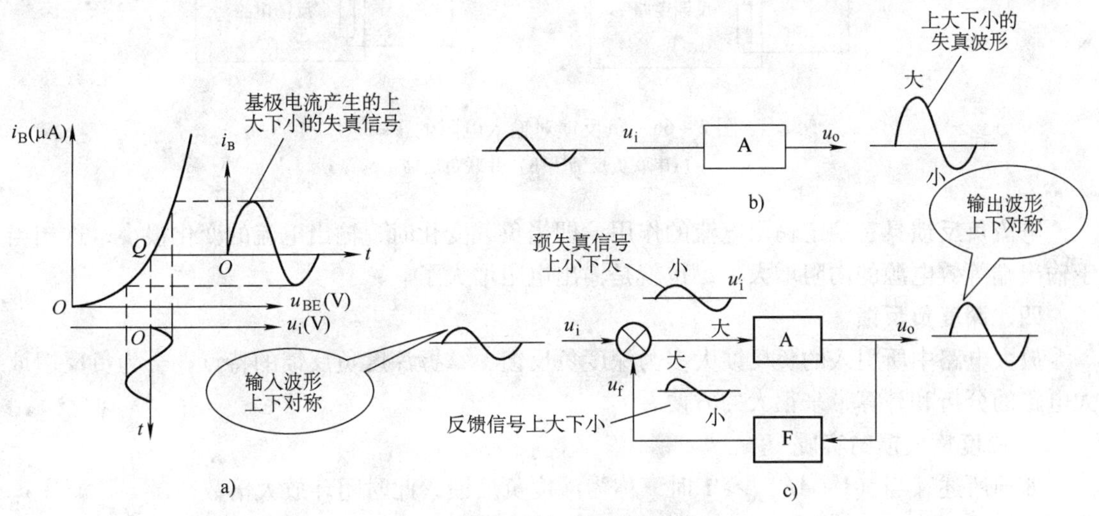

图 2－65　负反馈减小非线性失真

3. 展宽了通频带

放大电路引入负反馈后，放大倍数下降，但放大倍数的稳定性得以提高，由于频率不同而引起的放大倍数的变化也因此而减小。在不同频段放大倍数的下降幅度不同，中频段原放大倍数最大，但反馈信号也相应较大，所以放大倍数下降较多；而在高频段和低频段，由于原放大倍数较小，反馈信号相应较小，则放大倍数下降也较小，结果使放大电路的幅频特性趋于平缓，即通频带展宽了。

4. 改变了放大电路的输入、输出电阻

（1）对输入电阻的影响

负反馈对放大电路输入电阻的影响取决于反馈信号在输入端的连接方式。串联负反馈使输入电阻增大，并联负反馈使输入电阻减小。

串联负反馈如图 2－66a 所示，虽然输入信号 u_i 不变，但净输入电压 $u_i' = u_i - u_f$ 减小了，输入电流也随之减小。既然输入电压不变而输入电流减小了，这说明输入电阻增大了。

并联负反馈如图 2－66b 所示，净输入电流 $i_i' = i_i - i_f$，即 $i_i = i_i' + i_f$。既然信号电压不变而信号源提供的总电流增大了，这说明输入电阻减小了。

（2）对输出电阻的影响

负反馈对放大电路输出电阻的影响取决于反馈信号从输出端的取样方式。电压负反馈使输出电阻减小，电流负反馈使输出电阻增大。

电压负反馈具有稳定输出电压的作用，即当负载变化时，输出电压的变化很小，这相当于输出等效电源的内阻减小了，也就是输出电阻减小了。

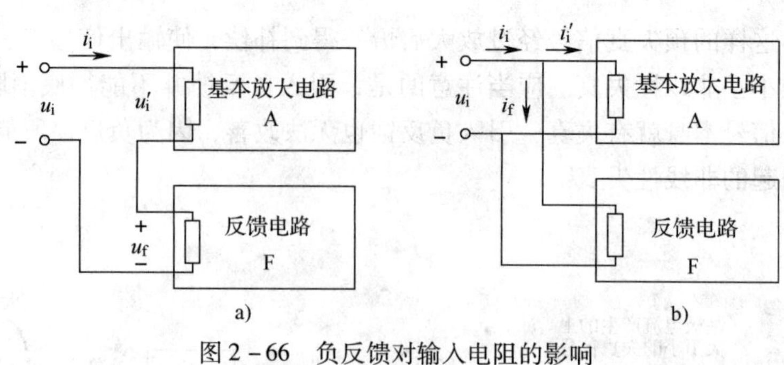

图 2-66　负反馈对输入电阻的影响

a）串联负反馈　b）并联负反馈

电流负反馈具有稳定输出电流的作用，即当负载变化时，输出电流的变化很小，这相当于输出端等效电源的内阻增大了，也就是输出电阻增大了。

四、深度负反馈

放大电路中所引入的负反馈大多为深度负反馈，掌握深度负反馈的特点，会为负反馈放大电路的分析和计算带来很大的方便。

1. 深度负反馈的实质

如前所述，当（$1+AF$）≫1 时，称为深度负反馈，此时闭环放大倍数

$$A_f \approx \frac{1}{F}$$

由于

$$F \approx \frac{x_f}{x_o}$$

所以

$$A_f \approx \frac{1}{F} = \frac{x_o}{x_f}$$

又由于

$$A_f = \frac{x_o}{x_i}$$

说明 $x_i \approx x_f$，并有 $x_i' = x_i - x_f \approx 0$。

可见深度负反馈的实质是在近似分析中可忽略净输入量。当引入深度串联负反馈时，可忽略净输入电压 u_i'，即

$$u_i \approx u_f$$

当引入深度并联负反馈时，可忽略净输入电流 i_i'，即

$$i_i \approx i_f$$

通常将忽略净输入电压称为虚拟短路，简称“**虚短**”；忽略净输入电流称为虚拟断路，简称“**虚断**”。利用“虚短”和“虚断”特性，可以大大简化对深度负反馈放大电路放大倍数的计算。

2. 深度负反馈放大电路放大倍数的估算

图 2-59c 所示为两级电压串联负反馈放大电路。两级放大电路之间的负反馈一般为深度负反馈，所以可按近似公式计算。

$$F = \frac{R_{f1}}{R_{f1} + R_{f2}}$$

$$A_f = \frac{1}{F} = \frac{R_{f1} + R_{f2}}{R_{f1}}$$

也可利用“虚短”特性得

$$u_i \approx u_f = \frac{R_{f1}}{R_{f1} + R_{f2}} u_o$$

$$A_f = \frac{u_o}{u_i} = \frac{R_{f1} + R_{f2}}{R_{f1}}$$

这两种方法所得结果相同。

负反馈对放大电路性能影响的测试

一、构建仿真电路并进行仿真测量

打开 Multisim10 软件建立如图 2－67 所示的带电压串联负反馈的两级阻容耦合放大电路。首先调节静态工作点，调节 RP 使 VT2 管集电极对地电压为 7 V 左右，然后在输入端接入 $f = 1$ kHz，幅度值为 50 mV 的正弦波信号，用示波器观察输出为不失真的放大信号后，在 U_s、U_i、U_o 端并接数字万用表，分别测量出闭环状态空载和有载时的输入输出电压有效值，如图 2－68、图 2－69 所示。

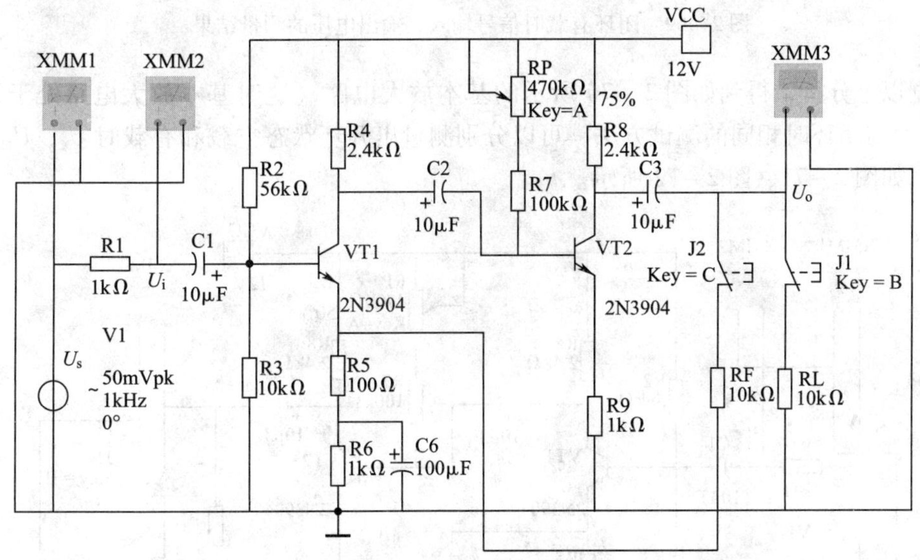

图 2－67 电压串联负反馈两级阻容耦合放大电路

在分析反馈放大电路对放大器性能的影响时，需要测量基本放大电路的动态参数，大多数仿真分析只是简单地断开反馈支路，但是要实现无反馈而得到基本放大电路的方法是要去掉反馈作用，还要考虑反馈网络的影响（负载效应），这里采用的方法如下：

1. 对于输入回路，由于是电压负反馈，因此将负反馈放大电路的输出端交流短路，令 $U_o = 0$，此时 R_F 相当于并联在 R5 上。

2. 对于输出回路，由于输入端是串联负反馈，因此将反馈放大电路的输入端（VT1 管的发射极）开路，此时相当于 $R_{F1} + R10$（即图 2－70 中 $R_F + R5$）并接在输出端。

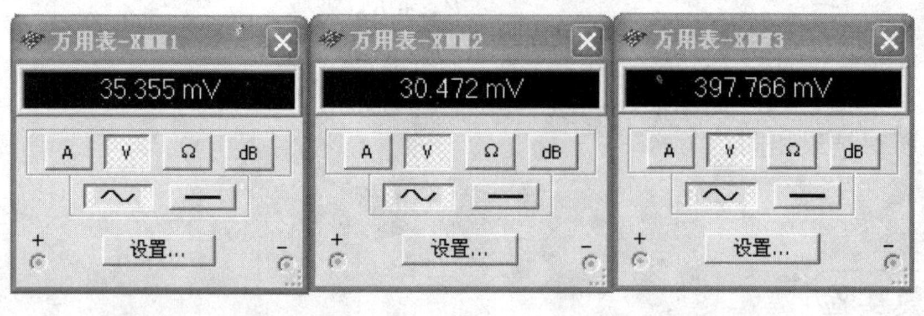

图 2－68　闭环空载时信号输入、输出电压的测量结果

图 2－69　闭环有载时信号输入、输出电压的测量结果

根据以上分析，得到如图 2－70 所示的基本放大电路（这时基本放大电路处于开环状态）。采用与闭环时相同的测试方法，可以分别测量出开环状态空载和有载时 U_s、U_i、U_o 的有效值，如图 2－71、图 2－72 所示。

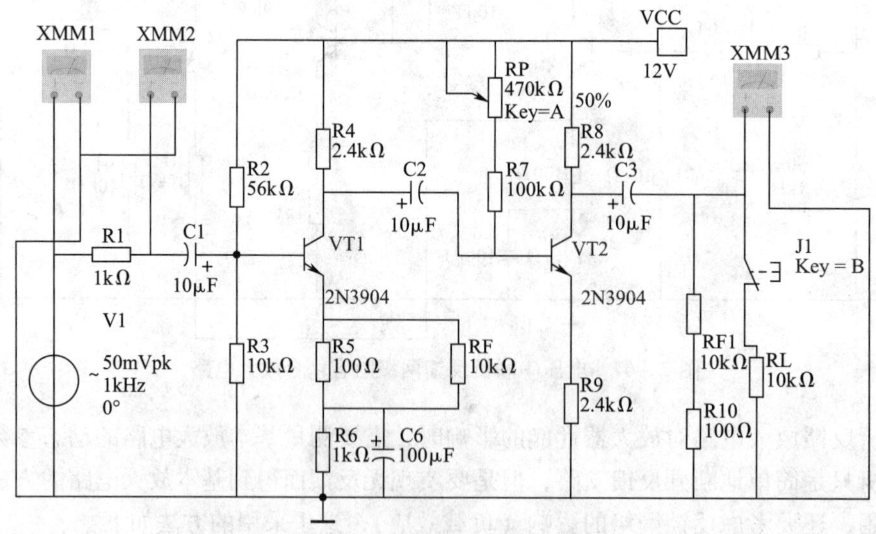

图 2－70　基本放大电路电路图

图 2－71　开环空载时信号输入、输出电压的测量结果

图 2－72　开环有载时信号输入、输出电压的测量结果

二、计算放大倍数和输入输出电阻

负反馈放大电路

$$A_v=\frac{U_o}{U_i}=\frac{397.766}{30.472}=13.05$$

$$R_i=\frac{U_i}{U_s-U_i}R_1=\frac{30.441}{35.355-30.441}\times 1=6.19\ (\mathrm{k}\Omega)$$

$$R_o=\left(\frac{U_o}{U_L}-1\right)R_L=\left(\frac{397.766}{343.154}-1\right)\times 10=1.59\ (\mathrm{k}\Omega)$$

基本放大电路

$$A_v=\frac{U_o}{U_i}=\frac{458.18}{30.289}=15.13$$

$$R_i=\frac{U_i}{U_s-U_i}R_1=\frac{30.289}{35.355-30.289}\times 1=5.98\ (\mathrm{k}\Omega)$$

$$R_o=\left(\frac{U_o}{U_L}-1\right)R_L=\left(\frac{458.18}{383.811}-1\right)\times 10=1.94\ (\mathrm{k}\Omega)$$

根据仿真测量和计算可知，电压串联负反馈降低了电路的放大倍数，减小了输出电阻，增大了输入电阻。

三、分析负反馈对带宽的影响

在放大电路的 U_i、U_o端并联连接上波特图示仪，对负反馈放大电路和基本放大电路负载开路时的通频带进行分析。可得到如图 2－73、图 2－74 所示的幅频特性曲线。

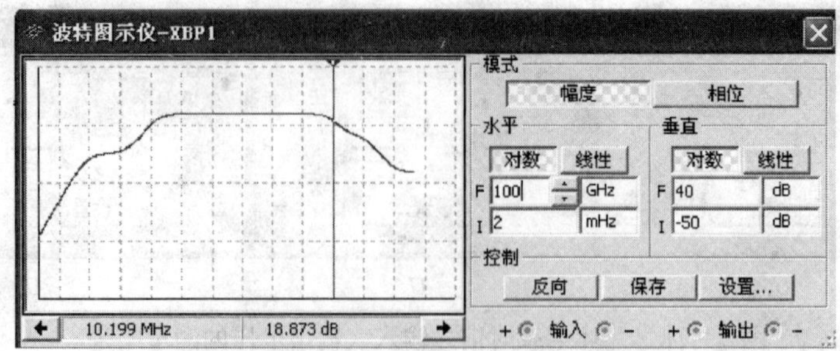

图 2－73　负反馈放大电路的幅频特性、通频带的测量

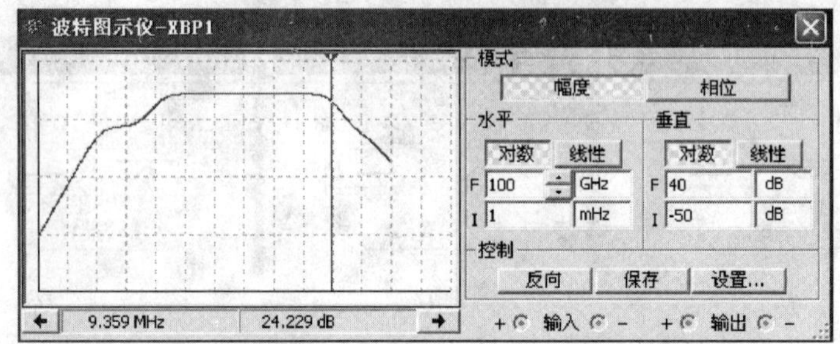

图 2－74　基本放大电路的幅频特性、通频带的测量

由仿真结果可得负反馈放大电路 $f_{BW}=10.19$ MHz，基本放大电路 $f_{BW}=9.359$ MHz，可见负反馈拓宽了通频带。

负反馈放大电路的安装与检测

一、实训电路

实训电路如图 2－75 所示。

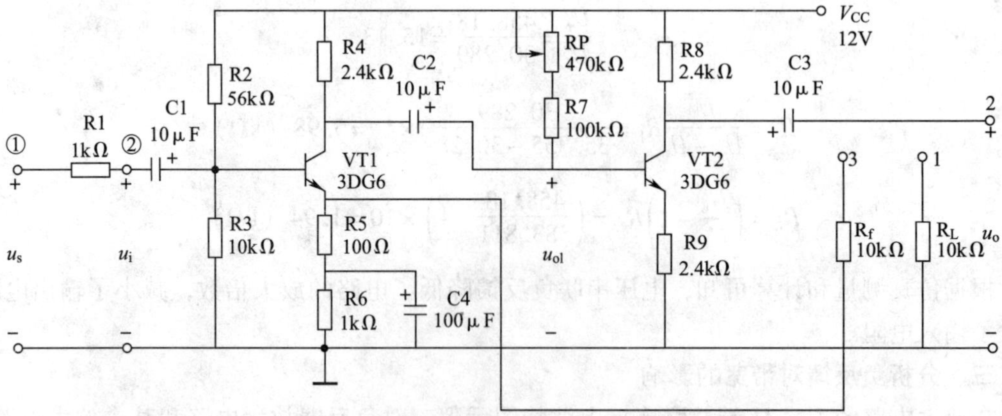

图 2－75　负反馈对放大电路性能影响的实训电路图

二、器材准备

1. 低频信号发生器1台，示波器1台，稳压电源1台。

2. 实验用到的元器件明细见表2－16。

表2－16　元器件明细表

代号	名称	规格	代号	名称	规格
R1、R6	碳膜电阻器	2×1 kΩ	R7	碳膜电阻器	100 kΩ
R2	碳膜电阻器	56 kΩ	RP	微调电阻器	470 kΩ
R3、R_f、R_L	碳膜电阻器	3×10kΩ	C1、C2、C3	电解电容器	3×10 μF/16 V
R4、R8、R9	碳膜电阻器	3×2.4 kΩ	C4	电解电容器	100 μF/16 V
R5	碳膜电阻器	100 Ω	VT1、VT2	三极管	2×3DG6

三、安装调试

1. 对元器件进行检测和筛选后安装焊接电路。

2. 调整静态工作点

检查无误后接通12 V直流电源，调节电位器RP，使VT2管集电极电流为1.5 mA。测量VT1、VT2管的静态工作点电压，记入表2－17中。

表2－17　VT1、VT2管的静态工作点电压

	U_B	U_E	U_C	I_E
VT1				
VT2				

3. 研究负反馈对放大电路放大倍数的影响

设置信号发生器，给电路输入幅度为2 mV、频率为1 kHz的正弦信号。按如下实验步骤进行操作：

(1) 测量无负反馈时的输入电压、输出电压。通过计算可得出此时的放大倍数。实验结果记录在表2－18中。

(2) 用短路线连接2端与3端，测量有负反馈时的输出电压。通过计算可得出此时的放大倍数。实验结果记录在表2－18中。

注意比较两种不同情况下放大倍数的变化。

表2－18　负反馈对放大电路放大倍数的影响

	输入电压	输出电压	放大倍数
无负反馈			
有负反馈			

4. 通过负载的变动，观察负反馈对放大倍数稳定性的影响

（1）测试输入、输出电压。计算无负反馈、负载开路时的放大倍数。

（2）用短路线连接2端与1端，测试输入、输出电压。计算无负反馈、带负载时的放大倍数。

（3）用短路线连接2端与3端，测试输入、输出电压。计算负反馈放大电路负载开路时的放大倍数。

（4）用短路线连接2端与3端、2端与1端，测试输入、输出电压。计算负反馈放大电路带负载时的放大倍数。

注意比较两种不同情况下放大倍数的相对变化量。实验结果记录于表2－19中。

表2－19　负反馈对放大倍数稳定性的影响

		输入电压	输出电压	放大倍数	放大倍数相对变化
无负反馈	负载开路				
	带负载				
有负反馈	负载开路				
	带负载				

5. 观察负反馈对输入电阻的影响

（1）无负反馈。在实验电路1端加入频率为1 kHz的正弦信号u_s，调节电位器RP的阻值大小，用示波器监视放大电路输出电压波形，在波形不失真的条件下，用毫伏表测量信号源电压u_s，再测量基本放大电路输入电压u_i，通过计算可得无负反馈时电路的输入电阻。

（2）用短路线连接2端与3端，重复上述步骤，通过计算可得有负反馈时电路的输入电阻。将实验结果记入表2－20中，并比较之。

表2－20　负反馈对输入电阻的影响

	输入信号源电压	输入电压	输入电阻
无负反馈			
有负反馈			

6. 观察负反馈对输出电阻的影响

（1）电路不带负载、无负反馈。实验电路1端加入频率为1 kHz的正弦信号u_s，调节RP的阻值大小，用示波器监视放大电路输出电压波形，在波形不失真的条件下，用毫伏表测量无负载时的输出电压。再用短路线连接2端与1端，用毫伏表测量有负载时的输出电压，通过计算可得无负反馈时电路的输出电阻。

（2）用短路线连接2端与3端，重复上述步骤，通过计算可得有负反馈时电路的输出电阻。将实验结果记入表2－21中，并作比较。

表 2－21　负反馈对输出电阻的影响的测量

	无负载时的输出电压	有负载时的输出电压	输出电阻
无负反馈			
有负反馈			

§2－8　功率放大电路

电子设备通常都是由多级放大电路构成，其前置级和中间级的主要任务是把微弱的信号电压放大，输出功率并不很大。而多级放大电路的末级就必须能输出足够大的功率才能驱动负载正常工作。例如，使扬声器发声、继电器动作、数据或图像显示、电动机转动等。这类主要用于向负载提供足够大功率的放大电路称为功率放大电路，简称**功放**。

功率放大电路和电压放大电路都是用三极管来完成对信号的放大，但是电压放大电路的主要任务是把微弱的电信号进行电压放大，其主要指标是电压放大倍数，输入、输出电阻等，而功率放大电路的主要任务是不失真地放大信号功率，通常工作在大信号状态下，其主要指标是最大输出功率、电源转换效率、放大管的极限参数及电路失真的抑制措施。此外，由于功放管的电流和电压都较大，自身功率消耗也大，因此，必须考虑功放管的散热问题，以保证其工作的安全性。

一、功率放大电路的分类

1. 按功放电路静态工作点位置分类

按功放电路静态工作点位置不同，可分为甲类、乙类、甲乙类三种功率放大电路，其特点见表 2－22。

2. 按输出耦合方式分类

按功率放大电路输出耦合方式不同，可分为变压器耦合功率放大电路、无输出变压器功率放大电路（OTL）和无输出耦合电容功率放大电路（OCL）。

表 2－22　三种功率放大电路

类型	特性	输出图形	应用
甲类功率放大电路	静态工作点 Q 设在交流负载线中点，功放管在整个信号周期内都有电流通过，输出波形是完整的正弦波	i_C　Q　O　V_{CC}　u_{CE}	作为功率放大电路的激励级或用在小功率放大器中

续表

类型	特性	输出图形	应用
乙类功率放大电路	静态工作点 Q 设在特性曲线横轴上（$I_{BQ}=0$，$I_{CQ}=0$），功放管仅在信号的半个周期内有电流通过，输出波形被削掉一半	i_C Q O V_{CC} u_{CE}	一般应用在一些功率要求高而失真度要求不高的功放电路中
甲乙类功率放大电路	静态工作点 Q 设在甲类和乙类之间且靠近乙类处，功放管在半个周期多一点内有信号电流通过，输出波形被削掉一部分	i_C Q O V_{CC} u_{CE}	广泛应用在音频放大器中作为功放

早期的功率放大电路常采用变压器耦合方式，以利用其阻抗变换特性使负载获得最大功率，但由于变压器体积大、笨重、频率特性差，且不便于集成化，因此已很少应用。OTL 和 OCL 电路都不用输出变压器，目前都有集成电路，广泛应用于电子产品中。

二、OTL 功率放大电路

OTL 功率放大电路也称单电源供电互补对称功率放大电路，其原理电路如图 2－76 所示。其中 VT1 是 NPN 型管，VT2 是 PNP 型管，两管特性对称，接成射级输出形式，输出电阻小，能直接与低阻抗负载匹配。**大容量的电容 C 既是输出耦合电容，同时又可充当 VT2 的等效直流电源。**

静态时，应使 $U_B = V_{CC}/2$，由于 VT1 和 VT2 特性对称，所以发射极对地电位 U_A 也是 $V_{CC}/2$，通常把该点电位称为中点电位。此时 VT1 和 VT2 都处于截止状态。

输入信号为正半周时，VT1 导通，VT2 截止，电源 V_{CC} 通过 VT1 向电容充电，电流流过负载，如图 2－76 中实线箭头所示。输入信号为负半周时 VT2 导通，VT1 截止，电容 C 经过 VT2 向负载放电，如图 2－76 中虚线箭头所示。

三极管 VT1 和 VT2 交替工作，在负载上获得完整的输出波形。耦合电容 C 在工作过程中不断地充放电，但因容量足够大，所以两端电压基本维持在 $V_{CC}/2$。

乙类功率放大电路由于没有直流偏置，在输入电压低于死区电压时，两只功放对管都截止，输入、输出电流和电压为零，在正负半周的交接处出现一段瞬时值为零，使得输出电压在负载上叠加时产生失真，称为**交越失真**，如图 2－77 所示。

克服交越失真的办法是给两只功放对管加上适当的基极偏置，使功放管处于微导通状态，即由乙类工作状态变为甲乙类工作状态。当有交流信号输入时，功效管可以立即进入线性放大区，从而避免因死区而产生的交越失真。

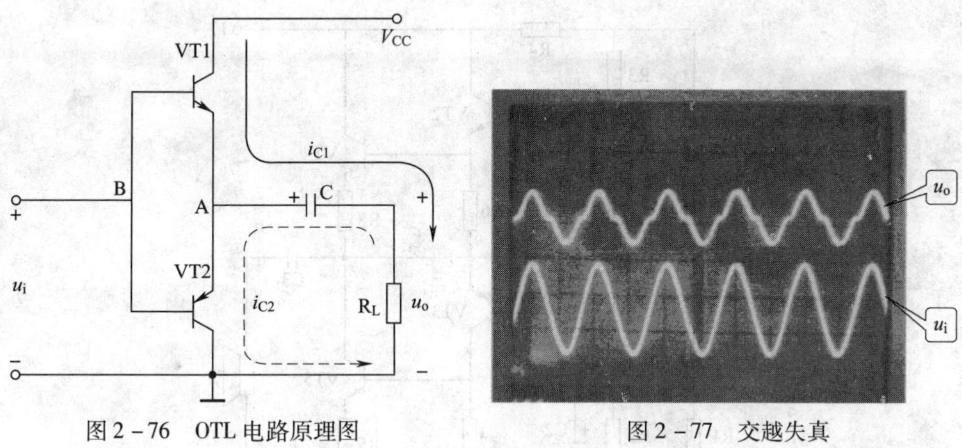

图 2 - 76 OTL 电路原理图　　图 2 - 77 交越失真

知识拓展

复合管的应用

在功率放大电路中，为了提高放大电路的性能，特别是电流放大倍数，有时会把两个以上的三极管按一定方式连接起来构成复合管作为功放管使用。连接时以小功率管作为输入管，大功率管作为输出管，如图 2 - 78 所示。判断复合三极管连接是否正确，主要是看输入管能否为输出管提供基极电流。复合管的导电类型由输入管 VT1 决定，如 VT1 管为 NPN 型，则组成的复合管也是 NPN 型。复合管的输出功率取决于输出管 VT2。复合管的电流放大系数 β 约等于两只管电流放大系数 β_1、β_2 的乘积，即 $\beta = \beta_1\beta_2$。如图 2 - 79 所示就是采用复合管组成的 OTL 功率放大电路。

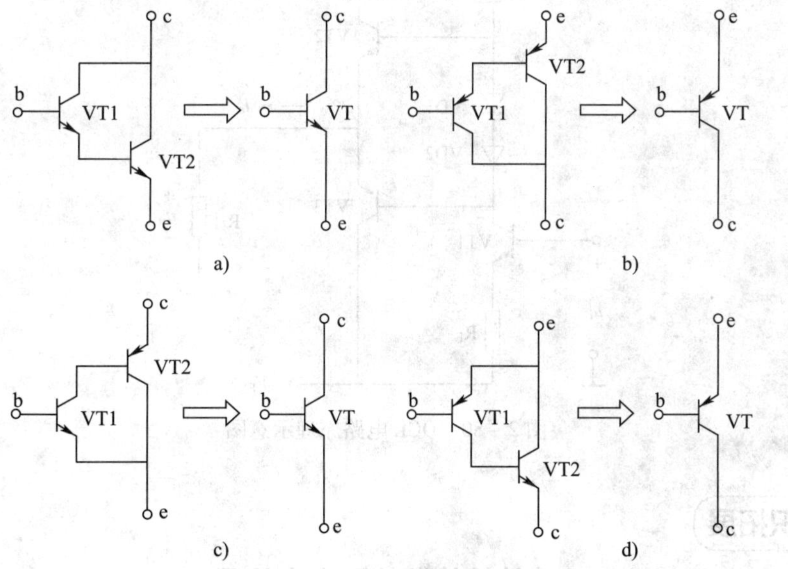

图 2 - 78 几种典型的复合管形式

a）NPN + NPN　b）PNP + PNP　c）NPN + PNP　d）PNP + NPN

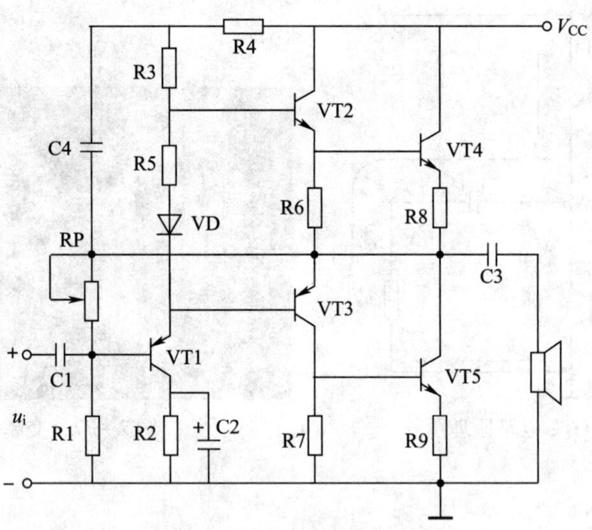

图 2－79　复合管 OTL 电路

三、OCL 功率放大电路

OCL 功率放大电路也称双电源供电互补对称功率放大电路，如图 2－80 所示为其原理示意图。OCL 与 OTL 电路原理相似，区别有以下两点：

1. OTL 电路中大的输出耦合电容起到负电源的作用，如果用一个负电源取代它，就构成了 OCL 电路。

2. OCL 电路采用直接耦合方式，所以低频响应优于 OTL 电路，而且更便于集成化。

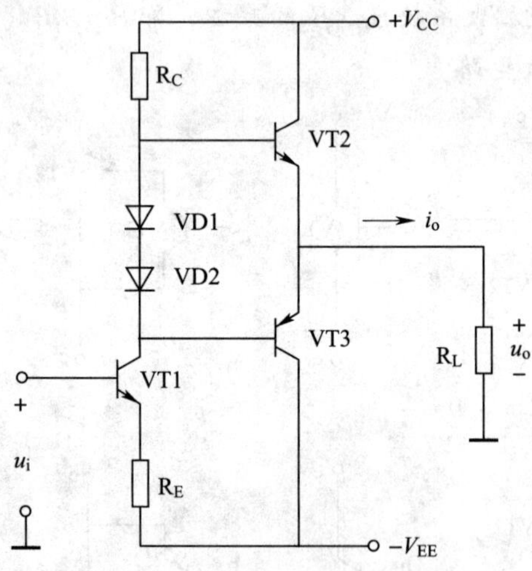

图 2－80　OCL 电路原理示意图

知识拓展

功放管的散热和安全使用

在功率放大电路中，功放管既要流过大电流，又要承受高电压。除了给负载输送功率外，功放管本身也要消耗一部分功率，这将导致集电结温度升高。当结温超过一定值，三极管会因过热而烧坏。为了保证功放管安全工作，在实际电路中，常采用一些保护措施，以防止功放管过压、过电流和过功耗。

1. 功放管的散热

降低功放管结温的常见措施是安装散热器。散热器一般用铝材制成，外形如图2－81所示。为增大散热面积散热器多制成凹凸形，并将表面涂黑以利于热辐射。安装散热器应保证其通风散热良好，与功放管之间贴紧靠牢，固定螺钉要旋紧。在电气绝缘允许的情况下，可以把功放管直接安装在金属机箱或金属底板上。若功放管集电极（管壳）与散热器之间需要绝缘，可垫入薄云母片或专用绝缘导热膜，并于各接触面之间涂以硅脂（一种导热绝缘材料）。必要时可加大散热器尺寸或采用强制风冷，散热效果会更好。

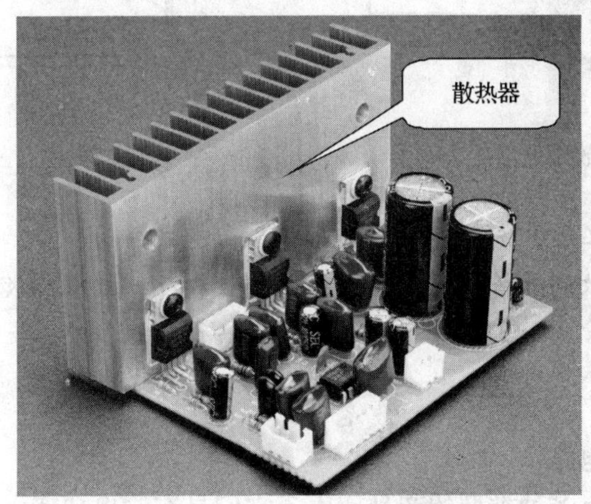

图2－81　功放管安装散热器

2. 功放管的保护

（1）限制输入、输出幅度

在功放管的输入、输出端并联保护二极管或稳压二极管，如图2－82所示。VZ1、VZ2可限制输入信号幅度，VZ3～VZ6可限制输出信号幅度。

（2）对感性负载进行相位补偿

为了防止由于接入感性负载而使功放管出现过电压或过电流现象，可在感性负载（如扬声器）两端并接RC串联电路，这称为相位补偿网络。它由小电阻R和大电容C构成，这样，一旦功放管的输出信号发生突然变化，感性负载产生的感应电动势加到补偿网络两端，起到缓解作用，可避免对功放管的冲击。

3. 功放管的选择

选择功放管的主要依据是功率放大电路的最大输出功率 P_{om} 和电源电压 V_{CC}，并且和功率放大电路的类型有关。

功率三极管工作在大信号放大状态，功率三极管的电压、电流都在很大范围内变化，输出功率也较大，必须限制在极限参数范围内，如图2－83所示。

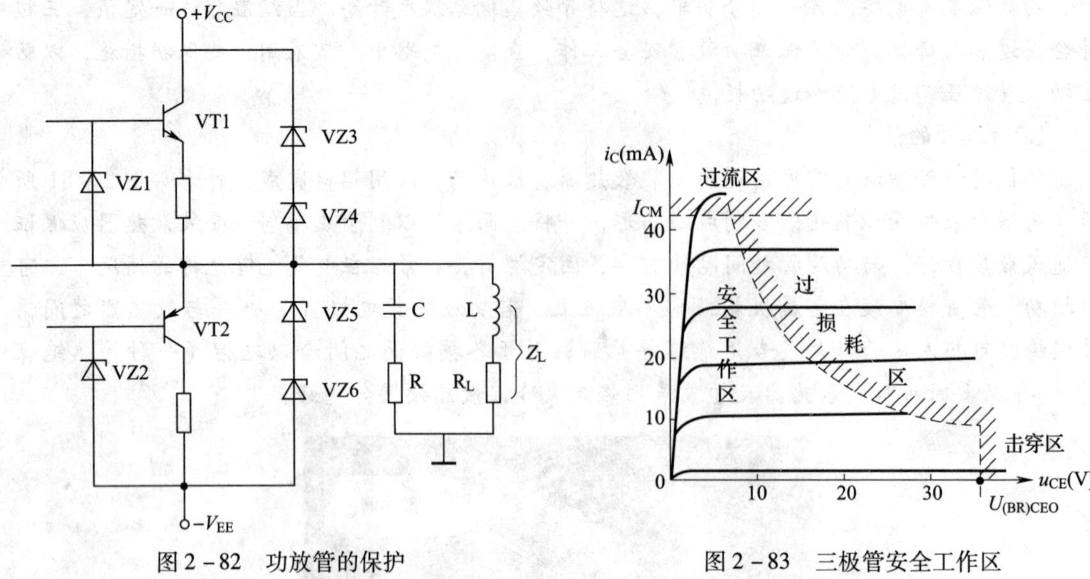

图 2－82　功放管的保护　　　　图 2－83　三极管安全工作区

为确保功放管安全工作，选管时对极限参数应留有充分的余量。互补管应选用特性基本相同的配对管，尽可能做到材料相同，电流放大倍数相近，极限参数差异不大。通常选用序号相同的管子作为配对管，如 3DG12 配 3CG12、3AX31 配 3BX31 等，必要时还可采用复合管解决配对问题。

四、集成功率放大电路

集成功率放大电路有多种类型的产品，由于它们具有输出功率大、频率特性好、非线性失真小、外围元件少、成本低、易于安装调试等优点，因此被广泛应用在收录机、电视机及直流伺服系统中。

OTL 功率放大电路的安装与调试

一、电路分析

如图 2－84 所示为 OTL 功率放大电路原理图。该电路由激励放大级和功率放大输出级组成。

1. 激励放大级

由 VT1 组成分压式稳定工作点偏置电路。

RP1 为上偏置电阻，R1 为下偏置电阻，A 点的 $V_{CC}/2$ 电压通过 RP1 与 R1 分压为放大管 VT1 提供基极电压。RP1 一端连接输出端，另一端连接输入端，因此还起了电压并联负反馈的作用，可以稳定静态工作点和提高输出信号电压的稳定性。

R2 是 VT1 管的发射极电阻，起稳定静态电流的作用，C2 并联在 R2 上起交流旁路的作用，这样 R2 只起直流负反馈作用，而无交流负反馈。

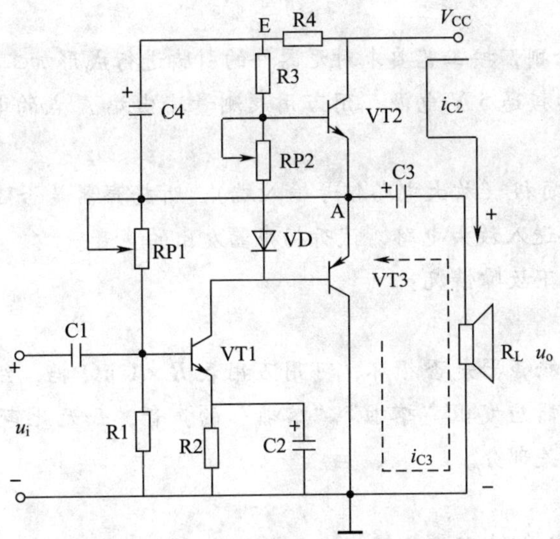

图 2－84　OTL 功率放大电路原理图

2. 功率放大输出级

三极管 VT2、VT3 组成互补对称功率放大电路，RP2 和二极管 VD 为 VT2、VT3 提供适当的发射结电压，以消除交越失真。调节 RP2（配合调节 RP1）可以调节输出管静态工作点。二极管 VD 的正向压降随温度升高而降低，因此对功放管还能起到一定的补偿作用。

为了改善输出波形，电路增加了 R4、C4 组成**自举电路**，这是因为在输出端电压与 V_{CC} 接近时，VT2 管的基极电流较大，在偏置电阻 RP2 上产生压降，使 VT2 管的基极电压低于电源电压 V_{CC}，因而限制了其发射极输出电压的幅度，使输出信号顶部出现平顶失真。接入较大电容量的电容 C4 后，C4 上充有上正下负的电压，可看做一个电源。当输出端 A 点电位升高时，C4 上端电压随之升高，使 VT2 管的基极电位升高，基极可获得高于 V_{CC} 的电压，从而避免输出电压的顶部失真。

二、器材准备

实验元器件明细见表 2－23。

表 2－23　　**元器件明细表**

代号	名称	规格	代号	名称	规格
R1	碳膜电阻器	3.3 kΩ	C3	电解电容器	1000 μF/25 V
R2	碳膜电阻器	100Ω	C4	电解电容器	100 μF/50 V
R3	碳膜电阻器	680Ω	VT1	三极管	9011 或 3DG6
R4	碳膜电阻器	510Ω	VT2	三极管	9013 或 3DG12
RP1	电位器	100 kΩ	VT3	三极管	9012 或 3CG12
RP2	电位器	1 kΩ	VD	二极管	1N4007
C1	电解电容器	10 μF/25 V	R_L	扬声器	8 Ω/0.5 W
C2	电解电容器	100 μF/25 V	V_{CC}	直流电源	5 V

三、安装调试

1. 对元器件进行检测，按工艺要求对元器件的引脚进行成形加工，安装焊接电路。

2. 电路检查无误后接通 5 V 电源。用万用表测量输出端 A 点的电位，调节微调电位器 RP1，使 $U_A = V_{CC}/2$。

3. 用镊子碰触 C1 负极（放大电路信号输入端），听扬声器是否随镊子的碰触发出“嘟嘟”声。或将音频信号送入放大电路，试听扬声器发出的声音。

调试中可能出现如下故障情况：

（1）无声

首先用万用表检查扬声器是否损坏，可用万用表 $R\times1\ \text{k}\Omega$ 挡，红表笔接地，黑表笔先点触扬声器，此时扬声器应发出“喀啦”“喀啦”的声音，如无此声，那么故障在扬声器；如有声，再检查其他相关部分。

（2）输出信号失真

失真的原因很多，如扬声器纸盆破损、集成电路性能不良、元件性能指标下降等都会引起失真。

OCL 集成功率放大电路的安装与调试

一、电路分析

如图 2-85 所示为 OCL 集成功率放大电路原理图。

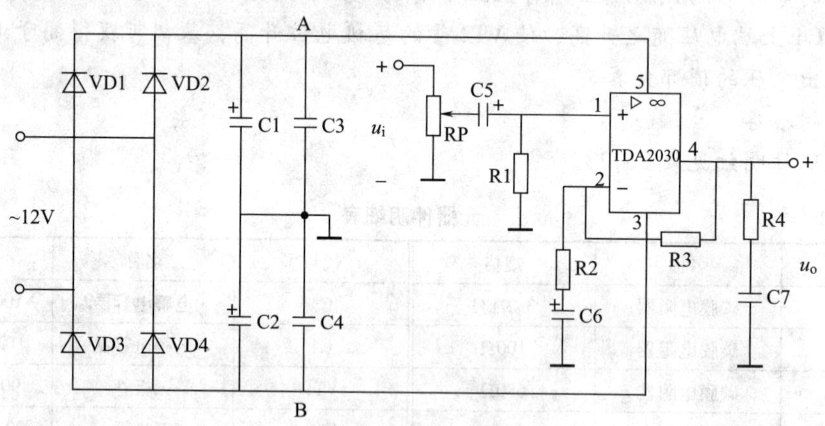

图 2-85　OCL 集成功率放大电路原理图

1. 双电源电路

变压器提供的 12 V 交流电经过桥式整流、电容滤波以后，在 A、B 两端可得到一组正、负直流电源，作为集成电路 TDA2030 的工作电源。

2. 集成功率放大电路

集成功率放大电路的核心器件是 TDA2030，信号从输入端输入，通过耦合电容 C5，送入 TDA2030 集成运放的同相输入端 1 脚，经过放大后从 4 脚输出。RP 用于调节输入信号大小。

OCL 集成功率放大电路的特点是没有输出电容，采用双电源供电。电路正常工作时，输出端的静态电位应为零。

二、器材准备

实验用到的元器件明细见表 2－24。

表 2－24　　元器件明细表

代号	名称	规格	代号	名称	规格
R1	碳膜电阻器	10 kΩ	C5、C6	电解电容器	2×2.2 μF/50 V
R2	碳膜电阻器	560 kΩ	C3、C4、C7	涤纶电容器	3×0.1 μF/250 V
R3	碳膜电阻器	33 kΩ	VD1 ~ VD4	二极管	4×1N4007
R4	碳膜电阻器	1 Ω	IC	集成电路	TDA2030
RP	电位器	20 kΩ	—	散热片	50 mm×30 mm
C1、C2	电解电容器	2×2000 μF/25 V	AC	交流电源	12 V

如图 2－86 所示为 TDA2030 的外形与引脚排列图。

a)

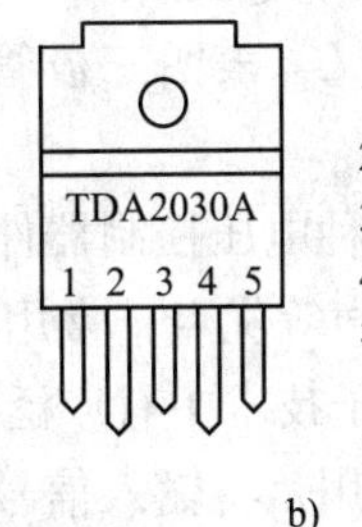

1—同相输入端
2—反相输入端
3—负电源端
4—输出端
5—正电源端

b)

图 2－86　TDA2030 的外形与引脚排列图

a) 外形　b) 引脚排列

三、安装调试

1. 对元器件进行检测，按工艺要求对元器件的引脚进行成形加工。
2. 参考图 2－87 所示实物图，在多孔电路板上焊接元器件，连接电路。
3. 安装完毕检查无误后，接通电源。
4. 测 TDA2030 4 脚电位 $U_4=0$。
5. 用镊子触碰 C5 负极，听扬声器是否能随之发出“嘟嘟”声。
6. 输入音频信号，试听扬声器发出的声音。

图 2－87　OCL 集成功率放大电路实物图

本章小结

1. 三极管是一种电流控制器件，它有两个 PN 结，即发射结和集电结。三极管有 NPN 型和 PNP 型两种类型。三极管在发射结正偏、集电结反偏的条件下，具有电流放大作用；发射结与集电结均反偏时，处于截止状态，相当于开关断开；发射结与集电结均正偏时，处于饱和状态，相当于开关闭合；三极管的放大功能和开关功能在实际电路中都有广泛的应用。

2. 三极管的特性曲线反映了三极管各极之间电流与电压的关系。三极管的参数 β 表示电流放大能力，I_{CBO}、I_{CEO} 表明三极管的温度稳定性，I_{CM}、P_{CM}、$U_{(BR)CEO}$ 规定了三极管的安全工作范围。

3. 场效应管是一种电压控制器件，它利用栅源间电压 U_{GS} 控制漏极电流 i_D。场效应管具有高输入电阻和低噪声等优点，常用于多级放大电路的输入级。VMOS 管、PMOS 管等大功率场效应管在电力电子技术中有广泛应用。

4. 放大电路的作用是将输入信号不失真地放大。放大电路的核心元件是三极管或场效应管。放大的本质是在较小的输入信号的作用下，通过三极管等有源器件，将电源的直流功率转变成较大的输出信号功率。

5. 分析放大电路主要采用估算法和图解法两种基本分析方法。

采用估算法时应注意：分析静态工作点（I_{BQ}、I_{CQ}、U_{CEQ}）是用直流通路；分析动态性能（A_u、r_i、r_o）要用交流通路。

图解法要作出直流负载线和交流负载线，既能用来分析放大电路的静态工作情况，又能分析其动态工作情况，尤其适用于分析大信号的工作情况。

6. 用三极管组成的放大电路有共射、共集、共基三种接法（又称组态）。

共射放大电路既有电流放大作用又有电压放大作用，但是输入电阻较低，在多级放大电路中对前级的影响较大；输出电阻也较大，带负载能力较差。

共集放大电路（又称射极输出器或射极跟随器）有电流放大作用，没有电压放大作用。因其输入电阻高而常作为多级放大电路的输入级，因其输出电阻低而常作为多级放大电路的输出级，因其电压放大倍数接近于1而用于信号的跟随。

共基放大电路有电压放大作用，没有电流放大作用。因其输入电阻低，输出电阻高，可用于恒流源电路；因其高频特性好，常用于高频振荡器和宽频带放大电路。

7. 由于温度、电源电压及元件参数变化会使放大电路静态工作点变动，因此，在实际放大电路中，必须采取措施稳定静态工作点。分压式偏置放大电路是最常用的稳定静态工作点的偏置电路。

8. 在基本放大电路不能满足性能要求时，可采用两种不同接法的放大电路构成组合放大电路，使电路兼有两种接法的优点；接有发射极电阻或采用有源负载的共射放大电路则是从改进偏置电路入手改进其功能。

9. 场效应管是一种电压控制型器件，它是利用输入电压产生的电场效应控制输出电压。场效应管放大电路有共源、共漏和共栅三种接法。由于场效应管栅极基本不取电流，所以共源和共漏放大电路的输入电阻远比三极管放大电路的大，而且噪声低，适用于做多级放大电路的输入级。

10. 多级放大电路各级之间的耦合方式有阻容耦合、变压器耦合、直接耦合、光电耦合四种。

阻容耦合和变压器耦合由于隔断了级间的直流通路，所以只能用于放大交流信号，但多级静态工作点彼此独立。直接耦合可以放大直流信号，也可以放大交流信号，适于集成化，但存在多级静态工作点互相影响的问题。光电耦合既可传输交流信号，也可传输直流信号，并在电气上完全隔离，抗干扰能力强。

多级放大电路的放大倍数等于各级放大倍数的乘积，但在计算每一级放大倍数时要考虑前、后级之间的影响。

11. 在放大电路中，把输出信号送到输入回路的过程称为反馈。反馈放大电路主要由基本放大电路和反馈网络两部分组成。引入反馈的放大电路称为闭环放大电路，未引入反馈的放大电路称为开环放大电路。

12. 反馈结果使净输入量减小的是负反馈，反馈结果使净输入量增大的是正反馈。反馈量取自输出电压的是电压反馈，反馈量取自输出电流的是电流反馈。反馈信号是以电压形式出现，并与输入信号电压串联（净输入 $u_i' = u_i - u_f$）的是串联反馈；反馈信号是以电流形式出现，并与输入信号电流并联（净输入 $i_i' = i_i - i_f$）的是并联反馈。反馈信号只含有直流量的是直流反馈，反馈信号只含有交流量的是交流反馈。

13. 判别反馈极性采用瞬时极性法，根据反馈信号对净输入信号起削弱还是增强作用来判断是负反馈还是正反馈。判别是电压反馈还是电流反馈可采用输出短路法，若输出端短路后反馈量随之为零，则为电压反馈；若反馈量依然存在，则为电流反馈。判别是串联反馈还是并联反馈可采用输入短路法，若输入端短路后反馈量依然存在，则为串联反馈，否则为并联反馈。

14. 负反馈对放大电路的性能有多方面的影响：可提高放大倍数的稳定性，减小非线性失真，展宽通频带，改变输入、输出电阻等。表2－25列出了四种不同类型负反馈放大电路的主要特点。

表 2－25　四种类型负反馈放大电路的比较

反馈类型	输入电阻	输出电阻	使用场合
电压串联负反馈	↑	↓	输入电压→输出电压
电压并联负反馈	↓	↓	输入电流→输出电压
电流串联负反馈	↑	↑	输入电压→输出电流
电流并联负反馈	↓	↑	输入电流→输出电流

15. 负反馈放大电路闭环放大倍数的一般表达式为

$$A_f = 1 + \frac{A}{1 + AF}$$

式中（$1+AF$）称为反馈深度，若（$1+AF$）$\gg 1$，即在深度负反馈条件下，$A_f \approx 1/F$，即 $x_i \approx x_f$。若电路引入深度串联负反馈，则 $u_i \approx u_f$，称“虚短”；若电路引入深度并联负反馈，则 $i_i \approx i_f$，称“虚断”。

16. 功率放大电路的任务是为负载提供足够大的信号功率。对功率放大电路的基本要求是输出功率大、效率高、失真小、散热好。

常用功率放大电路按静态工作点的设置不同，可分为甲类、乙类和甲乙类；按输出端接法不同，可分为变压器耦合功率放大电路、无输出变压器功率放大电路（OTL）和无输出耦合电容功率放大电路（OCL）。

17. OTL 和 OCL 功率放大电路又都称为互补对称功率放大电路，它们都是由两个管型相反的射极输出器组合而成。为了解决功率三极管的互补对称问题，利用复合管可得到大电流增益和较为对称的输出特性，保证功率输出级在同一信号下，两输出管交替工作，波形完全对称。

18. 集成功率放大电路的应用日益广泛，其电路一般都包含有前置级、中间激励级、输出级以及偏置电路等，有的还包含完善的保护电路，因此，具有较高的可靠性。使用集成功放时应注意查阅相关手册，了解各引脚功能及外接元件的接法。

第三章 集成运算放大器及其应用

学习目标

1. 了解集成运算放大器的电路结构，理解共模信号、差模信号、零点漂移及共模抑制比的概念。

2. 了解集成运算放大器的理想特性，掌握理想集成运算放大器工作于线性和非线性状态的特点。

3. 掌握比例运算、加法和减法运算电路的组成，能运用“虚短”和“虚断”的概念分析上述运算电路输出和输入的关系。了解积分、微分电路的组成、特点及应用。

4. 了解有源滤波电路的组成、特点及应用。

5. 了解电压比较器的传输特性，特别是双门限电压比较器的传输特性。

6. 掌握集成运算放大器的简易检测方法，会装配和调试由集成运放构成的应用电路。

集成运算放大器简称集成运放，它是一种多级直接耦合高增益的集成放大电路，因最初多用于模拟信号的数学运算而得名，现已作为一种通用的高性能的放大器件，广泛应用于信号产生、信号处理、自动控制等各个方面。图 3－1 所示为集成运放的应用电路示例。

集成运放LM324

a）

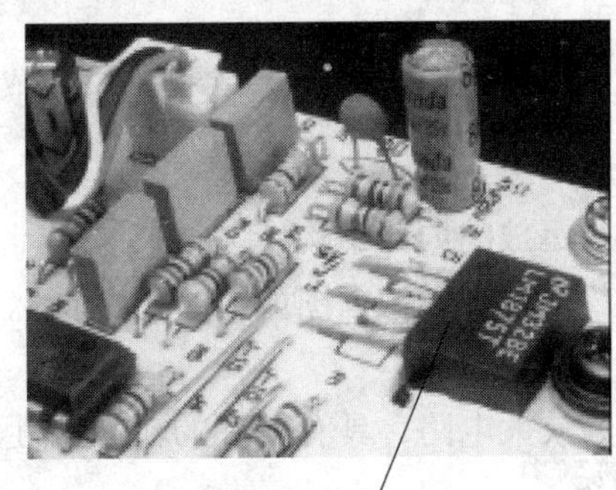

集成运放LM1875

b）

图 3－1　集成运放的应用电路示例

§3－1 认识集成运算放大器

一、集成运放的外形与图形符号

1. 外形

集成运放有金属圆壳式、塑料双列直插式、单列直插式、贴片式等多种封装形式，如图 3－2 所示。

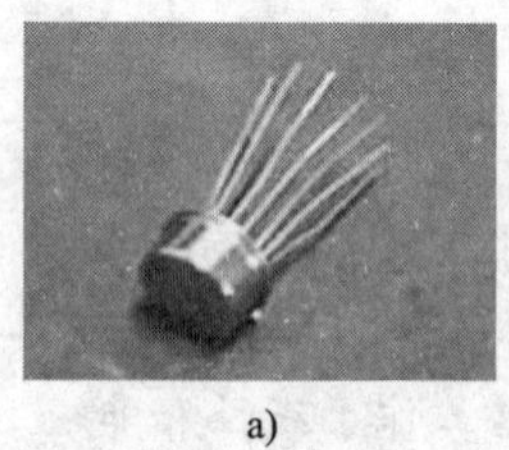

a)

b)

c)

d)

图 3－2　集成运放外形

a）金属圆壳式封装　b）塑料双列直插式封装　c）单列直插式封装　d）贴片式封装

2. 图形符号

如图 3－3 所示，框内“▷”表示信号传输方向，“∞”表示开环增益极高。虽然集成运放有多个引脚，但在图形符号上通常只标出两个输入端和一个输出端。同相输入端标“＋”（或 P），表示相应的输出信号与该端输入信号同相；反相输入端标“－”（或 N），表示相应的输出信号与该端输入信号反相。

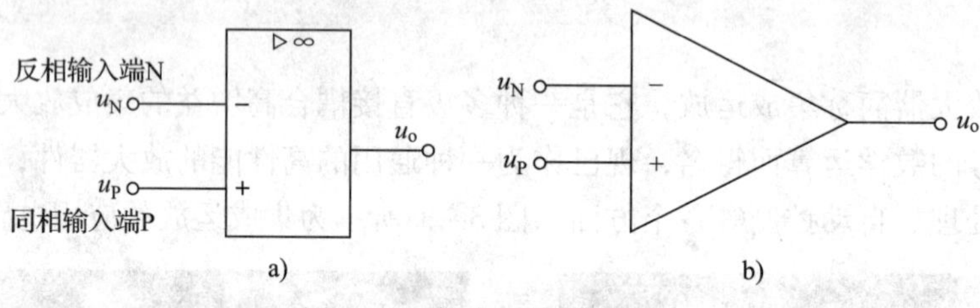

图 3－3　集成运放图形符号

a）国际标准符号　b）曾用符号

二、集成运放的内部结构

集成运放的内部结构框图如图 3－4 所示。

1. 差分放大输入级

采用差分放大电路，具有良好的输入特性。

2. 中间级

主要进行电压放大，要求有较高的电压放大倍数，通常由多级共射或共源放大电路构成，并经常采用复合管。

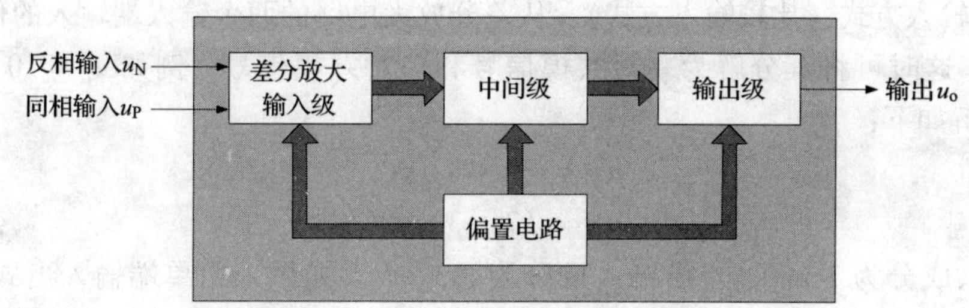

图 3－4　集成运放内部结构框图

3. 输出级

为了降低输出电阻，提高带负载能力，通常采用复合管射极输出或互补对称功率放大电路。

4. 偏置电路

为集成运放各级放大电路提供稳定的偏置电流，从而确定合适而稳定的静态工作点。

三、差分放大电路

集成运放内部采用多级直接耦合方式。直接耦合放大电路信号传输损失最小，但如果温度发生变化或电源电压发生波动，其影响会逐级传递放大，使输出偏离零点，这种现象称为**零点漂移**，简称**零漂**。抑制输入级的零漂对提高多级放大电路的温度稳定性至关重要，所以集成运放的输入级都采用一种能有效抑制零漂的差分放大电路。

1. 对称的电路结构

如图 3－5 所示为带有公共射极电阻的差分放大电路，它由两个对称的共射放大电路组合而成，一般采用正、负两个极性的电源供电。R_E 为公共射极电阻，RP 为调零电位器。

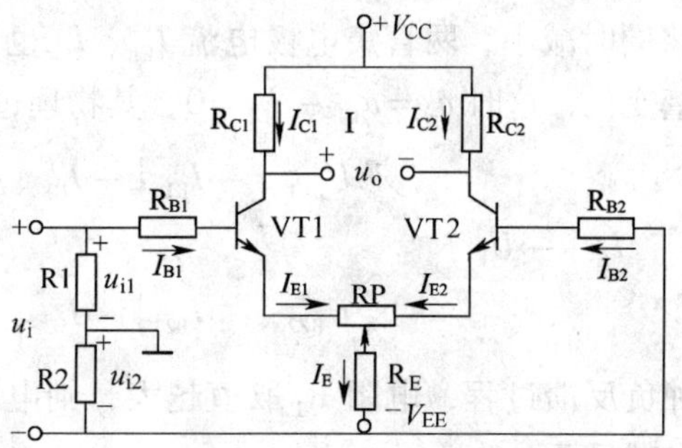

图 3－5　带有公共射极电阻的差分放大电路

2. 灵活的输入输出方式

差分放大电路分别有两个输入和输出端，因此，具有灵活的输入输出方式。

（1）输入方式

1）差模输入方式。从差分放大电路的两个输入端分别输入一对大小相等、极性相反的信号称**差模信号**。例如 $u_{i1}=3$ mV，$u_{i2}=-3$ mV。

2）共模输入方式。从差分放大电路的两个输入端分别输入一对大小相等、极性相同的信号称**共模信号**。例如 $u_{i1}=7$ mV，$u_{i2}=7$ mV。

3）任意输入方式（比较输入方式）。从差分放大电路的两个输入端输入的信号既非差模又非共模，这时可将其分解为一对共模信号和一对差模信号。例如 $u_{i1}=10\ \mathrm{mV}$，$u_{i2}=4\ \mathrm{mV}$，可分解如下：

$$u_{i1}=(7+3)\ \mathrm{mV}$$

$$u_{i2}=(7-3)\ \mathrm{mV}$$

其中共模输入成分为 7 mV，差模输入成分为 ±3 mV。如果采用单端输入形式，如 $u_{i1}=10\ \mathrm{mV}$，$u_{i2}=0$，仍然可以将其分解为 $u_{i1}=(5+5)\ \mathrm{mV}$，$u_{i2}=(5-5)\ \mathrm{mV}$。这说明单端输入可以等效为双端输入。

（2）输出方式

可以单端输出，也可以双端输出。

3. 理想差分放大电路的工作原理

（1）静态分析

当 $u_{i1}=u_{i2}=0$ 时，由于 VT1 和 VT2 管特性相同，$R_{B1}=R_{B2}$，$R_{C1}=R_{C2}$，$-V_{EE}$ 为 VT1 和 VT2 管提供偏置电流 I_{B1} 和 I_{B2}。$I_{B1}=I_{B2}$，$I_{C1}=I_{C2}$，这时，$u_o=u_{C1}-u_{C2}=0$，静态时输出电压为零。

（2）动态分析

1）对零点漂移的抑制作用。在差分放大电路中，无论是温度的变化，还是电源电压的波动，都会引起两管集电极电流及相应电极电压产生相同的变化，其效果相当于在两个输入端加了共模信号。

例如温度升高，两管集电极产生相同的变化电流，设 I_{C1} 和 I_{C2} 增大，它们共同流过 R_E 时，流过 R_E 的电流 $I_E=I_{E1}+I_{E2}$ 也增大，这时射极电位 U_E 必然跟着提高，使得三极管 U_{BE1}、U_{BE2} 均下降，于是 I_{B1}、I_{B2} 将同时减小，两管集电极电流 I_{C1}、I_{C2} 也同时减小，两只三极管集电极电压 U_{C1}、U_{C2} 保持等量变化，这时 $u_o=u_{C1}-u_{C2}=0$。其物理过程如下：

$$T\text{（温度）}\uparrow \begin{matrix}\nearrow I_{C1}\uparrow\searrow \\ \\ \searrow I_{C2}\uparrow\nearrow\end{matrix} I_E\uparrow\rightarrow U_E\uparrow \begin{matrix}\nearrow U_{BE1}\downarrow\rightarrow I_{B1}\downarrow\rightarrow I_{C1}\downarrow\rightarrow U_{C1}\uparrow\searrow \\ \\ \searrow U_{BE2}\downarrow\rightarrow I_{B2}\downarrow\rightarrow I_{C2}\downarrow\rightarrow U_{C2}\uparrow\nearrow\end{matrix} u_o=u_{C1}-u_{C2}=0$$

上述过程实质上是一种负反馈过程，电阻 R_E 取值越大，则电流负反馈越强，稳流效果越好，克服零点漂移作用也越显著。

差分放大电路对共模信号的放大倍数，称为共模放大倍数，用 A_c 表示。当电路对称时，两管共模输出电压相互抵消，所以共模放大倍数 $A_c=0$。实际上，电路不可能完全对称，因此希望 A_c 尽可能小。

2）对差模信号的放大作用。图 3－5 中的输入信号 U_i 被两个分压电阻 R1 和 R2 分为大小相等、方向相反的差模信号（u_{i1}、u_{i2}），分别加到 VT1 和 VT2 基极。在差模信号作用下，两管的集电极产生等值而相反的电流变化，它们共同流过 R_E 时相互抵消，因而对差模信号而言，R_E 不会产生影响，可视为短路。

差模信号的输入，在两个放大管的集电极产生分别为 u_{o1}（＋）和 u_{o2}（－）的电压，

负载上输出的电压为

$$u_o = u_{o1} - u_{o2} = 2u_{o1} = 2u_{o2}$$

上式表明，在差模信号作用下，差分放大电路可以有效地放大差模信号。

差分放大电路对差模信号的放大倍数，称为差模放大倍数，用 A_d 表示。

$$A_d = \frac{u_o}{u_i} = \frac{2u_{o1}}{2u_{i1}} = \frac{u_{o1}}{u_{i1}} = \frac{u_{o2}}{u_{i2}} = A_{d1} = A_{d2}$$

式中，A_{d1} 和 A_{d2} 分别为差模输入时三极管 VT1 和 VT2 的单管放大倍数，由于两边电路对称，差模放大倍数与单管放大电路的放大倍数相同。虽然差分放大电路用两只放大管对输入信号进行放大，放大倍数仅相当于一个单管放大电路，但换来的是对共模信号的抑制作用，有效地克服了零点漂移。

4. 共模抑制比

共模抑制比用 K_{CMR} 表示，其定义为差分放大电路的差模电压放大倍数 A_d 与共模电压放大倍数 A_c 之比，即

$$K_{CMR} = \frac{A_d}{A_c}$$

共模抑制比 K_{CMR} 的大小反映了差分放大电路对差模信号的放大能力和对共模信号的抑制能力。K_{CMR} 的数值越大，表明抑制零漂的能力越强，理想差分放大电路的共模电压放大倍数为零，所以 $K_{CMR} = \infty$。

K_{CMR} 同样也是衡量集成运放性能的一个重要指标。

5. 差分放大电路的四种连接方式

差分放大电路的四种连接方式见表 3－1。

表 3－1　差分放大电路的四种连接方式

接法	电路原理图	特点
双端输入 双端输出	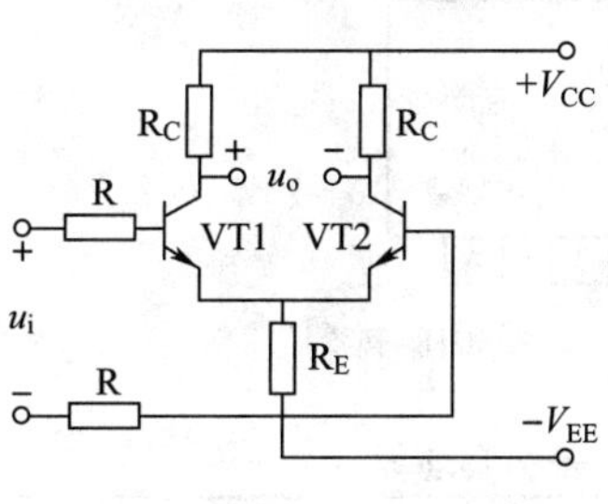	（1）放大倍数与单管放大电路相同 （2）当电路对称时共模抑制比 $K_{CMR} = \infty$ （3）适用于对称输入、对称输出情况
双端输入 单端输出	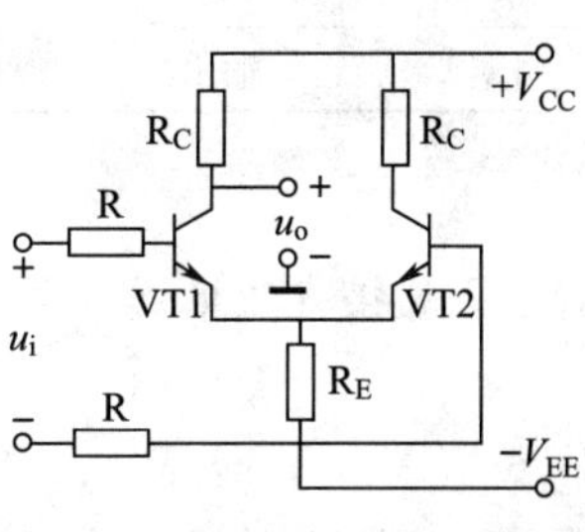	（1）放大倍数为单管放大电路的一半 （2）由于 R_E 的共模反馈作用，K_{CMR} 仍很大 （3）适用于将差动信号转换成单端输出

续表

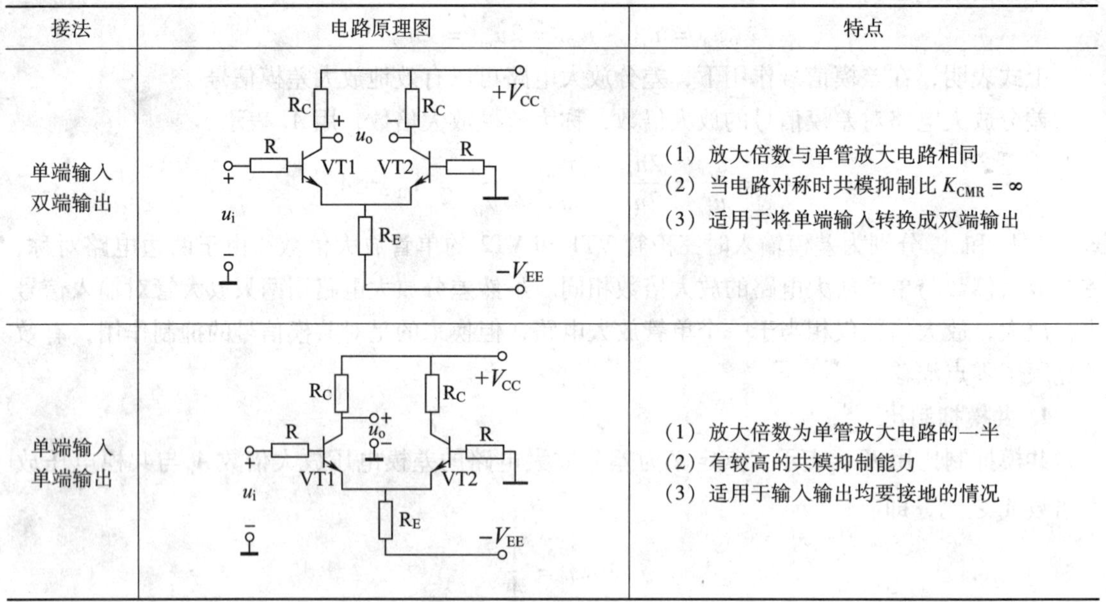

接法	电路原理图	特点
单端输入 双端输出		（1）放大倍数与单管放大电路相同 （2）当电路对称时共模抑制比 $K_{CMR}=\infty$ （3）适用于将单端输入转换成双端输出
单端输入 单端输出		（1）放大倍数为单管放大电路的一半 （2）有较高的共模抑制能力 （3）适用于输入输出均要接地的情况

四、集成运放的电压传输特性

演示实验

准备低频信号发生器、双踪示波器、直流稳压电源各一台，集成运放 CF741 一块，通过实验观察集成运放 CF741 的电压传输特性。CF741 引脚排列如图 3－6 所示，各引脚功能见表 3－2。

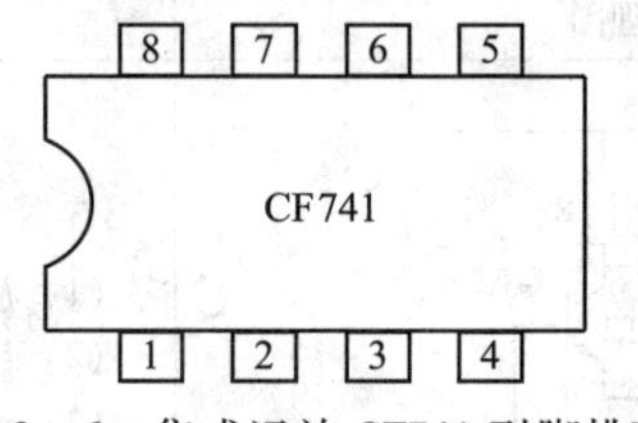

图 3－6　集成运放 CF741 引脚排列

表 3－2　集成运放 CF741 各引脚功能

1	2	3	4	5	6	7	8
调零 1	反相输入	同相输入	负电源	调零 2	输出	正电源	空脚

测试步骤：

1. 将 CF741 的 4 端接直流电源负端（接地端），7 端接直流电源正端（15 V），3 端与 4 端相接。

2. 示波器水平偏转置于非“扫描时间”位置（X－Y 位置），垂直方式选择置于“CHOP”位置，垂直耦合方式选择置于“AC”位置。CF741 的 2 端接示波器 CH1 通道，6

端接 CH2 通道，信号源接地端、示波器 CH1、CH2 通道电缆夹子都接电源负端（共地）。

3. 全部接通电源后，在 CF741 的 2 端和 3 端间输入频率为 1 kHz、幅度为 0.5 V 的正弦信号。示波器显示如图 3 - 7b 所示波形（出现两根斜线是由于示波器的回扫问题）。

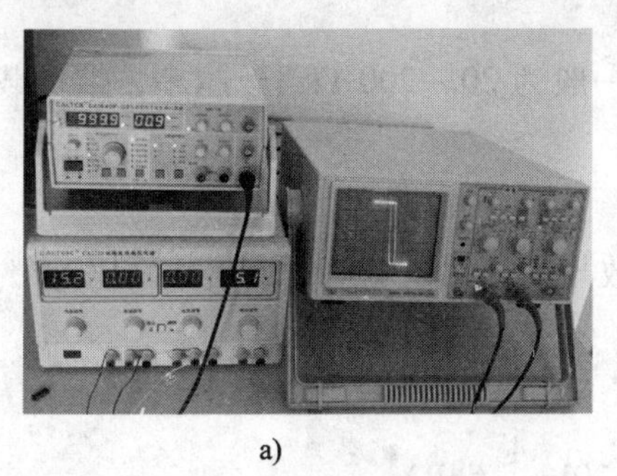

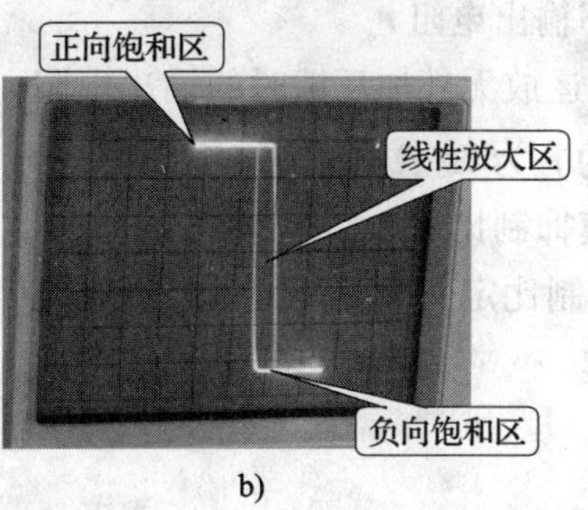

a)　　b)

图 3 - 7　CF741 测试电路

a）实验仪器布局　b）示波器显示电压传输特性

由于同相输入端接地，信号由反相输入端输入，所以示波器显示的是集成运放 CF741 反相输入电压传输特性。为了便于分析，可将集成运放的电压传输特性改画如图 3 - 8 所示。

可以看到特性曲线中间呈现很陡的斜线部分，上面有一平坦部分，下面也有一平坦部分。中间斜线部分称为线性放大区，在此区域内，输出电压随输入电压线性变化，曲线的斜率即为集成运放的电压放大倍数。斜线部分很陡，可见电压放大倍数极大。

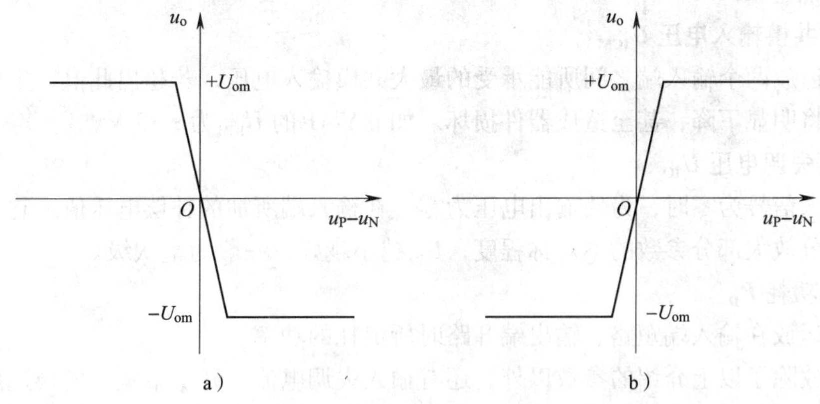

a）　　b）

图 3 - 8　集成运放的电压传输特性

a）反相输入　b）同相输入

图中斜线以外的部分称为非线性饱和区。在非线性区，输出电压只有两种情况，或是正的饱和电压 $+U_{om}$，或是负的饱和电压 $-U_{om}$。

五、集成运放的主要参数

1. 开环差模电压放大倍数 A_d

指集成运放在无反馈情况下的差模电压放大倍数，一般为 $1\times10^3\sim1\times10^7$（60 ~ 140 dB），高增益的集成运放 A_d 可达 170 dB 以上。

2. 开环输入电阻 r_i

指差模输入时，集成运放的开环输入电阻，一般在几十千欧到几十兆欧。国产高输入阻抗集成运放的 r_i 目前在 $1\times10^{12}\ \Omega$ 以上。

3. 开环输出电阻 r_o

指集成运放无外加反馈时的输出电阻，一般为 20～200 Ω，r_o 越小，带负载能力越强。如 μA741 的 r_o 为 75 Ω。

4. 共模抑制比 K_{CMR}

共模抑制比定义为开环差模电压放大倍数与闭环共模电压放大倍数之比

$$K_{CMR}=\frac{A_d}{A_c}$$

$$或\ K_{CMR}=20\lg\frac{A_d}{A_c}(\mathrm{dB})$$

K_{CMR} 越大，表明集成运放对共模信号的抑制能力越强，一般应在 80 dB 以上。

5. 最大输出电压 U_{OPP}

指集成运放在空载情况下，最大不失真输出电压的峰值。如 μA741，其电源电压为 ±15 V，U_{OPP} 为 ±（13～14）V。

6. 最大差模输入电压 U_{IDM}

指集成运放两个输入端之间所能承受的最大差模输入电压，一般为 ±（5～30）V。如 μA741 的 U_{IDM} 为 ±30 V。

7. 最大共模输入电压 U_{ICM}

指集成运放两个输入端之间所能承受的最大共模输入电压，若超出此值，集成运放的共模抑制性能将明显下降，甚至造成器件损坏。如 μA741 的 U_{ICM} 为 ±13 V。

8. 输入失调电压 U_{IO}

指当输入信号为零时，为使输出电压为零，在输入端所加的补偿电压值。它反映集成运放输入级差分放大部分参数的不对称程度，U_{IO} 越小越好，一般为毫伏级。

9. 静态功耗 P_D

指集成运放在输入端短路、输出端开路时所消耗的功率。

集成运放除了以上介绍的参数以外，还有输入失调电流、开环带宽、转换速度、输入失调电压温漂等，具体可查阅产品手册，在此不再一一叙述。

六、集成运放的理想化

如图 3－9 所示为集成运放等效电路，图中 A_d 表示开环差模电压放大倍数，r_i 表示开环差模输入电阻，r_o 表示开环输出电阻。在分析各种具体的集成运放应用电路时，为了使问题简化，通常把集成运放看成是一个理想器件，其理想特性主要有以下几点：

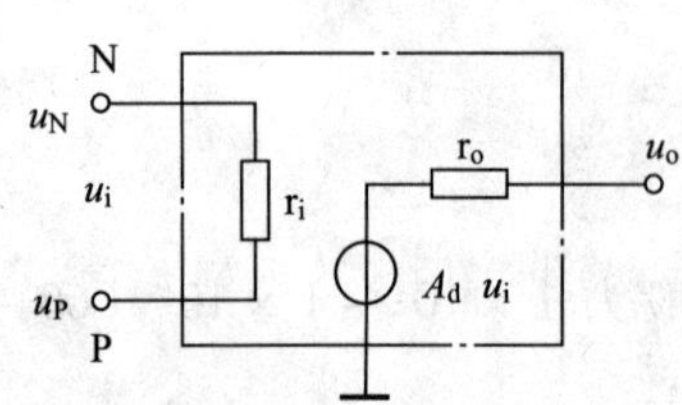

图 3－9　集成运放等效电路

（1）开环差模电压放大倍数 $A_d\to\infty$。

（2）开环差模输入电阻 $r_i\to\infty$。

（3）开环输出电阻 $r_o\to0$。

（4）共模抑制比 $K_{CMR}\to\infty$。

（5）没有失调现象，即当输入信号为零时，输出信号也为零。

虽然在实际应用时集成运放不可能达到理想的要求，但在分析估算集成运放应用电路时，将集成运放当做理想器件来计算，产生的误差通常不会超出工程允许的范围。

§3－2　集成运放的线性应用

一、理想运放工作于线性区的特点

由于理想运放的开环电压放大倍数趋近于无穷大，因此，电路中必须引入负反馈才能保证集成运放工作在线性区。这时输出电压与输入电压满足线性放大关系，即

$$U_o = A_d(u_P - u_N)$$

式中 U_o 为有限值，而理想运放 $A_d\to\infty$，因而净输入电压 $u_P - u_N = 0$，即 $u_P = u_N$。

这一特性称为“虚短”，如果有一输入端接地，则另一输入端也非常接近地电位，称为“虚地”。

又因为理想运放输入电阻 $r_i\to\infty$，所以两个输入端的输入电流也均为零，即 $i_P = i_N = 0$，这一特性称为“虚断”。

二、比例运算电路

应用集成运放可以构成多种运算电路，如比例运算电路、加法运算电路、积分运算电路、微分运算电路等。比例运算电路是最简单、最基本的信号运算电路，其输出信号与输入信号之间呈现比例运算关系。比例运算电路有三种常见的电路形式，即反相输入、同相输入及差分输入。

1. 反相比例运算电路

电路如图 3－10a 所示，其特点是输入信号和反馈信号都加在集成运放的反相输入端。图中 R_f 为反馈电阻，R′为平衡电阻，取值为 $R' = R_1 /\!/ R_f$。接入 R′是为了使集成运放输入级的差分放大电路对称，这样有利于抑制零漂。

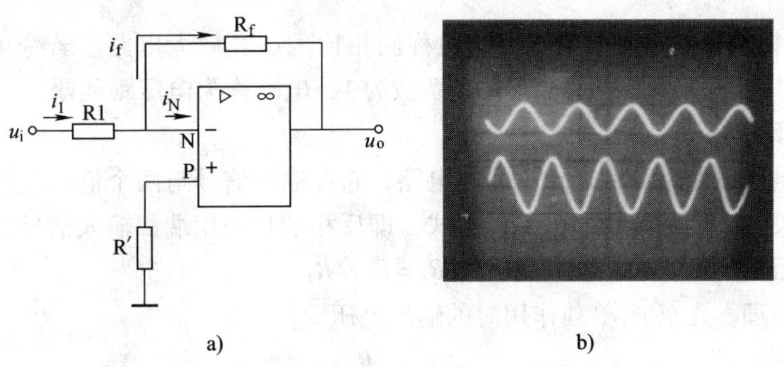

图 3－10　反相比例运算电路

a）电路图　b）波形图

由于同相输入端接地，故输入端为“虚地”点，即 $u_P = u_N = 0$，根据“虚断”特性，净输入电流为零，故有 $i_1 = i_f$。由图 3-10 可得

$$\frac{u_i - u_N}{R_1} = \frac{u_N - u_o}{R_f}$$

所以

$$\frac{u_o}{u_i} = -\frac{R_f}{R_1}$$

式中负号表示 u_o 与 u_i 反相，故称为反相放大电路。又由于 u_o 与 u_i 成比例关系，故又称反相比例运算放大电路。若取 $R_f = R_1 = R$，则比例系数为 -1，电路便成为**反相器**。

电路中 R_f 引入的反馈是深度电压并联负反馈，输出电阻小，但输入电阻却也因此而降低。

2. 同相比例运算电路

电路如图 3-11a 所示，利用“虚短”特性（**注意：同相输入时无“虚地”特性**），可得

$$u_P = u_N = u_i$$

又根据“虚断”特性，$i_N = 0$，可得

$$u_N = \frac{R_1}{R_1 + R_f} u_o$$

所以

$$\frac{u_o}{u_i} = 1 + \frac{R_f}{R_1}$$

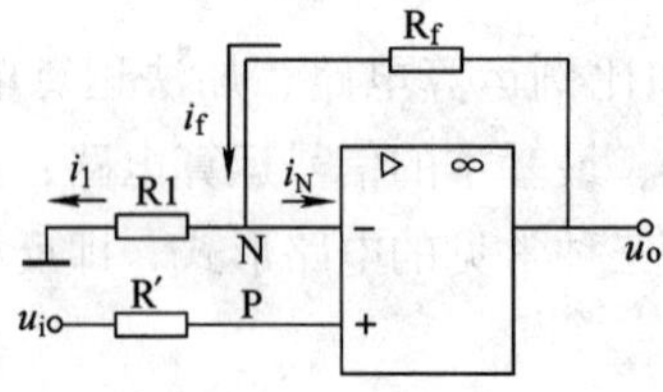

a)

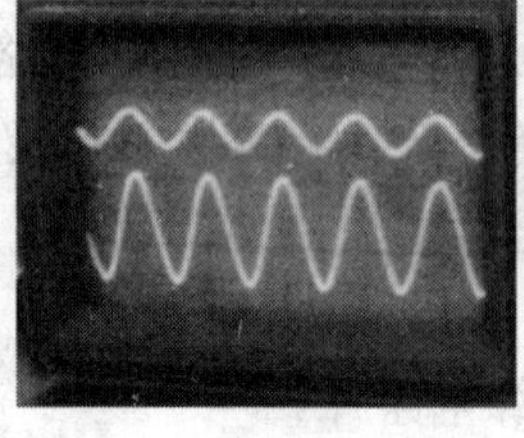

b)

图 3-11　同相比例运算电路

a）电路图　b）波形图

u_o 与 u_i 同相，故称同相放大电路，又称同相比例运算放大电路。若令 $R_f = 0$，$R_1 = \infty$（即开路状态），如图 3-12 所示，则比例系数为 1，电路称为**电压跟随器**。

3. 减法运算电路

减法运算电路也称差分输入比例运算电路，它在输出信号与两个输入端信号的差值之间实现比例运算关系。电路采用差分输入形式，即反相端和同相端都输入信号，如图 3-13 所示。按外接电阻的平衡要求，应满足 $R_1 /\!/ R_f = R_2 /\!/ R_3$。

根据叠加原理，先求 u_{i1} 单独作用时的输出电压 u_{o1}

$$u_{o1} = -\frac{R_f}{R_1} u_{i1}$$

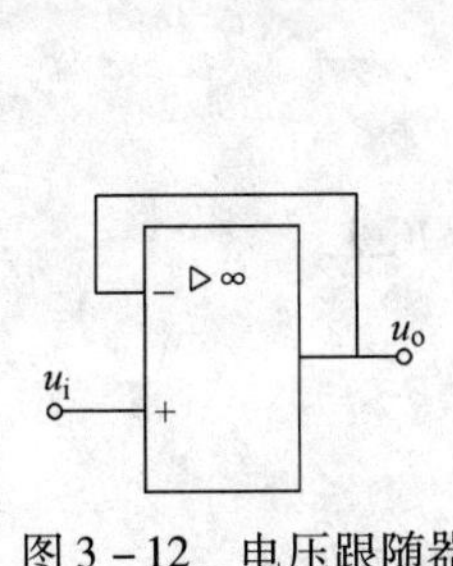

图 3-12　电压跟随器

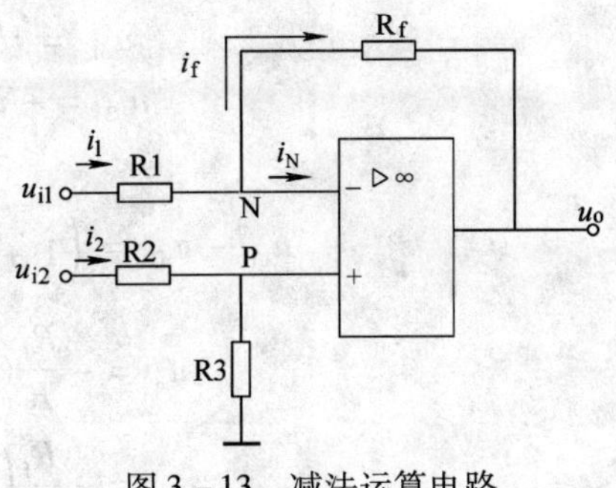

图 3-13　减法运算电路

再求 u_{i2} 单独作用时的 u_{o2}

$$u_{o2} = \left(1 + \frac{R_f}{R_1}\right)\left(\frac{R_3}{R_2 + R_3}\right)u_{i2}$$

则 u_{i1} 与 u_{i2} 共同作用时

$$u_o = u_{o1} + u_{o2} = \left(1 + \frac{R_f}{R_1}\right)\left(\frac{R_3}{R_2 + R_3}\right)u_{i2} - \frac{R_f}{R_1}u_{i1}$$

当 $R_1 = R_2$，且 $R_f = R_3$ 时，上式化简为

$$u_o = \frac{R_f}{R_1}(u_{i2} - u_{i1})$$

精密仪表用放大电路

如图 3-14 所示为用三个集成运放构成的精密仪表用放大电路。其中，集成运放 IC1 和 IC2 组成对称的同相放大电路，IC3 接成差分放大电路。

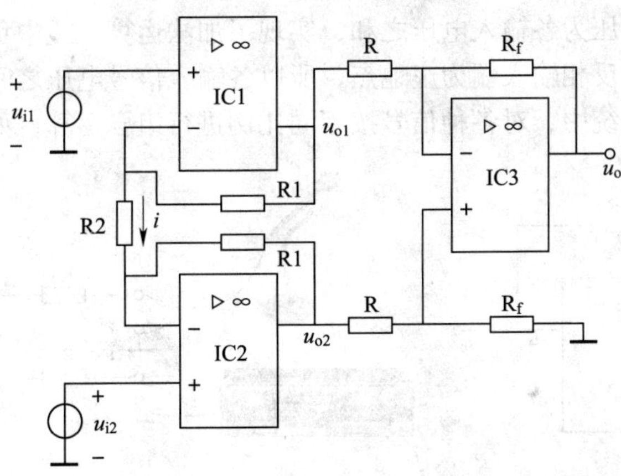

图 3-14　精密仪表用放大电路

利用“虚断”和“虚短”特性，可知加在 R2 两端的电压为 $u_{i1} - u_{i2}$，相应通过 R2 的电流 $i = \dfrac{u_{i1} - u_{i2}}{R_2}$，可得

$$u_{o1} = iR_1 + u_{i1}$$
$$u_{o2} = -iR_1 + u_{i2}$$

所以

$$u_{o1} - u_{o2} = \left(1 + \frac{2R_1}{R_2}\right)(u_{i1} - u_{i2})$$

$$u_o = -\frac{R_f}{R}(u_{o1} - u_{o2})$$
$$= -\frac{R_f}{R}\left(1 + \frac{2R_1}{R_2}\right)(u_{i1} - u_{i2})$$

总的电压放大倍数

$$A_u = \frac{u_o}{u_{i1} - u_{i2}} = -\frac{R_f}{R}\left(1 + \frac{2R_1}{R_2}\right)$$

上式表明，通过改变 R2 可设定不同的 A_u 值，且 R2 接在 IC1 和 IC2 的反相输入端之间，调节 R2 时不会影响电路的对称性，因此，该电路对差模信号可具备足够大的放大能力。而当 $u_{i1} = u_{i2}$ 时，$i = 0$，$u_o = 0$，可见当输入信号中含有共模噪声时也能被有效地抑制。

三、加法运算电路

加法运算电路也称求和电路，其输出电压反映多个输入电压之和。加法运算电路的结构实质上是在反相放大电路的基础上，增加几个输入支路而得到的，如图 3－15 所示。图中同相输入端所接电阻 R′必须满足平衡要求，取 $R' = R_1 // R_2 // R_3 // R_f$。

根据理想特性有 $i_1 + i_2 + i_3 = i_f$

集成运放反相输入端为虚地点，故有

$$\frac{u_{i1}}{R_1} + \frac{u_{i2}}{R_2} + \frac{u_{i3}}{R_3} = -\frac{u_o}{R_f}$$

当 $R_1 = R_2 = R_3 = R_f$ 时，可得 $u_o = -(u_{i1} + u_{i2} + u_{i3})$。

上式表明，输出电压为各输入电压之和，实现了加法运算。式中负号表示输出电压与输入电压相位相反。由于反相输入端为虚地点，所以各输入信号电压之间相互影响极小。该电路常用在测量和控制系统中，对各种信号按不同比例进行组合运算，如图 3－16 所示。

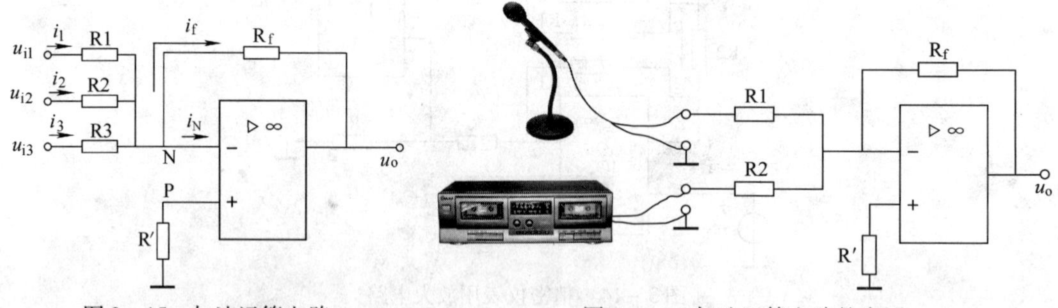

图 3－15　加法运算电路　　　图 3－16　加法运算电路的应用

四、积分运算电路

在如图 3－17 所示电路中，当输入脉冲电压上升时，电容 C 充电，输出电压 u_o（即 u_C）

随时间增大而逐渐增大，当电荷量充足后，输出电压便不会再增大，达到稳定值。但如果脉冲宽度较小，在输出达到稳定值之前，脉冲电压已变为零，则电容转为放电，而最终电压也变为零。电容充放电速度的快慢，取决于 R 和 C 乘积的大小 τ（$\tau = RC$ 称为时间常数）。

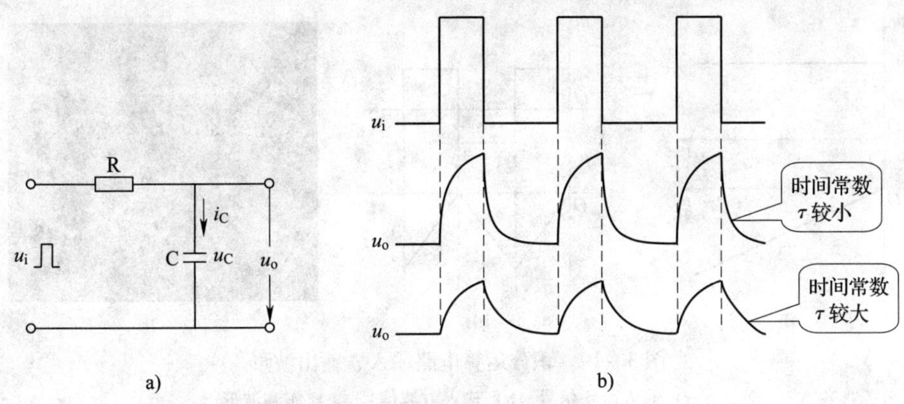

图 3－17　积分电路及其波形

a）原理电路　b）输入、输出信号波形

电容两端的电压 u_C 与流过电容的电流 i_C 之间存在积分的关系，即

$$u_C = \frac{1}{R}\int i_C \mathrm{d}t$$

它反映了 u_C 在输入脉冲宽度时间内的累积变化情况。

若将反相放大电路中的反馈电阻 R_f 用电容 C 代替，便构成积分运算电路，如图 3－18 所示。根据虚地的特性，得

$$u_P = u_N = 0$$

所以

$$u_o = -u_C$$

且

$$i_R = \frac{u_i}{R}$$

根据虚断的特性，又有

$$i_R = i_C$$

而电容两端电压等于其电流的积分。故

$$u_o = -u_C = -\frac{1}{C}\int i_C \mathrm{d}t = -\frac{1}{RC}\int u_i \mathrm{d}t$$

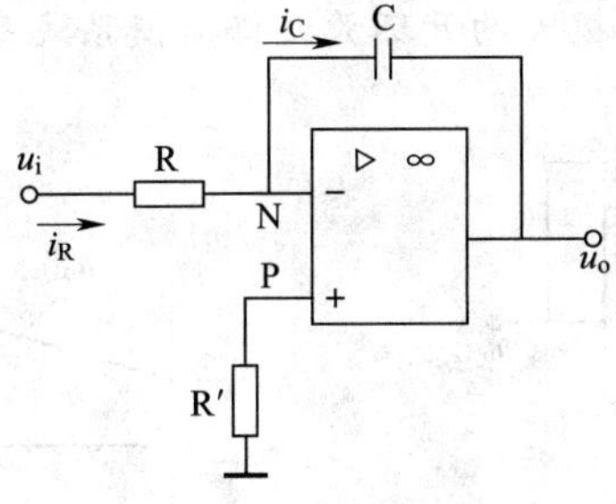

图 3－18　积分运算电路

设电容 C 上初始电压为零，当输入阶跃信号时，输出电压波形如图 3－19a 所示，当输入信号为方波信号时，输出电压波形如图 3－19b 所示。利用积分运算电路可实现延时、定时和变换，在自动控制系统中可以减缓过渡过程所形成的冲击，使外加电压缓慢上升。

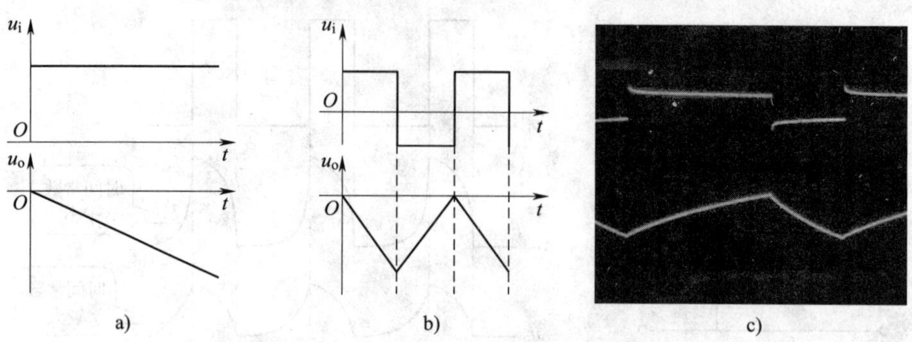

图 3－19　积分运算电路输入、输出波形

a）输入阶跃信号　b）输入方波信号　c）实测波形

比例积分调节器

在自动调速系统中，要求电路既能有较快的动态响应，又能获得较高的稳态精度。为了满足这一要求，常采用比例积分调节器（或称 PI 调节器），其原理电路如图 3－20 所示。该电路输出电压与输入电压的关系为

$$|u_o| = i_1 R_1 + \frac{1}{C_1}\int i_1 \mathrm{d}t = K_P|u_i| + \frac{K_P}{\tau_1}\int |u_i| \mathrm{d}t$$

式中 $K_P = \frac{R_1}{R_0}$ 是 PI 调节器的比例系数；$\tau_1 = R_1 C_1$ 是 PI 调节器的时间常数。

在零初始状态和阶跃输入下，输出电压的特性曲线如图 3－21 所示。由上式和输出特性表明，比例积分调节器的输出由“比例”和“积分”两部分组成，比例部分迅速反应起调节作用，积分部分最终消除静态偏差。当突然加入 $|u_i|$ 时，在开始瞬间电容 C 相当于短路，反馈回路中只有电阻 R1，相当于放大倍数为 $K_P = R_1/R_0$ 的比例调节器，输出的电压 $K_P|u_i|$ 可以立即起到调节作用。此后，随着电容 C 充电，u_o 线性增大，直到稳态。在稳态时，和积分调节器一样，C 相当于开路，极大的开环放大倍数使系统基本上达到无静态偏差。

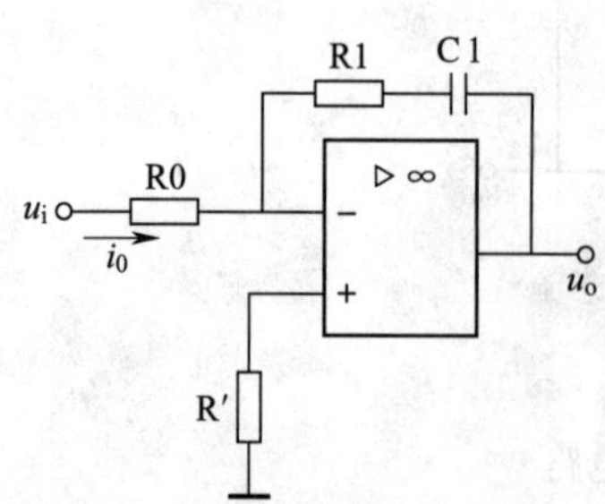

图 3－20　比例积分调节器

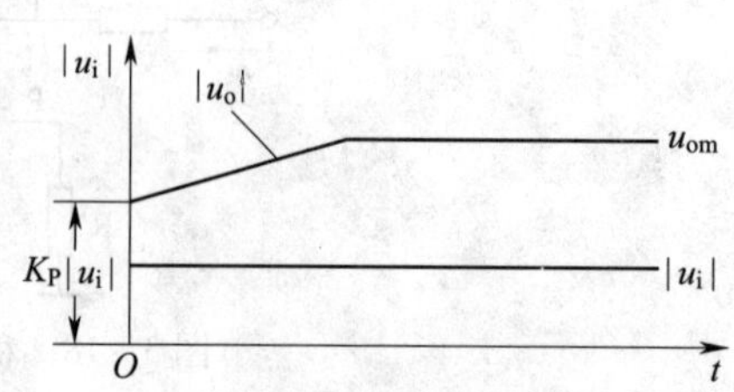

图 3－21　阶跃输入时，PI 调节器的输出特性

五、微分运算电路

将图 3－18 所示积分运算电路中的电容 C 和电阻 R 中的位置互换，便可构成微分运算电路，如图 3－22 所示。理想情况下，有

$$i_R = i_C = C\frac{du_i}{dt}$$

因为放电电流的方向与充电时相反，所以输出波形反向

$$u_O = -i_R R = -RC\frac{du_i}{dt}$$

若输入如图 3－23a 所示的方波，且 $RC \ll t_p$（t_p 为脉冲宽度），则输出信号为尖脉冲波形，如图 3－23b 所示。

由于微分运算电路的输出电压与输入电压的变化率成正比，所以它对高频干扰信号非常敏感。在实用的微分运算电路中，为了提高其工作稳定性，常在输入回路中串接一个小电阻 R1，以限制输入电流；在反馈电阻两端并接双向稳压管，以限制输出电压幅度；并且再并接一个小电容 C2，以加强对高频噪声的负反馈。电路如图 3－24 所示。

在自动控制电路中，微分运算电路常用于产生控制脉冲。

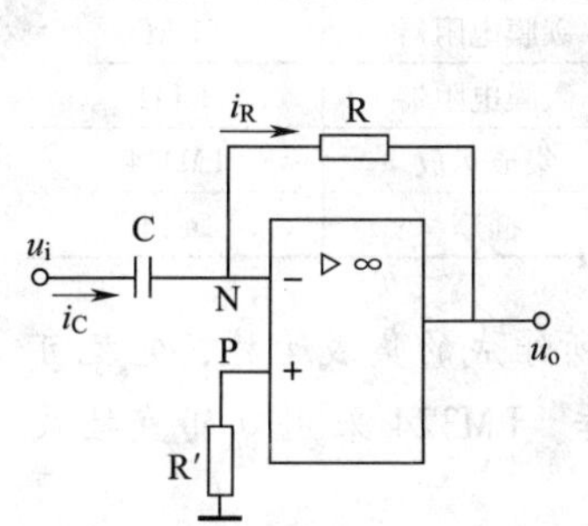

图 3－22　微分运算电路

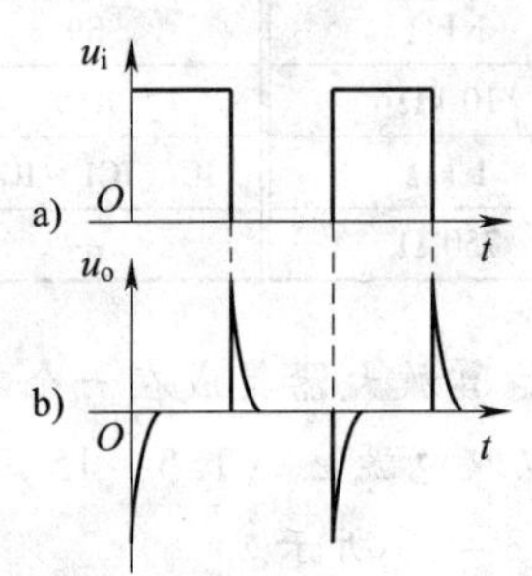

图 3－23　微分运算电路输入、输出波形

a）输入波形　b）输出波形

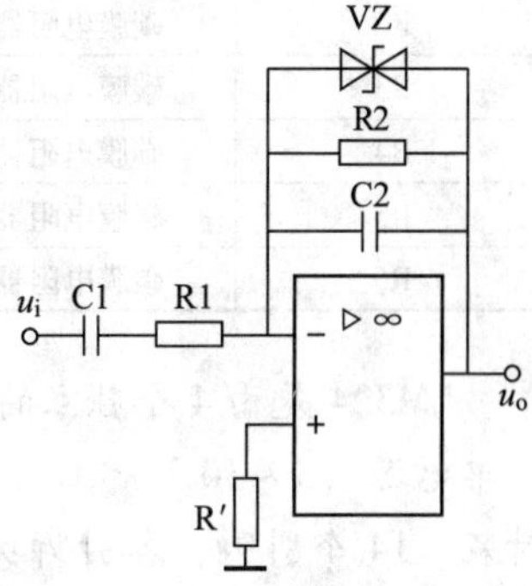

图 3－24　实用微分运算电路

多级比例运算电路的安装与调试

一、电路分析

多级比例运算电路如图 3－25 所示。

第一级为电压跟随器，用做输入级，具有输入电阻大、输出电阻小的特点。

第二级为反相比例运算电路，起电压放大作用。

第三级为同相比例运算电路，也起电压放大作用。

第四级为反相器，用做输出级，具有输出电阻小，输入、输出信号反相的特点。

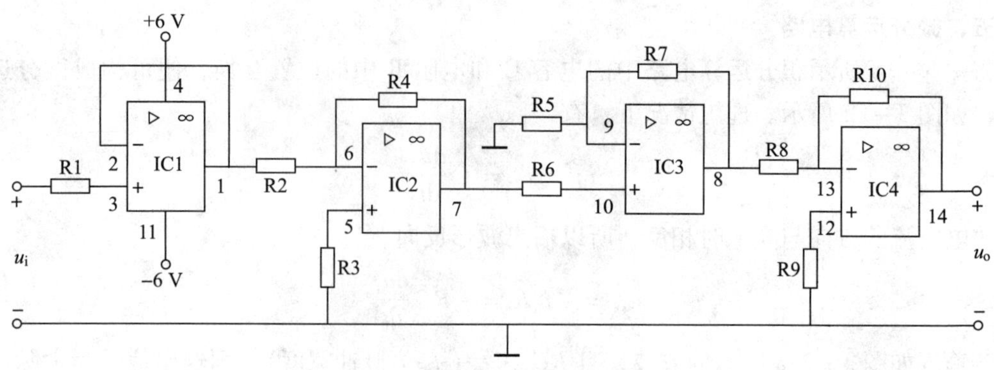

图 3－25　多级比例运算电路

二、器材准备

1. 双踪示波器、函数信号发生器、双路直流稳压电源各一台。

2. 元器件明细见表 3－3。

表 3－3　元器件明细表

代号	名称	规格	代号	名称	规格
R1	碳膜电阻器	510 Ω	R7	碳膜电阻器	5.1 kΩ
R2	碳膜电阻器	1 kΩ	R8	碳膜电阻器	1 kΩ
R3	碳膜电阻器	1 kΩ	R9	碳膜电阻器	51 kΩ
R4	碳膜电阻器	10 kΩ	R10	碳膜电阻器	1 kΩ
R5	碳膜电阻器	1 kΩ	IC（IC1～IC4）	集成运放	LM324
R6	碳膜电阻器	750 Ω	—	插座	14 脚

LM324 是由 4 个独立的通用型运算放大器集成在一个芯片上所组成的集成运放，它既可以单电源（3～30 V）工作，也可以双电源 ±（1.5～15）V 工作。LM324 采用双列直插式封装，14 个引脚，各引脚功能如图 3－26 所示。

三、安装测试

1. 对元器件进行检测与筛选后，参考图 3－27 所示实物图，安装焊接电路。集成运放插座要紧贴电路板安装，装配完成后将 LM324 装入插座中，注意引脚不能插错，并保证将引脚全部平整地插入插座，如图 3－28 所示。

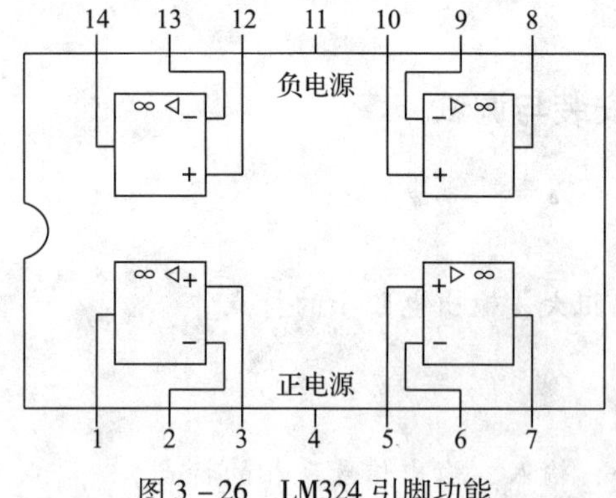

图 3－26　LM324 引脚功能

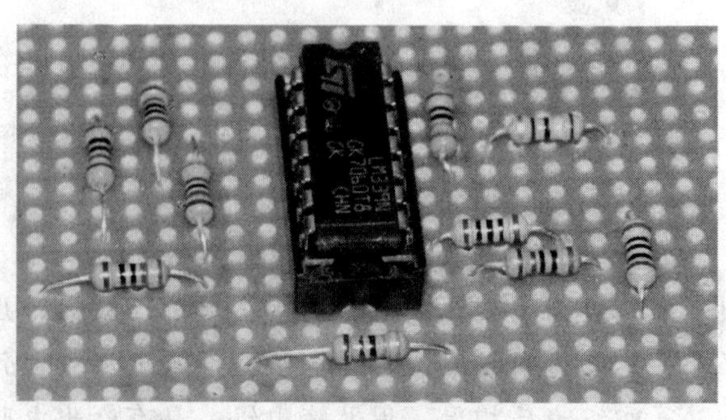

图 3－27　多级比例运算电路实物图

图3－28　集成运放的安装

2. 检查电路正确无误后，接通±6 V直流电源。

3. 在电路输入端接入频率为1 kHz、电压峰－峰值为50 mV的正弦波信号。

4. 将输入、输出电压波形分别接入双踪示波器的CH1、CH2通道。调整示波器使输入、输出电压波形稳定显示3～5个周期。

如图3－29a所示为双踪示波器、函数信号发生器等仪器的连接，如图3－29b所示为示波器所显示的总电路输入电压波形和输出电压波形。

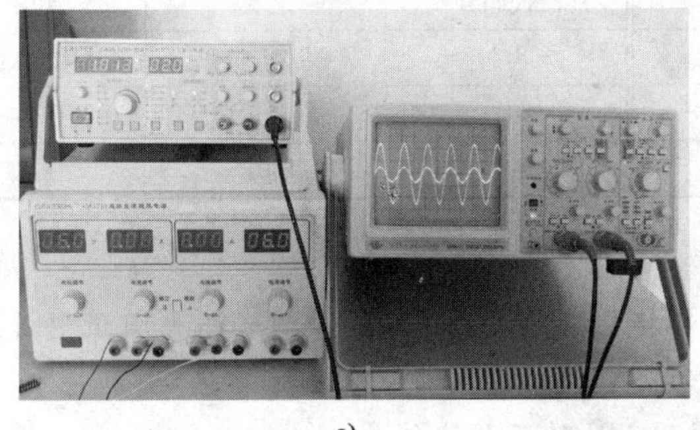

a)

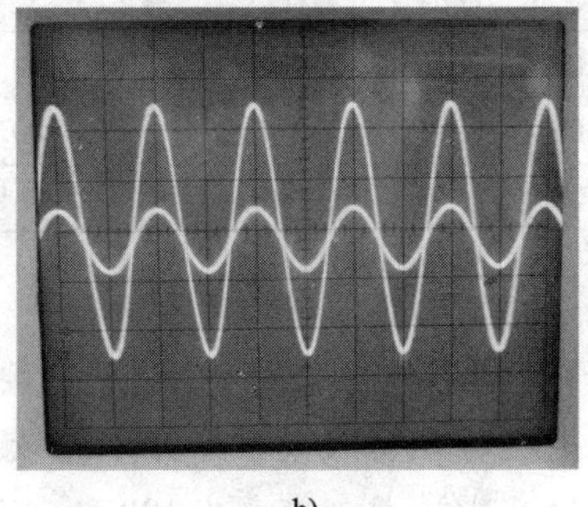

b)

图3－29　多级比例运算电路测试

a）仪表连接　b）示波器实测波形

5. 测量每一级输入、输出电压波形的峰－峰值，计算各级电压放大倍数，将结果记入表3－4中。

表3－4　　测试记录

测量电路	输入电压 U_{ip-p}（mV）	输出电压 U_{op-p}（mV）	电压放大倍数	相位关系
电压跟随器				
反相比例运算电路				
同相比例运算电路				
反相器				
总电路				

加法运算电路的安装测试及 Multisim 仿真

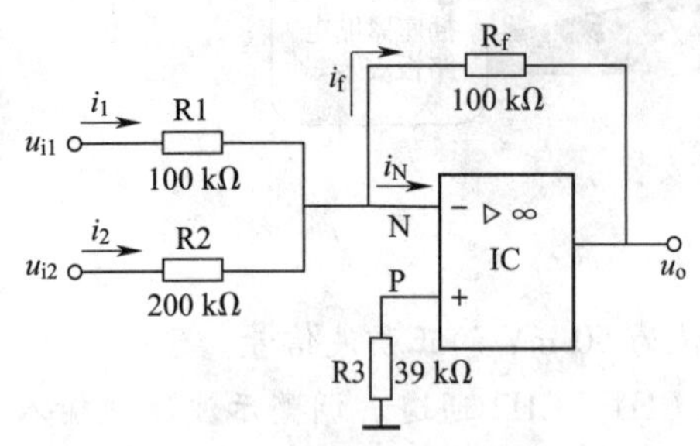

图 3－30　加法运算电路

一、实验电路

实验与实训用加法运算电路如图 3－30 所示。

二、器材准备

1. 函数信号发生器两台，双踪示波器、双路直流稳压电源（±15 V）各一台。

2. 安装有 Multisim 电子线路仿真软件的计算机一台。

3. 元器件明细见表 3－5。

表 3－5　　元器件明细表

代号	名称	规格	代码	名称	规格
R1	碳膜电阻器	100 kΩ	R_f	碳膜电阻器	100 kΩ
R2	碳膜电阻器	200 kΩ	IC	集成运放	CF741
R3	碳膜电阻器	39 kΩ	—	插座	8 脚

三、安装调试

1. 对元器件进行检测和筛选后，安装焊接电路。检查无误后接通 ±15 V 直流电源。

2. 输入端 u_{i1} 接入频率为 25 Hz、幅度为 2 V 的矩形波信号。

3. 输入端 u_{i2} 接入频率为 100 Hz、幅度为 1 V 的正弦波信号。

4. 将输入端 u_{i2} 信号接入示波器 CH1 通道。

5. 将输出端 u_o 信号接入示波器 CH2 通道。

实验仪器布局如图 3－31a 所示，示波器显示波形如图 3－31b 所示。

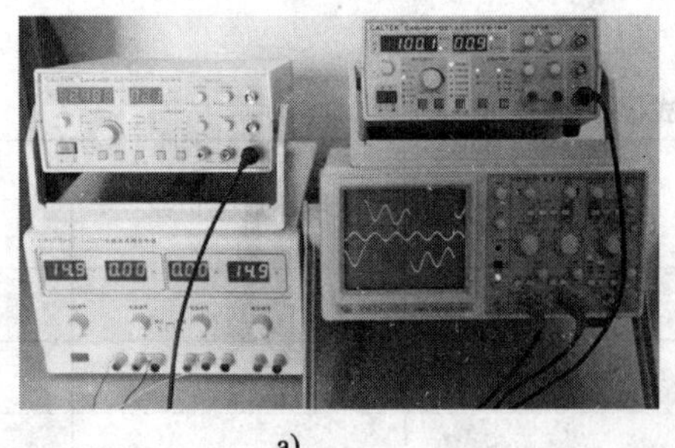

a)

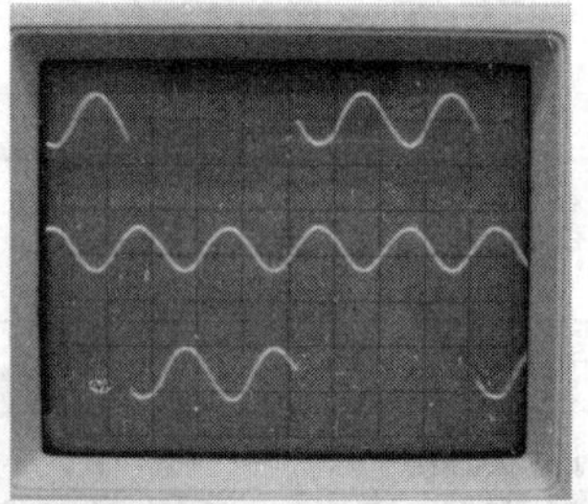

b)

图 3－31　加法运算电路测试

a）实验仪器布局　b）示波器实测波形

四、Multisim 仿真实验

在 Multisim 中构建加法运算电路如图 3－32 所示。

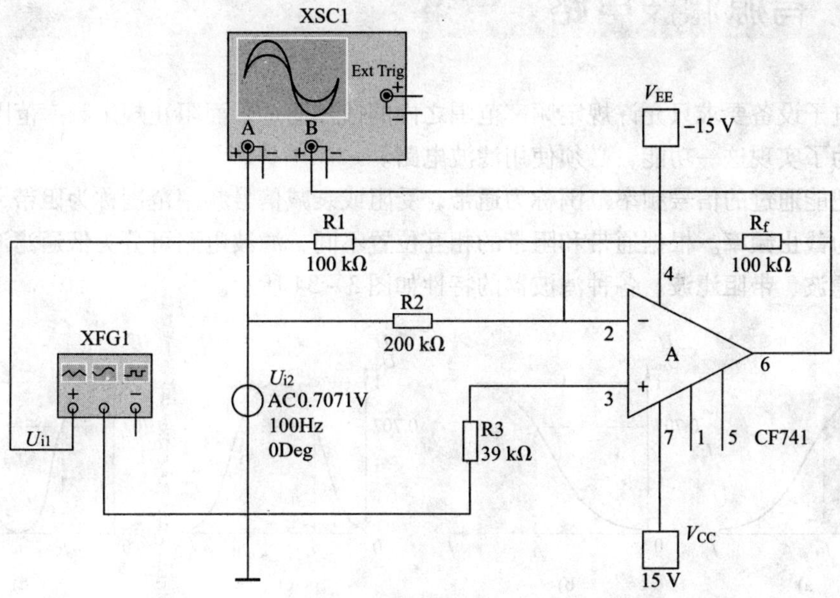

图 3－32 加法运算电路的 Multisim 仿真实验

利用虚拟的双踪示波器可同时观察到 u_{i2} 和 u_o 的波形如图 3－33 所示。当 u_{i1} 为幅度等于 2 V 的矩形波，u_{i2} 为幅度等于 1 V 的正弦波时，输出波形 u_o 为矩形波与正弦波的叠加。

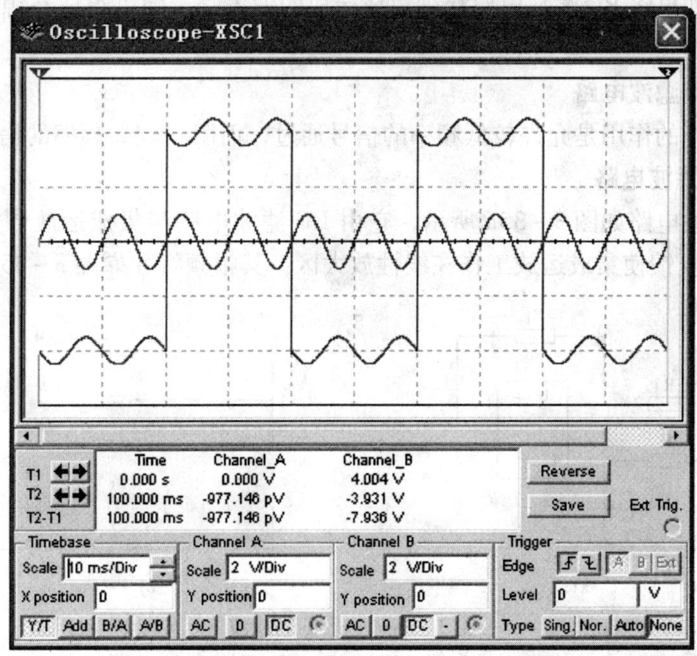

图 3－33 Multisim 仿真实验波形图

§3－3 有源滤波电路

许多电子设备要求只允许规定频率范围之内的信号通过，而阻止规定频率范围之外的信号通过。为了实现这一功能，必须使用滤波电路。

通常把能通过的信号频率范围称为**通带**，受阻或衰减信号频率范围称为**阻带**，二者的界限频率称为**截止频率**。根据通带和阻带的相互位置不同，滤波电路可分为**低通滤波**、**高通滤波**、**带通滤波**、**带阻滤波**。各种滤波器的特性如图 3－34 所示。

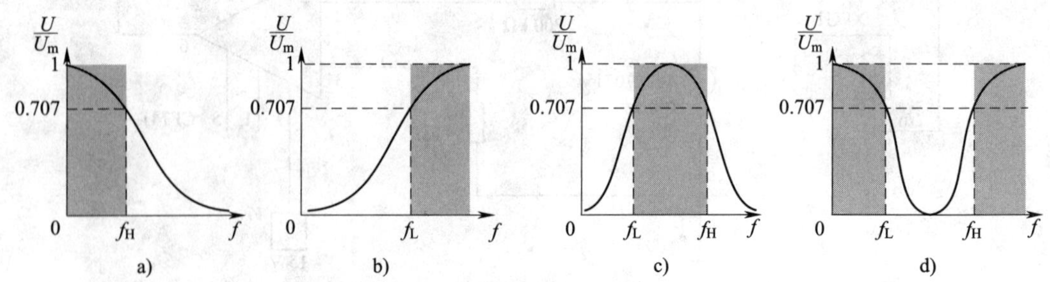

图 3－34 滤波电路的频率特性（图中阴影部分为通带）

a）低通滤波器 b）高通滤波器 c）带通滤波器 d）带阻滤波器

利用 R、C 等元件可以构成简单的滤波电路，但这是一种**无源滤波电路**，传输系数小，带负载能力差。如果将 RC 滤波电路接到集成运放的输入端，即可组成**有源滤波电路**，其带负载能力将大为提高。

一、有源低通滤波电路

低通滤波电路的作用是允许较低频率的信号通过，而阻止较高频率的信号通过。

1. 一阶低通滤波电路

一阶低通滤波电路如图 3－35a 所示，它由 RC 滤波电路与集成运放同相放大电路串联而成，R_f 引入负反馈使集成运放工作在线性放大区，其幅频特性如图 3－35b 所示。

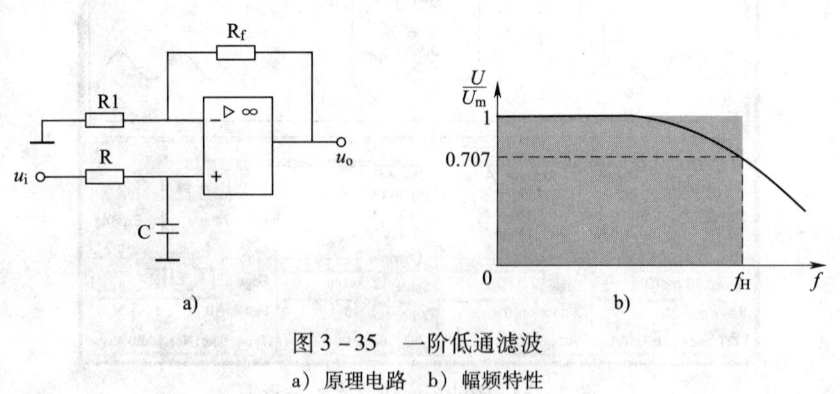

图 3－35 一阶低通滤波

a）原理电路 b）幅频特性

2. 二阶低通滤波电路

将一阶低通滤波电路中的 RC 滤波电路由一级改为两级，同时将第一级 RC 电路的电容改接到集成运放的输出端就构成了二阶低通滤波电路。如图 3－36a 所示。

这种电路的特点是，当信号频率接近通带截止频率 f_H 而小于 f_H 时，u_o 通过电容 C 引到输入端的反馈属于正反馈，因此幅频特性在接近 f_H 处得到补偿而不会很快下降。而当信号频率 $f>f_H$ 时，u_o 通过电容 C 引到输入端的反馈属于负反馈，起到削弱 u_i 的作用，使幅频特性在高频段明显下降，从而改进了滤波特性。

图 3－36b 中，阴影部分表示理想的低通滤波特性，曲线 1 和 2 分别表示一阶低通滤波电路和二阶低通滤波电路的幅频特性，通过对比可以看出，二阶低通滤波电路的幅频特性更接近于理想特性。

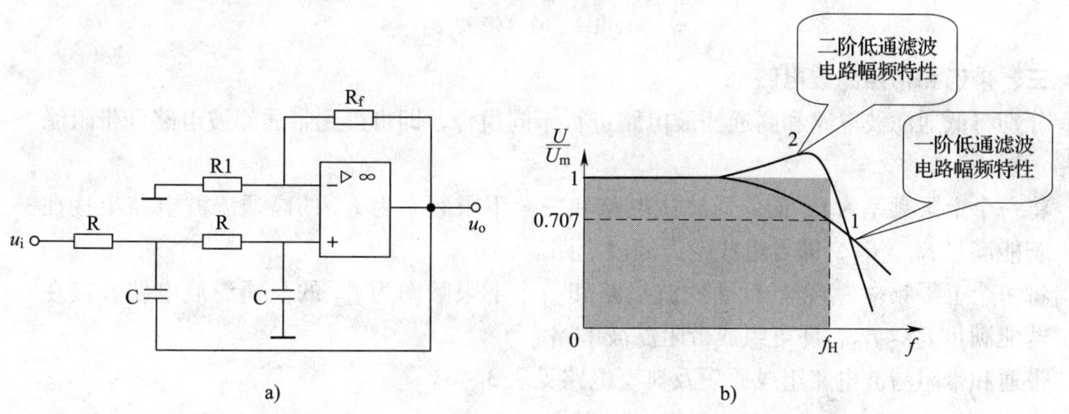

图 3－36　二阶低通滤波电路及一阶、二阶低通滤波幅频特性

a）原理电路　b）幅频特性

二、有源高通滤波电路

高通滤波电路的作用与低通滤波电路相反，即允许较高频率的信号通过，而阻止较低频率的信号通过。

高通滤波电路与低通滤波电路具有对偶性，只要将低通滤波电路中的 R、C 元件互换，就构成了高通滤波电路，如图 3－37、图 3－38 所示分别为一阶高通滤波和二阶高通滤波的电路原理图及幅频特性。

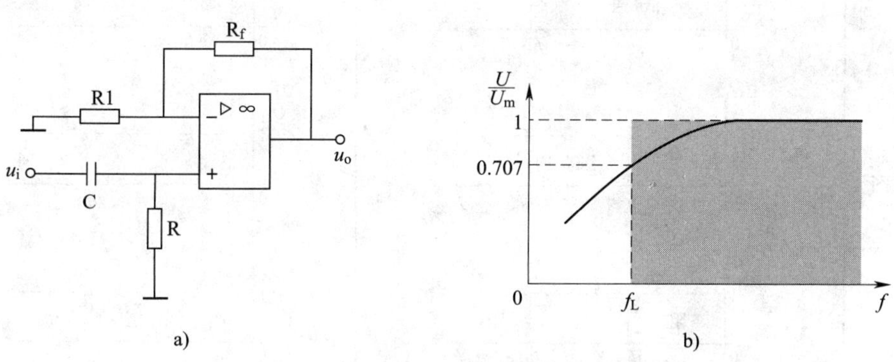

图 3－37　一阶高通滤波

a）原理电路　b）幅频特性

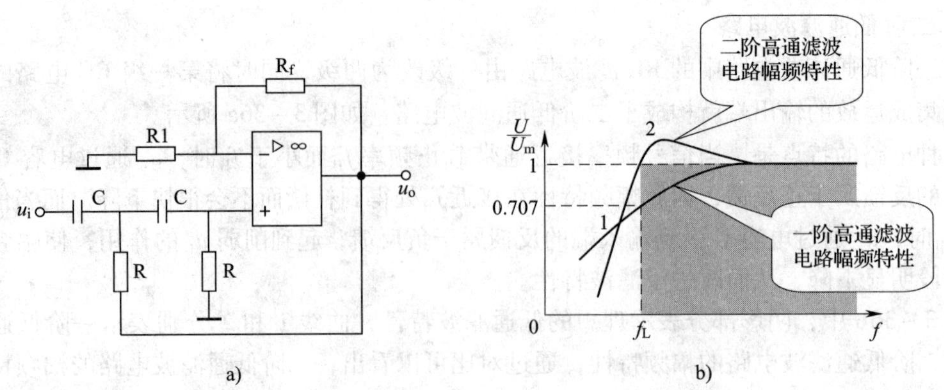

图 3 – 38　二阶高通滤波电路及一阶、二阶高通滤波幅频特性

a）原理电路　b）幅频特性

三、带通和带阻滤波电路

分别将低通滤波电路和高通滤波电路进行不同组合，即可得到带通滤波电路和带阻滤波电路。

将一个上限频率为 f_{H1} 的低通滤波电路和一个下限频率为 f_{L2} 的高通滤波电路串接在一起，若能满足 $f_{H1} > f_{L2}$，即可组成带通滤波电路。

将一个上限频率为 f_{H1} 的低通滤波电路和一个下限频率为 f_{L2} 的高通滤波电路并接在一起，若能满足 $f_{H1} < f_{L2}$，即可组成带阻滤波电路。

带通和带阻滤波电路组成原理及典型电路见表 3 – 6。

表 3 – 6　　带通和带阻滤波电路

电路名称	带通滤波电路	带阻滤波电路
结构图	u_i → 低通 → 高通 → u_o	u_i → 低通 / 高通（并联） → u_o
条件	$f_{H1} > f_{L2}$	$f_{H1} < f_{L2}$
理想幅频特性示意图	$\frac{U}{U_m}$ 1 低 通 0 f_{H1} f $\frac{U}{U_m}$ 1 高 通 0 f_{L2} f $\frac{U}{U_m}$ 1 阻 通 阻 0 f_{L2} f_{H1} f 允许 $f_{L2} < f < f_{H1}$ 的信号通过	$\frac{U}{U_m}$ 1 低 通 0 f_{H1} f $\frac{U}{U_m}$ 1 高 通 0 f_{L2} f $\frac{U}{U_m}$ 1 通 阻 通 0 f_{H1} f_{L2} f 阻止 $f_{H1} < f < f_{L2}$ 的信号通过

续表

电路名称	带通滤波电路	带阻滤波电路
典型电路	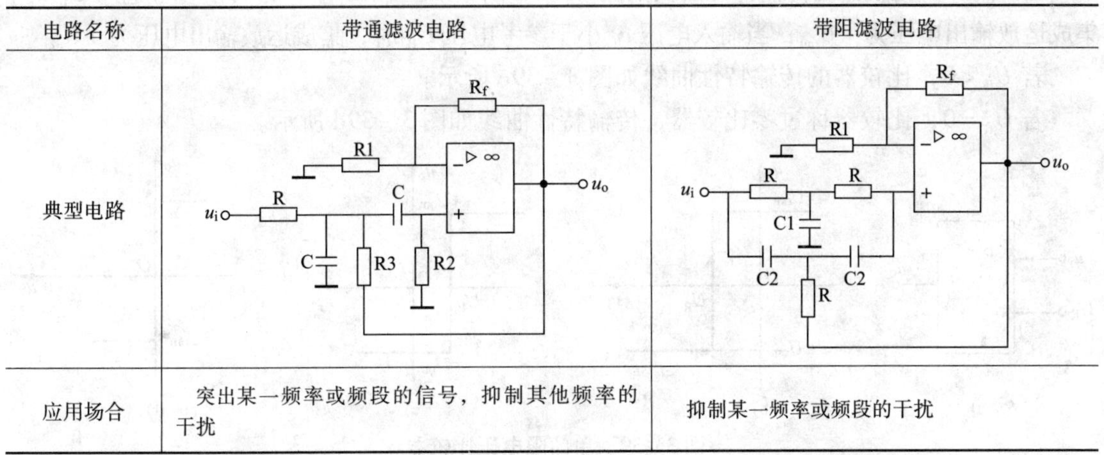	
应用场合	突出某一频率或频段的信号，抑制其他频率的干扰	抑制某一频率或频段的干扰

在带通滤波电路中，由于$f_{H1}>f_{L2}$，则$f>f_{H1}$的信号被低通滤波电路滤除，只有$f_{L2}<f<f_{H1}$的信号才能通过。若$f_{H1}<f_{L2}$，则任何频率的信号都无法通过。

而在带阻滤波电路中，由于$f_{H1}<f_{L2}$，则$f_{H1}<f<f_{L2}$的信号无法通过。如果$f_{H1}>f_{L2}$，则不可能构成带阻滤波电路。

§3－4　集成运放的非线性应用

一、理想运放工作在非线性区的特性

当集成运放处于开环状态或电路引入了正反馈时，集成运放工作于非线性区。由于理想运放的开环电压放大倍数无穷大，所以只要输入无穷小的差值电压，输出电压就会达到正的最大值或负的最大值，其特点是：

当$u_P>u_N$时，$u_o=+U_{om}$

当$u_P<u_N$时，$u_o=-U_{om}$

$u_P\neq u_N$，可见，理想运放工作在非线性区时电路不再有“虚短”特性。

又由于理想运放开环输入电阻$r_i=\infty$，故净输入电流为零，即$i_P=i_N=0$，可见，理想运放工作在非线性区时仍具有“虚断”特性。

二、单门限电压比较器

电压比较器的作用是将两个模拟信号电压进行比较，然后将比较结果以高电平（$+U_{om}$）或低电平（$-U_{om}$）的形式输出。一般情况下，在两个输入信号中，一个是**参考电压**（或固定电压），另一个则是变化的输入电压。所谓单门限电压比较器就是只与一个门限**电压**相比较的电压比较器。

在图3－39a所示单门限电压比较器中，U_R为已知的参考电压（即门限电压），加在集成运放的同相输入端，输入电压u_i加在反相输入端。

若 $U_R>0$，比较器的传输特性曲线如图 3－39b 所示。当输入电压 u_i 大于参考电压 U_R 时，集成运放输出电压为 $-U_{om}$；当输入电压 u_i 小于参考电压 U_R 时，集成运放输出电压为 $+U_{om}$。

若 $U_R<0$，比较器的传输特性曲线如图 3－39c 所示。

若 $U_R=0$，比较器称过零比较器，传输特性曲线如图 3－39d 所示。

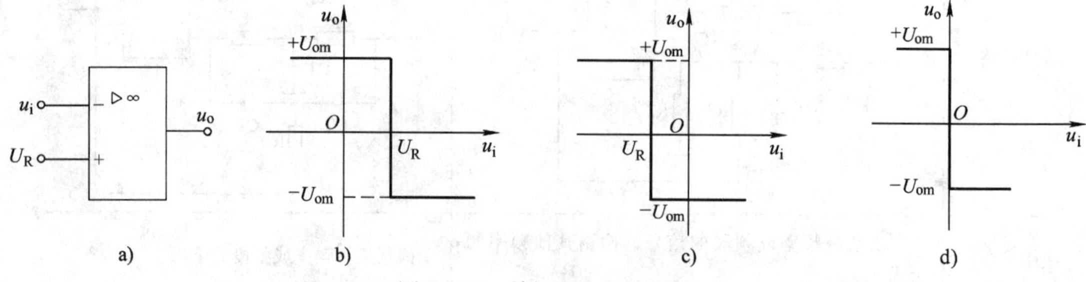

图 3－39　单门限电压比较器

a）原理电路　b）$U_R>0$ 时传输特性曲线　c）$U_R<0$ 时传输特性曲线　d）$U_R=0$ 时传输特性曲线

利用单门限电压比较器可以实现波形变换。例如，当单门限电压比较器输入正弦波时，相应的输出电压便是矩形波，如图 3－40 所示。

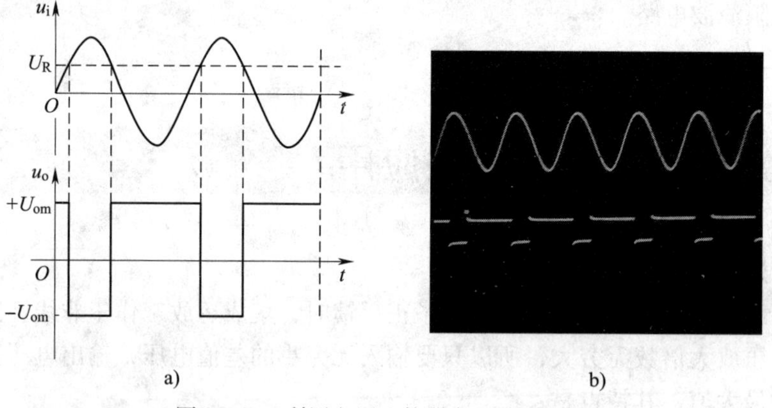

图 3－40　利用电压比较器实现波形变换

a）波形分析　b）实测波形

三、迟滞比较器

单门限电压比较器的输入电压只跟一个参考电压 U_R 相比较，这种比较器虽然电路结构简单，灵敏度高，但抗干扰能力较差，当输入电压 u_i 因受干扰在参考值附近反复发生微小变化时，输出电压也会反复跳变。采用迟滞比较器进行波形变换可以较好地解决这一问题。

迟滞比较器又称**施密特触发器**，它是一种双门限电压比较器，其原理电路与传输特性曲线如图 3－41 所示。

输出电压 u_o 经 R_f 和 R1 分压后加到集成运放的同相输入端，形成正反馈。由于输出有两种可能的电压值，所以门限电压也有两个相应的值。

当 $u_o=+U_{om}$ 时，门限电压用 U_{P1} 表示，根据叠加原理，可得

$$U_{P1}=\frac{R_f}{R_f+R_1}U_R+\frac{R_1}{R_f+R_1}U_{om}$$

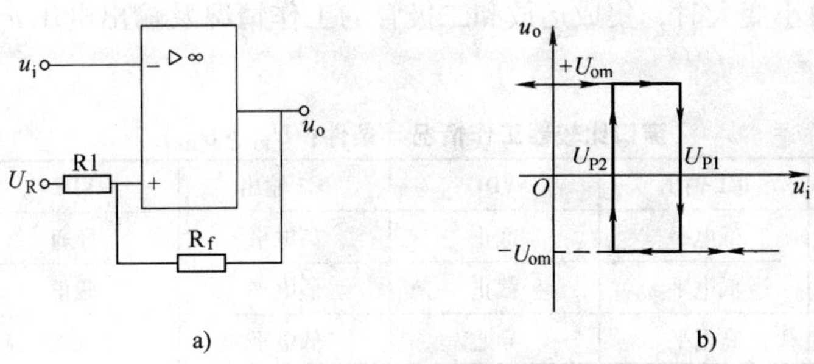

图 3-41　迟滞比较器

a）原理电路　b）传输特性曲线

当输入电压 u_i 逐渐增大直至 $u_i = U_{P1}$ 时，输出电压 u_o 发生翻转，由 $+U_{om}$ 跳变为 $-U_{om}$，门限电压随之变为

$$U_{P2} = \frac{R_f}{R_f + R_1}U_R - \frac{R_1}{R_f + R_1}U_{om}$$

当 u_i 逐渐减小，直至 $u_i = U_{P2}$ 时，输出电压再度翻转，由 $-U_{om}$ 跳变为 $+U_{om}$。

两个门限电压之差称为**回差电压**，用 ΔU_P 表示，可得

$$\Delta U_P = U_{P1} - U_{P2} = \frac{2R_1}{R_f + R_1}U_{om}$$

上式表明，回差电压 ΔU_P 与参考电压 U_R 无关。

双门限电压比较器有较高的抗干扰能力。例如，当输入信号受到干扰或含有噪声信号时，只要其变化幅度不超过回差电压，输出电压就不会在此区间来回变化，而仍然保持为比较稳定的输出电压波形，如图 3-42 所示。

四、窗口比较器

无论是单门限电压比较器还是迟滞比较器，当输入电压在单一方向变化时，输出电压只跳变一次，因而不能检测出输入电压是否在两个给定电压之间，窗口比较器则具有这一功能。如图 3-43 所示为利用两个集成运放组成的窗口比较器。外加参考电压 $U_{R1} > U_{R2}$。

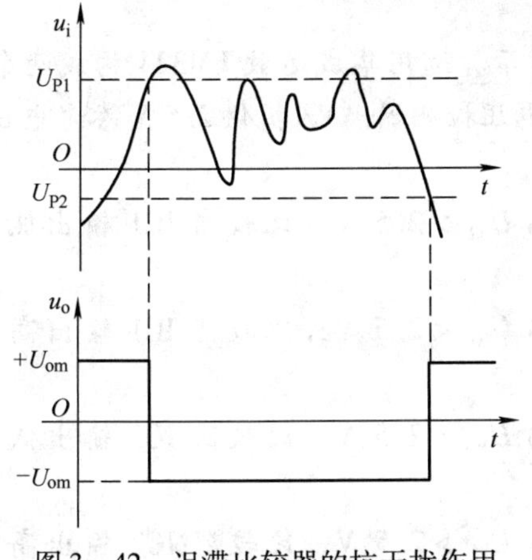

图 3-42　迟滞比较器的抗干扰作用

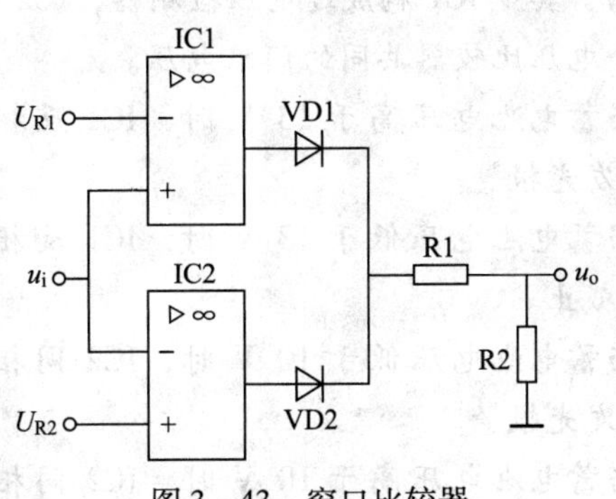

图 3-43　窗口比较器

输入电压 u_i 由小变大时，集成运放和二极管的工作情况及输出电压 u_o 的变化情况列于表 3－7 中。

表 3－7　窗口比较器工作情况（条件：$U_{R1}>U_{R2}$）

输入电压 u_i	IC1 输出	VD1	IC2 输出	VD2	输出电压 u_o
$u_i<U_{R2}$	低电平	截止	高电平	导通	高电平
$U_{R2}<u_i<U_{R1}$	低电平	截止	低电平	截止	低电平
$u_i>U_{R1}$	高电平	导通	低电平	截止	高电平

窗口比较器电压传输特性如图 3－44 所示。由图可见，当 u_i 单方向变化时，u_o 发生了两次跳变。电路有两个门限电压：U_{R2} 为下门限电压，U_{R1} 为上门限电压，所以窗口比较器也是一种双门限电压比较器。

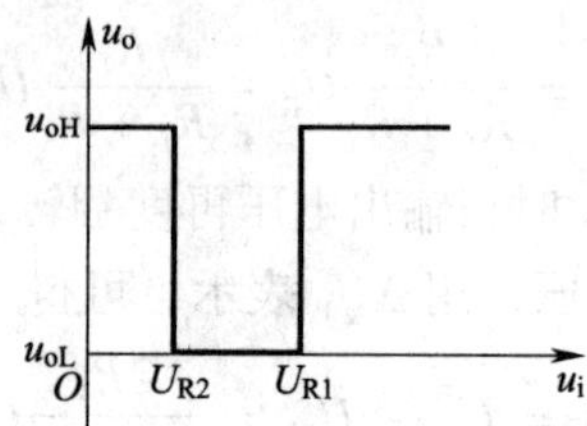

图 3－44　窗口比较器电压传输特性

汽车蓄电池过压、欠压报警电路的安装与调试

一、电路功能

当蓄电池电压高于 13 V 时，LED1 发光报警；当蓄电池电压低于 10 V 时，LED2 发光报警。

二、电路分析

汽车蓄电池过压、欠压报警电路如图 3－45 所示。选用集成运放 LM324 构成两个电压比较器，其中 IC1 构成过电压检测器，IC2 构成欠电压检测器。VZ 提供 2.5 V 参考电压，作为两个电压比较器共同的门限电压。

当蓄电池电压高于 13 V 时，IC1 反相输入端 $U_{N1}>2.5$ V，比较器 IC1 输出低电平，LED1 发光报警。

当蓄电池电压低于 13 V 时，IC1 反相输入端 $U_{N1}<2.5$ V，比较器 IC1 输出高电平，LED1 截止。

当蓄电池电压低于 10 V 时，IC2 同相输入端 $U_{P2}<2.5$ V，比较器 IC2 输出低电平，LED2 发光报警。

当蓄电池电压高于 10 V 时，IC2 同相输入端 $U_{P2}>2.5$ V，比较器 IC2 输出高电平，LED2 截止。

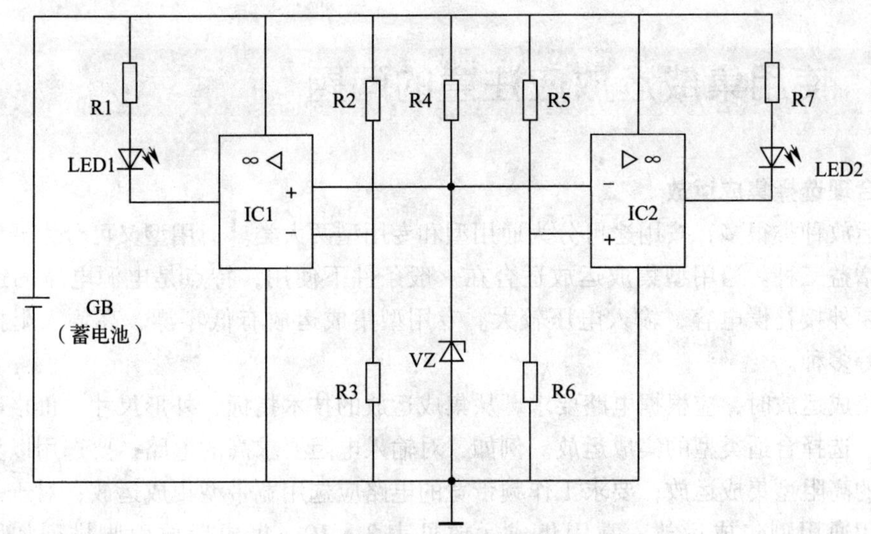

图 3－45　汽车蓄电池过压、欠压报警电路

三、器材准备

1. 双踪示波器，直流稳压电源各一台。

2. 元器件明细见表 3－8。

表 3－8　　**元器件明细表**

代号	名称	规格	代号	名称	规格
R1	碳膜电阻器	5.6 kΩ	LED1	发光二极管	φ3 黄色
R2	碳膜电阻器	43 kΩ	LED2	发光二极管	φ3 红色
R3、R4、R6	碳膜电阻器	3×10 kΩ	IC1、IC2	集成运放	2×LM324
R5	碳膜电阻器	30 kΩ	VZ	稳压管	2.5 V
R7	微调电位器	3.9 kΩ	—	插座	14 脚

四、安装调试

1. 对元器件进行检测与筛选后，安装焊接电路。

2. 检查电路无误后，接通 +12 V 电源。

3. 调节直流电源电压略大于 13 V，LED1 应发光；调节直流电源电压略小于 10 V，LED2 应发光，并将调试结果记入表 3－9。

表 3－9　　**调试结果**

报警情况	设计值（V）	实测值（V）
LED1 发光	13	
LED1、LED2 都不发光	10～13	
LED2 发光	10	

§3－5 使用集成运放应注意的问题

一、合理选择集成运放

集成运放种类很多，按用途可分为通用型和专用型两大类。通用型又可分为低增益、中增益、高增益三种。通用型集成运放适合在一般条件下使用，特点是电源电压的适用范围广，不需要外接补偿电容，输入电压较大。专用型集成运放有低零漂、高输入阻抗、低功耗、高速等多种。

选用集成运放时，应根据电路要求，从集成运放的技术指标、外形尺寸、价格等几方面综合考虑，选择合适类型的集成运放。例如，对输入电阻要求高的电路，要选用以场效应管为输入级的高阻型集成运放；要求工作频带宽的电路应选用宽带型集成运放；对于一般电路可优先选用通用型集成运放。常用集成运放见表3－10。集成运放引脚排列如图3－46所示。

表3－10　常用集成运算放大器

型号	μA741（双极型）	LM358（双极型）	LM324（双极型）	TL082（JFET输入）	CA3140（MOS输入）
主要特点	单运放、差模和共模电压范围宽	双运放、静态功耗低、可单电源工作	四运放、静态功耗低、可单电源工作	双运放、噪声小、输入阻抗高、输入失调电流小	单运放、输入阻抗高、输入失调电流小、偏流小、频带宽
同类产品	LM741 CF741 AD741 MC1741	LM158 LM258 CF358 AN358	LM224 μA324 SF324 μPC324	TL072 LF353 μA772 NJM353	CF3140 F072 FX3140 DG3140
管脚排列图	图3－46a	图3－46b	图3－46c	图3－46b	图3－46a

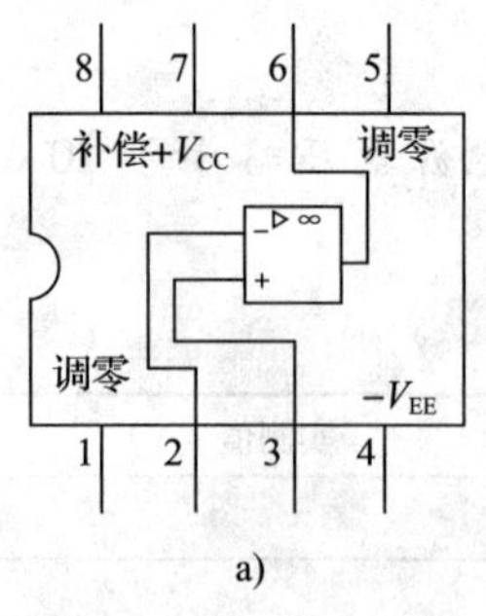

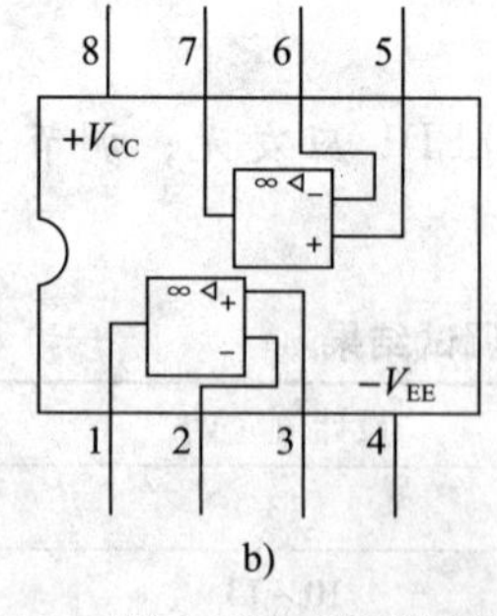

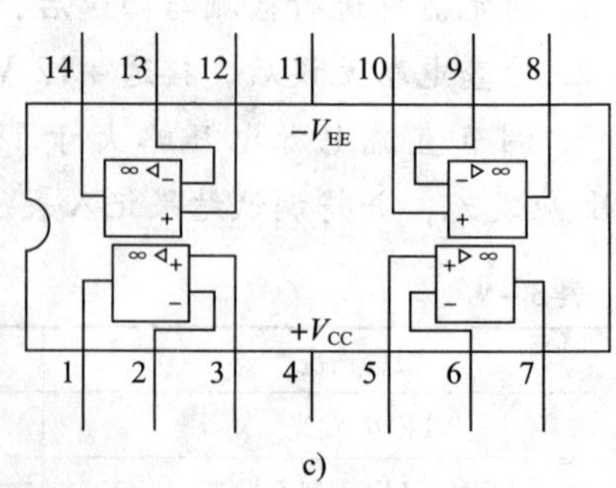

图3－46　集成运放引脚排列

a）μA741、CA3140　b）LM358、TL082　c）LM324

二、质量检测

1. 用万用表检测

用万用表 $R \times 100\ \Omega$ 或 $R \times 1\ \text{k}\Omega$ 挡测量集成运放同相输入端与反相输入端间的正反向电阻、各引脚与输出端间正反向电阻、各引脚与正电源端及负电源端的正反向电阻，然后通过查阅手册或说明书，将所测阻值与同型号集成运放参考值相比较，如果相差很大，甚至出现短路和断路现象，一般是集成运放已损坏。

2. 用测试电路检测

将集成运放接成如图 3－47 所示电压跟随器。接通电源，用万用表直流电压挡测量输出电压。调节 RP，输出电压应能在 0～V_{CC} 的范围内变化，如果调节时输出电压不变或变化很小，表明集成运放已损坏。

3. 用专用仪器检测

如图 3－48 所示为 LEAPER－2 型线性 IC 测试仪。只要将集成运放插入，然后按下“AUTO”键即可显示集成电路型号和种类，按下“TEST”键即可显示“PASS”或“FAIL”，操作方便快捷，测试结果简单明了。

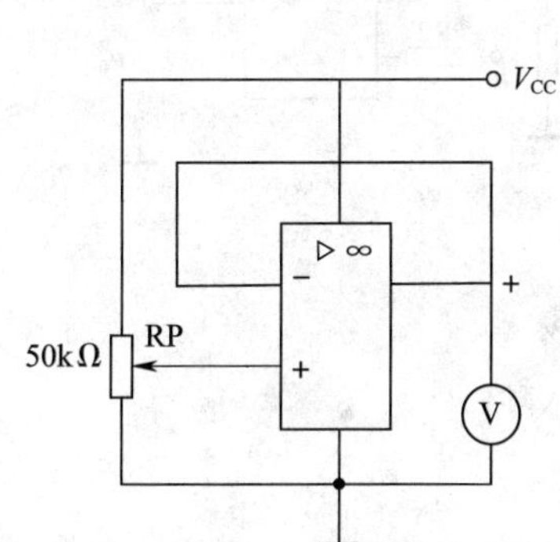

图 3－47　集成运放简易检测

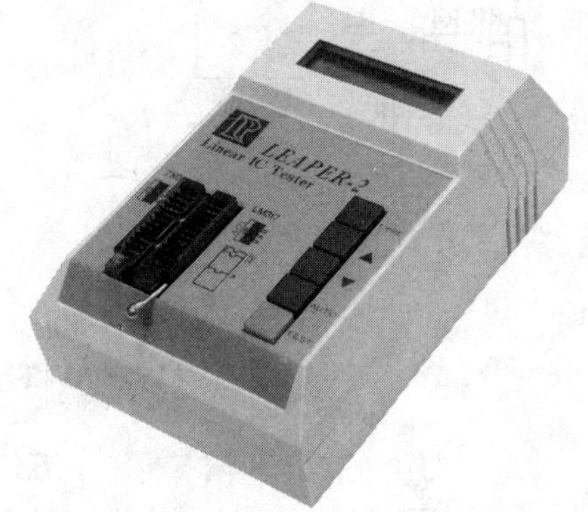

图 3－48　LEAPER－2 型线性 IC 测试仪

三、正确接线

集成运放型号一经选定后，应查阅相关手册，熟悉各引脚功能和接线方法。特别要注意电源接法：有的运放用单电源供电，有的运放可用单电源供电也可用双电源供电，还有的运放只能用双电源供电。正负电源电压值要相等，一般为 ±15 V，可以降低使用。供电方式一经确定后，电路的公共点（接地点）也就确定，接地时一定要注意，电路各处接地点就是该公共点。

四、调零

为了补偿由输入失调电压引起的误差，需要对集成运放进行调零。有的集成运放有专用的引出端外接调零电位器（见图 3－49），对于没有专用调零引出端的运放，可以另接辅助调零电路（见图 3－50）。如果电路已引入负反馈，调整电位器时输出电压无变化，则可能是接线错误、电路虚焊或集成运放损坏等原因造成。

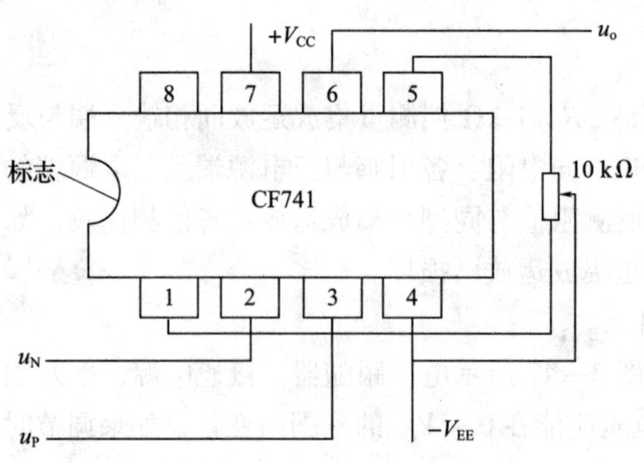

图 3－49　集成运放的调零

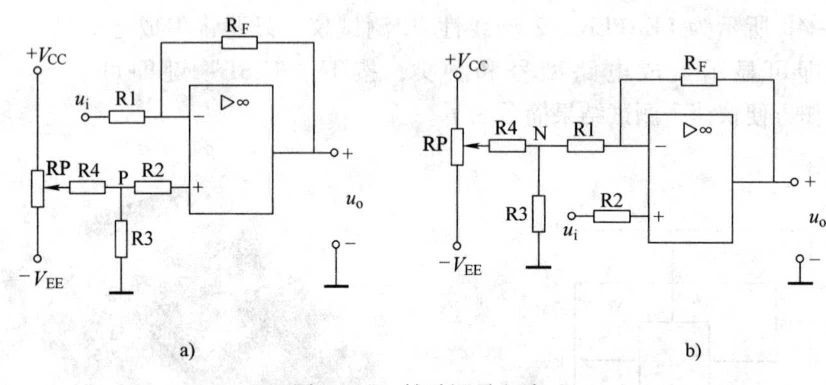

图 3－50　辅助调零电路
a）同相输入调零　b）反相输入调零

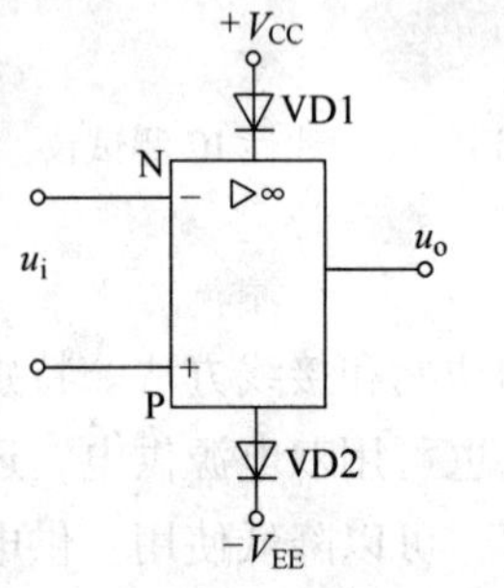

图 3－51　防止电源接反保护电路

五、保护电路

1. 防止电源接反保护

利用二极管单向导电性，在电源连线中串接二极管即可防止由于电源极性接反而造成的损坏，如图 3－51 所示。

2. 输入限幅保护

输入信号过大会影响集成运放的性能，甚至造成集成运放的损坏。可按如图 3－52 所示电路原理利用二极管对输入信号加以限制。在图 3－52a 所示电路中，无论输入信号的正向电压还是反向电压超过二极管导通电压，两只二极管中总会有一只导通，从而可限制输入信号幅度，起到输入限幅保护作用。

3. 输出端保护

为了防止输出端触及过高电压引起过流或击穿，可在集成运放输出端接双向稳压管加以保护，如图 3－53 所示。它一方面将集成运放与负载隔离开来，限制了输出电流；另一方面也将输出电压限制在 ± U_Z 以内，从而起到输出端保护作用。

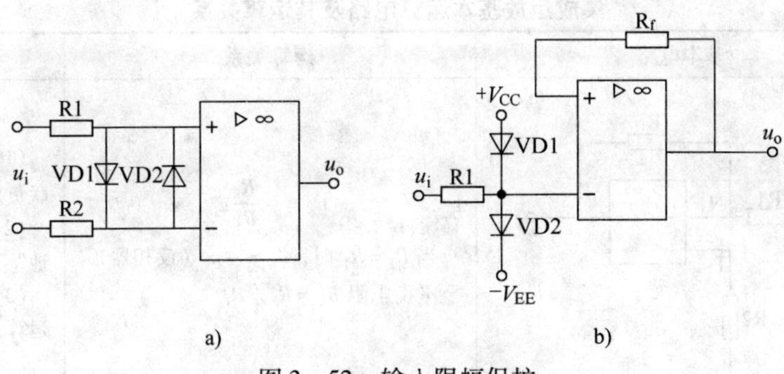

图 3-52　输入限幅保护

a）双端输入保护电路　b）单端输入保护电路

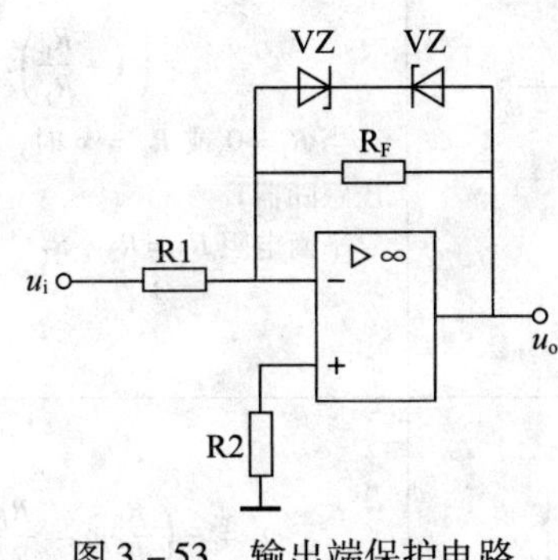

图 3-53　输出端保护电路

本章小结

1. 理想集成运放的电压传输特性

集成运放输出电压与输入电压之间的关系称为电压传输特性。理想集成运放的电压传输特性见表 3-11。

表 3-11　理想集成运放的电压传输特性

传输区域	传输特性	工作特点
线性区	输出电压 u_o 和输入电压 u_i 是线性关系，即 $u_o = A_o u_i = A_o\ (u_P - u_N)$	虚短——两输入电压 $u_N - u_P = 0$，$u_N = u_P$ 虚断——两输入端的输入电流为零，即 $i_N = i_P = 0$
非线性区	输出电压 u_o 只有两种可能，即 $+U_{om}$ 和 $-U_{om}$	“虚短”特性不再成立，即 $u_P \neq u_N$ 当 $u_P > u_N$ 时，$u_o = +U_{om}$ 当 $u_P < u_N$ 时，$u_o = -U_{om}$ “虚断”特性仍然成立，即 $i_N = i_P = 0$

2. 集成运放基本运算电路

集成运放工作于线性区且处于深度负反馈状态时，输出量与输入量之间呈线性关系，可组成多种运算电路，见表 3-12。

表 3-12　集成运放基本运算电路及其运算关系

运算名称	基本电路	运算关系	说明
反相比例运算	u_i R1 N P R2 R_f ▷∞ − + u_o	$u_o=-\frac{R_f}{R_1}u_i$ 当 $R_f=R_1$ 时，$u_o=-u_i$（反相器） 平衡电阻 $R_2=R_1/\!/R_f$	（1）R_f 引入电压并联负反馈 （2）反相输入端“虚地” （3）实现了反相比例运算
同相比例运算	R1 N P R2 u_i R_f ▷∞ − + u_o	$u_o=\left(1+\frac{R_f}{R_1}\right)u_i$ 当 $R_f=0$ 或 $R_1=\infty$ 时，$u_o=u_i$（电压跟随器） 平衡电阻 $R_2=R_1/\!/R_f$	（1）R_f 引入电压串联负反馈 （2）实现了同相比例运算 （3）$A_{uf}\geqslant1$
反相加法运算	u_{i1} R1 u_{i2} R2 R′ R_f ▷∞ − + u_o	$u_o=-\left(\frac{R_f}{R_1}u_{i1}+\frac{R_f}{R_2}u_{i2}\right)$ 当 $R_f=R_1=R_2$ 时，$u_o=-(u_{i1}+u_{i2})$ 平衡电阻 $R_2=R_1/\!/R_2/\!/R_f$	（1）与反相比例运算电路的特点相同 （2）实现了加法运算
减法运算	u_{i1} R1 N u_{i2} R2 P R3 R_f ▷∞ − + u_o	$u_o=\left(1+\frac{R_f}{R_1}\right)\left(\frac{R_3}{R_2+R_3}\right)u_{i2}-\frac{R_f}{R_1}u_{i1}$ 当 $R_1=R_2$，$R_3=R_f$ 时； $u_o=\frac{R_f}{R_1}(u_{i2}-u_{i1})$ 平衡电阻应满足 $R_3/\!/R_2=R_1/\!/R_f$	（1）R_f 对 u_{i1} 构成电压并联负反馈，对 u_{i2} 构成电压串联负反馈 （2）它由同相比例放大和反相比例放大组合而成 （3）实现了减法运算
积分运算	u_i i_R R1 N R′ i_C C ▷∞ − + u_o	$u_o=-u_C=-\frac{1}{C}\int i_C\mathrm{d}t$ $=-\frac{1}{RC}\int u_i\mathrm{d}t$	（1）当输入信号为方波信号时，输出信号为三角波 （2）可以实现延时、定时和波形变换

续表

运算名称	基本电路	运算关系	说明
微分运算	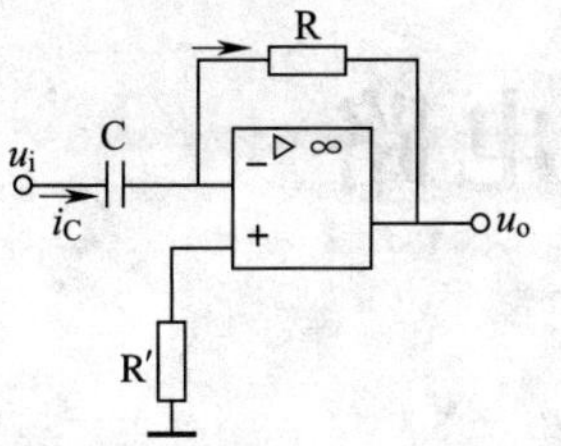 R, C, u_i, i_C, u_o, R′	$u_o = -i_R R = -RC\frac{du_i}{dt}$	(1) 当输入信号为方波信号时，输出信号为尖脉冲波 (2) 用于产生控制脉冲

3. 各种电压比较器的比较

各种电压比较器有两个共同点：

(1) 集成运放处于开环状态或引入了正反馈，工作于非线性区。

(2) 输入信号是模拟量，输出信号是数字量高电平（$+U_{om}$）或低电平（$-U_{om}$）。

各种电压比较器的区别，在于它们的传输特性不同，门限电压也不同，见表 3－13。

表 3－13　各种电压比较器的比较

	过零比较器	单门限比较器	迟滞比较器	窗口比较器
传输特性	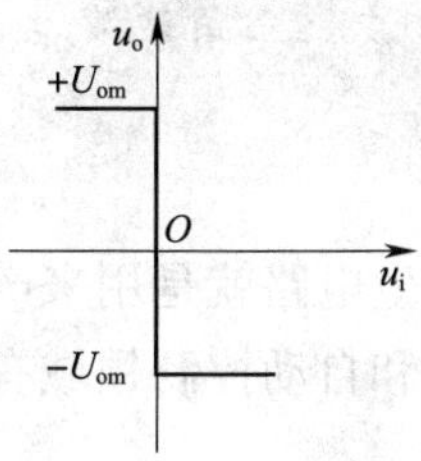 u_o, $+U_{om}$, O, u_i, $-U_{om}$	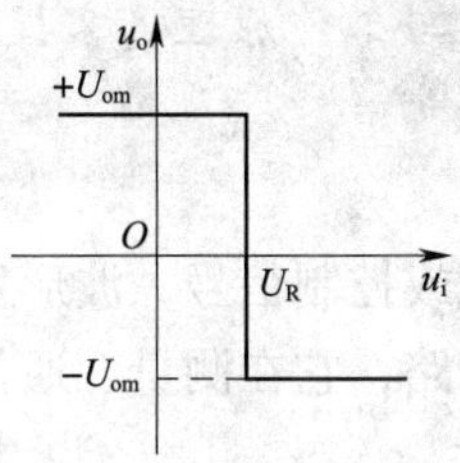 u_o, $+U_{om}$, O, U_R, u_i, $-U_{om}$	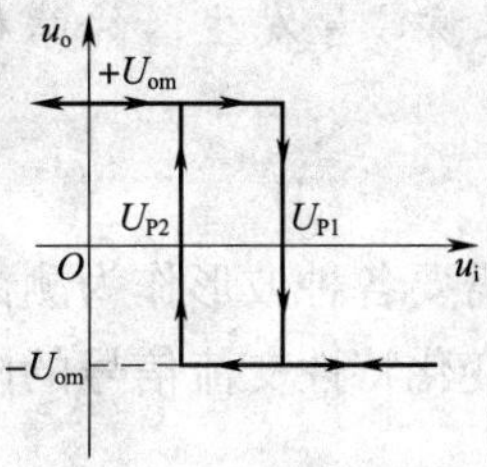 u_o, $+U_{om}$, U_{P2}, U_{P1}, O, u_i, $-U_{om}$	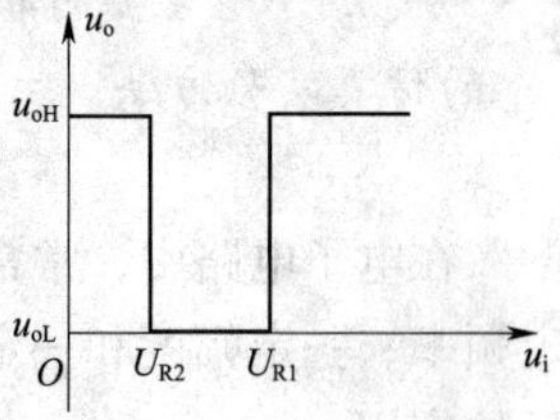 u_o, u_{oH}, u_{oL}, O, U_{R2}, U_{R1}, u_i
门限电压	$U_R=0$ V	只有一个门限电平 U_R	u_i逐渐增大时：U_{P1} u_i逐渐减小时：U_{P2} 回差电压 $\Delta U_P = U_{P1} - U_{P2}$	有两个门限电压： 上门限电压 U_{R1} 下门限电压 U_{R2}
电路特点	当 u_i 经过 0 V 时，u_o发生跳变。电路简单，灵敏度高，但抗干扰能力差	当 u_i 等于 U_R时，u_o 发生跳变。电路简单，灵敏度高，但抗干扰能力差	当 u_i 逐渐增大以及逐渐减小时，门限电压不同，传输特性呈迟滞曲线状，抗干扰能力强	当 u_i 单方向变化时，u_o 将发生两次跳变。传输特性呈窗口形

第四章 波形发生电路

学习目标

1. 掌握正弦波振荡电路产生自激振荡的条件及其判断方法。

2. 了解 RC 桥式振荡器的特点和工作原理，会装配和调试 RC 桥式振荡器。

3. 熟悉电感三点式、电容三点式等 LC 振荡电路的组成，会装配和调试 LC 振荡器。

4. 了解石英晶体振荡器的特点和频率稳定的原理，会装配和调试石英晶体振荡器。

5. 了解主要的非正弦信号发生器的结构与工作原理，掌握方波、三角波发生器的仿真实验方法。

在电子电路中，常常需要各种波形作为测试或控制信号，波形发生电路就是用来产生一定频率、一定幅度和一定变化特性交流信号的电路，它在测量、通信和自动控制领域有着广泛的应用。

本章所介绍的波形发生电路，包括正弦波振荡电路和非正弦波发生电路。

§4－1 正弦波振荡电路基本原理

能产生正弦波信号的振荡电路称为正弦波振荡电路，它广泛应用于多种电子设备中，例如无线电发射机中的载波信号源、超外差收音机中的本振信号源、数字系统中的时钟信号源、微波炉中的高频信号源和半导体接近开关等。

一、正弦波振荡电路的基本组成

如图 4－1 所示为正弦波振荡电路的组成框图。

当开关 S 接“1”时，输入信号 u_i经基本放大电路放大，在输出端得到一个较大的输出信号 u_o。这时如果将开关 S 瞬间接“2”，从输出端引入正反馈信号 u_f，并使 u_f与原输入信号 u_i大小相等、相位相同，则整个电路在去掉输入信号 u_i的情况下，即可依靠反馈信号 u_f而持续输出稳定的信号。

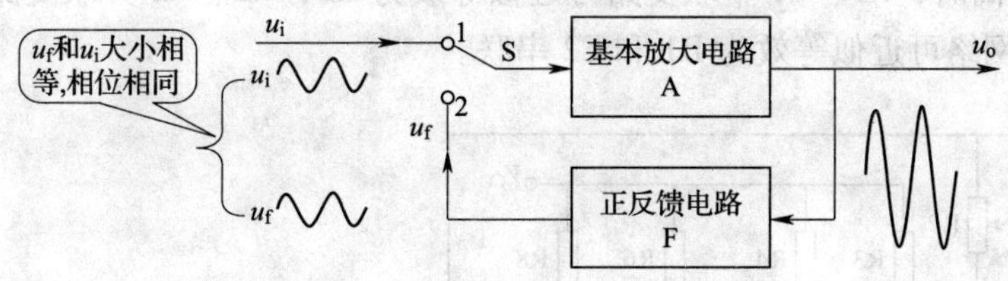

图4-1　正弦波振荡电路组成框图

由图可以看出，正弦波振荡电路由一个**基本放大电路**和一个**正反馈电路**（或称**正反馈网络**）组成。但要产生单一频率的正弦波，还必须有**选频电路**（或称**选频网络**）。此外，还要有**稳幅环节**，以保证输出信号的稳定。对于分立元件组成的振荡电路，常常依靠晶体管的非线性和引入负反馈来实现稳幅作用。

二、自激振荡的条件

由于自激振荡电路无须外加信号而是用反馈信号作为输入信号，因此要形成等幅振荡必须保证每次回送的反馈信号与原输入信号完全相同，即不仅要振幅相同，而且相位也要相同，所以振荡电路的自激振荡条件实际应包含以下两个方面：

1. 振幅平衡条件

根据反馈信号与输入信号大小相等的要求，设放大电路电压放大倍数为 A，反馈系数为 F，则有 $u_f = AFu_i = u_i$，可得：

$$AF = 1$$

一般取 $AF \geqslant 1$，这样便于电路起振。

2. 相位平衡条件

根据反馈信号与输入信号相位相同的要求，基本放大电路与反馈网络的总相移必须等于 2π 的整数倍，即

$$\varphi_A + \varphi_F = 2n\pi \text{（} n \text{ 为整数）}$$

这样引入的反馈才是正反馈。

振荡电路只有同时满足幅度平衡条件和相位平衡条件才有可能起振。

三、分立元件组成的 RC 桥式振荡电路

电路如图 4-2 所示，其中 VT1 和 VT2 组成两级共射放大电路，RC 串并联网络既是正反馈网络又是选频网络，RP、R_f、R5 引入电压串联负反馈，起稳幅作用。

1. RC 串并联网络的选频作用

在 RC 桥式振荡电路中，一个正反馈支路和一个负反馈支路恰好形成电桥的 4 个桥臂，如图 4-3 所示，RC 桥式振荡电路的名称即由此而来。

RC 桥式振荡电路中的 RC 串并联网络是一种特殊的选频网络，其等效电路如图 4-4 所示。

当输入信号频率较低时，$\frac{1}{\omega C_1} \gg R_1$，$\frac{1}{\omega C_2} \gg R_2$，所以 R1、C1 串联支路可近似等效为 C1，R2、C2 并联支路可近似等效为 R2，RC 串并联网络可等效为 C1 和 R2 串联。同理，当

输入信号频率较高时，R1、C1 串联支路可近似等效为 R2，R2、C2 并联支路可近似等效为 C2，RC 串并联网络可近似等效为 R1 和 C2 串联。

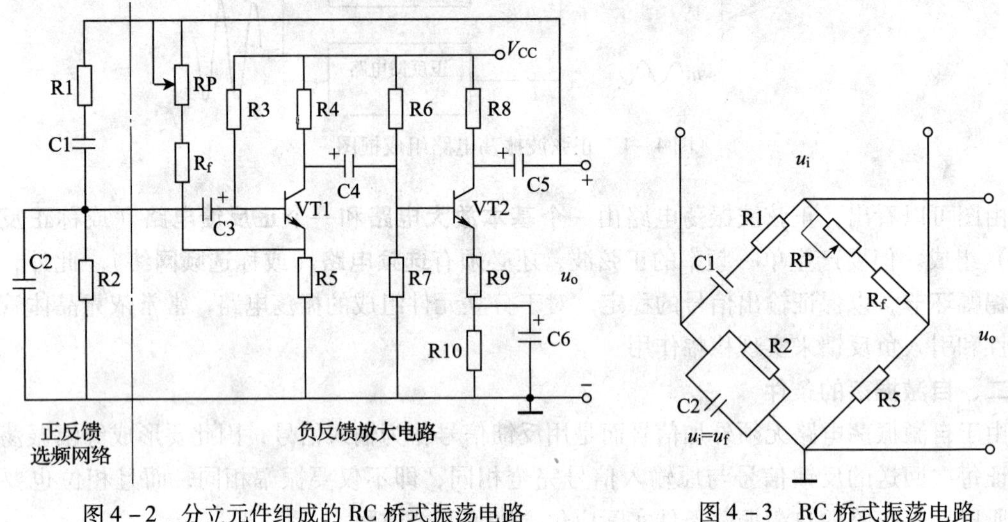

图 4－2　分立元件组成的 RC 桥式振荡电路　　图 4－3　RC 桥式振荡电路

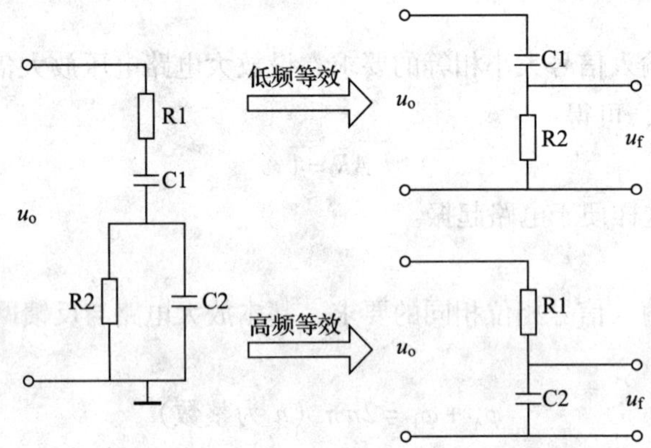

图 4－4　RC 串并联网络的低频、高频等效电路

如图 4－5a、b 所示分别为 RC 串并联网络的幅频特性和相频特性。当输入信号的频率偏低或偏高时，输出信号的幅度都要减小，输出电压的相移接近 +90°变化或接近 －90°变化。由于该频率特性曲线是连续的，显然，在中间必然存在某一频率点 f_0，在该频率点上，**输出电压幅度最大**（$u_f/u_o=1/3$），**相移为零**。

2. 电路工作原理

电路输出信号经过 R1、C1、R2、C2 串并联选频网络反馈到输入端，相移为零，形成正反馈，满足相位平衡条件；同时，两级放大器也很容易满足幅度平衡条件（$A=3$），所以电路很容易起振。电路的振荡频率取决于选频网络中 R1、C2、R2、C2 的数值。当 $R_1=R_2=R$、$C_1=C_2=C$ 时，电路的振荡频率为

$$f_0=\frac{1}{2\pi RC}$$

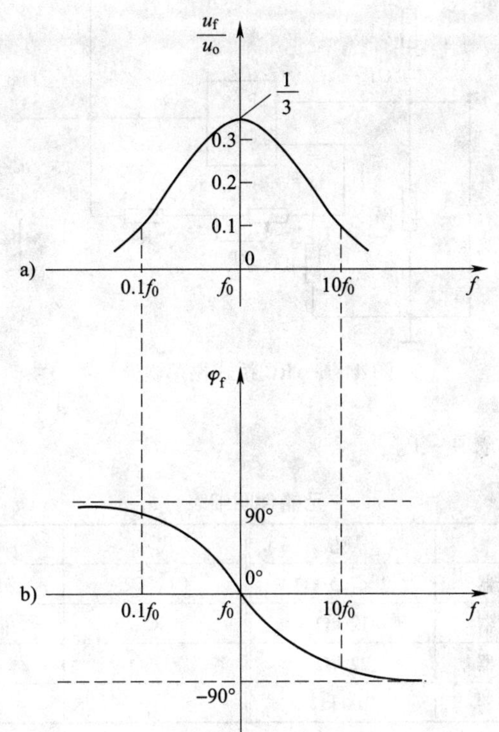

图 4－5　RC 串并联网络的频率特性

a）幅频特性　b）相频特性

3. 稳幅环节

电路中 RP、R_f、R5 构成电压串联负反馈，不仅可以降低放大器的放大倍数，提高放大器的稳定性，还能提高输入电阻，降低输出电阻，并起到稳幅的作用。但必须注意，若负反馈量过大，会使电路停振；反之，若负反馈量过小，输出信号幅度过大，则容易引起波形失真。

用集成运放组成 RC 桥式振荡电路

一、电路分析

该 RC 桥式振荡电路如图 4－6 所示。

集成运放组成同相比例运算放大器，R1、C1、R2 和 C2 组成的 RC 串并联网络既是正反馈网络又是选频网络，R3、R4、RP 引入电压串联负反馈，起到稳幅的作用。

二、器材准备

1. 双踪示波器、数字频率计、双路直流稳压电源各一台。
2. 安装有 Multisim 仿真软件的计算机一台。

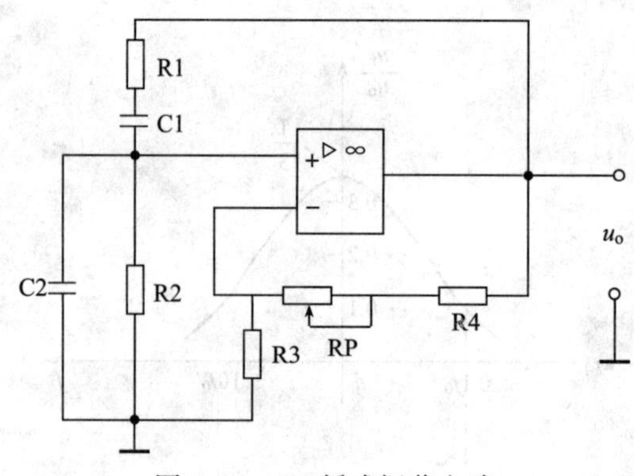

图 4－6　RC 桥式振荡电路

3. 实验元器件明细见表 4－1。

表 4－1　　　　　　　　　　　　**元器件明细表**

代号	名称	规格	代号	名称	规格
R1、R2	碳膜电阻器	2×7.5 kΩ	C1、C2	涤纶电容器	2×0.02 μF
R3	碳膜电阻器	12 kΩ	IC	集成运放	CF741
R4	碳膜电阻器	22 kΩ	—	插座	8 脚
RP	微调电阻器	2.4 kΩ			

三、安装调试

1. 对元器件进行检测和筛选后，在多孔板上安装焊接电路。

2. 接通电源，调节 RP，使示波器显示无明显失真的波形。

3. 测量输出信号频率为______Hz；根据公式计算频率为______Hz。

4. 测得输出电压 u_o 的峰－峰值为______V，反馈电压 u_F 的峰－峰值为______V。

四、应用 Multisim 软件进行仿真实验

该仿真实验电路如图 4－7 所示。

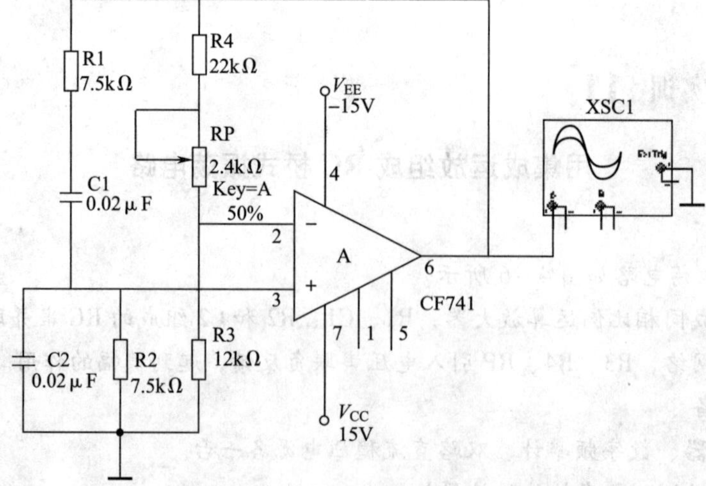

图 4－7　Multisim 仿真实验电路图

1. 改变 R_P 的大小，可以看到 R_P 较小时，电路不能起振。逐渐增大 R_P，当 R_P 达到一定值时，电路开始起振。当 R_P 较大时，输出波形出现明显的非线性失真。

2. 当 R_4+R_P 为某一值时，输出波形无明显非线性失真，如图 4-8 所示，此时，$R_4+R_P=24.125\ \text{k}\Omega$。

3. 改变 R_1、R_2、C_1、C_2 的大小，正弦波频率也随之变化。

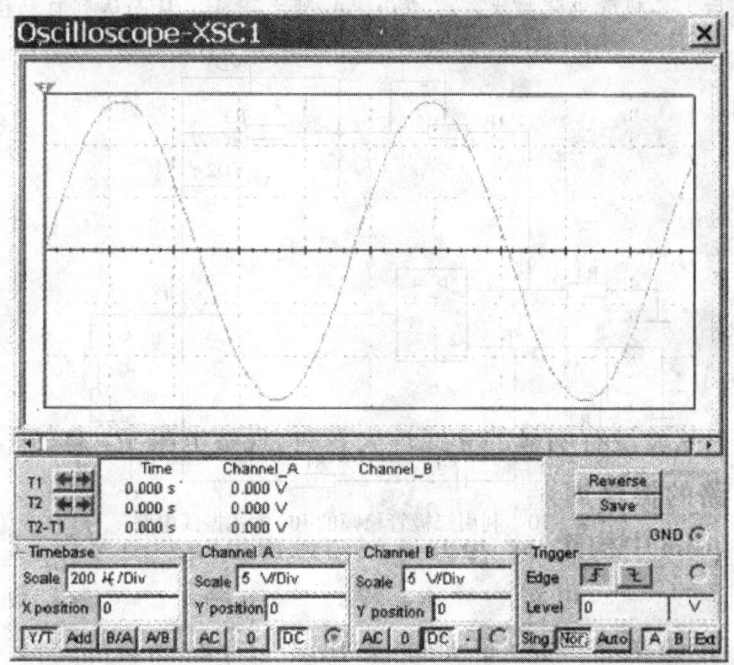

图 4-8　Multisim 仿真实验波形图

知识拓展

RC 桥式振荡电路中的稳幅环节

1. 利用热敏电阻稳幅

电路如图 4-9 所示。图中 R_t 是具有负温度系数的热敏电阻。当振荡电路刚起振时，R_t 温度低，阻值大，引入负反馈量小，电压放大倍数大，$AF>1$，有利于电路起振。随着振幅增大，R_t 温度上升，阻值减小，负反馈增强，电压放大倍数也减小，直到振荡器进入平衡状态，保持等幅振荡。

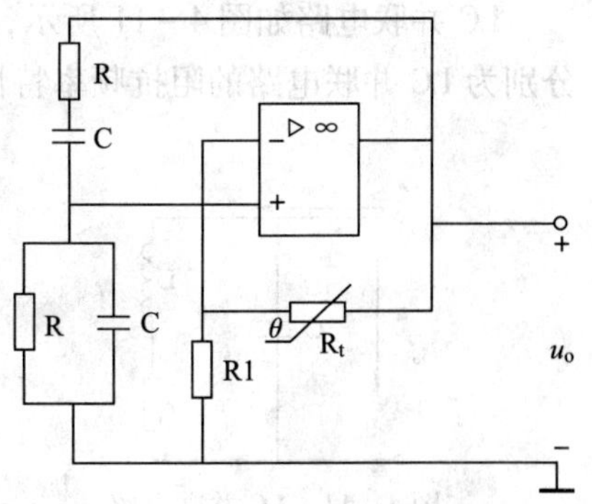

图 4-9　利用热敏电阻稳幅的 RC 桥式振荡电路

2. 利用二极管稳幅

除了利用热敏电阻外，利用二极管的非线性也能实现自动稳幅，电路如图 4-10 所示。在负反馈电路中，二极管 VD1、VD2 与电阻 R3 并联，无论输出信号是正

还是负，总有一只二极管导通。设两只二极管参数一致，正向交流电阻均为 r_d，则集成运放的闭环放大倍数为

$$A_f = 1 + \frac{R_P + R_3 /\!/ r_d}{R_4}$$

该电路刚起振时，输出电压幅值较小，二极管 r_d 较大，A_f 也较大，有利于起振。当输出电压幅值增大后，二极管电流增大，r_d 减小，A_f 随之下降，从而达到自动稳幅的目的。

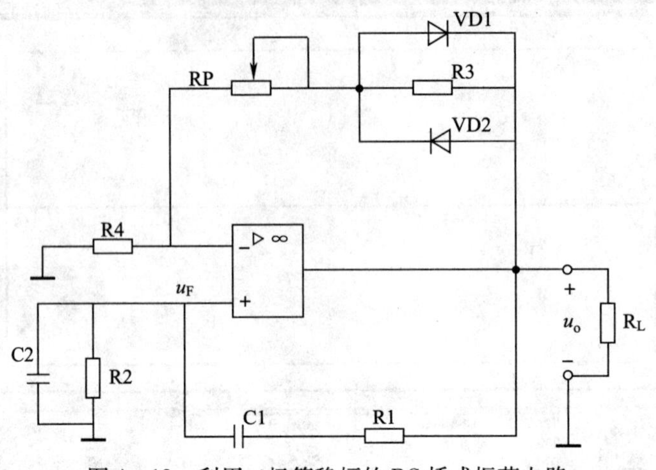

图 4－10　利用二极管稳幅的 RC 桥式振荡电路

§4－2　LC 正弦波振荡电路

RC 桥式振荡电路适用于产生几百赫兹以下的正弦波信号，如果需要更高频率的正弦波信号，可采用 LC 正弦波振荡电路。常用的 LC 正弦波振荡电路有变压器反馈式、电感三点式和电容三点式三种，它们的共同特点是都采用 LC 并联谐振回路作为选频网络。

一、LC 并联电路的选频特性

LC 并联电路如图 4－11 所示，其中 r 是电感线圈 L 的等效损耗电阻。如图 4－12 所示分别为 LC 并联电路的阻抗频率特性曲线和相位频率特性曲线。

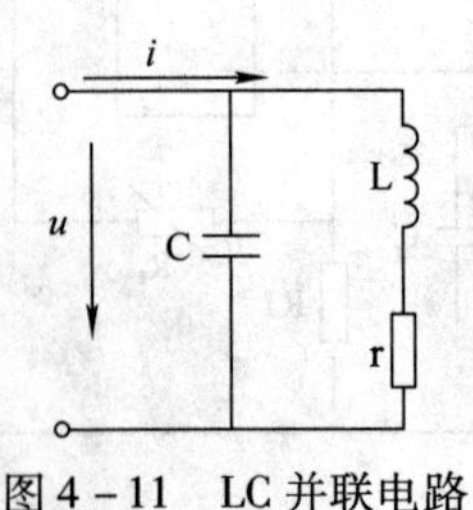

图 4－11　LC 并联电路

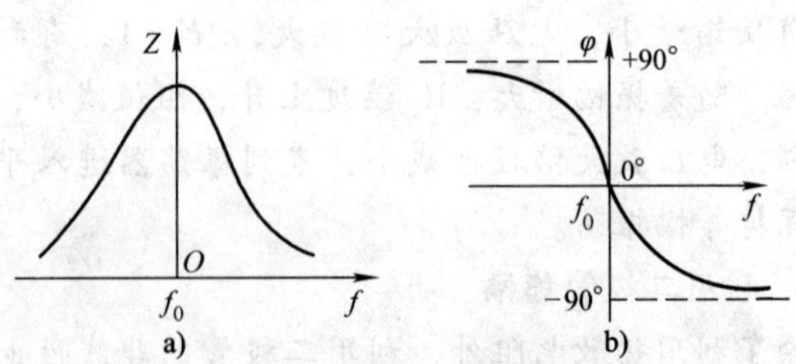

图 4－12　LC 并联电路的选频特性

a）阻抗频率特性　b）相位频率特性

当信号频率$f=f_0=\dfrac{1}{2\pi\sqrt{LC}}$时，电路发生谐振，LC并联电路呈纯电阻性，等效阻抗值达到最大，附加相移$\varphi_0=0$。当$f<f_0$时，$\varphi>0$，电路呈电感性；$f>f_0$时，$\varphi<0$，电路呈电容性。而且这两种情况下，LC并联电路的等效阻抗值都将减小。

由于LC并联电路具有选频特性，因此，可以利用LC并联电路作为选频网络组成正弦波振荡电路。

在LC选频电路中，感抗X_L或容抗X_C与等效损耗电阻r之比定义为**品质因数**，用Q表示，即$Q=X_L/r$或$Q=X_C/r$。r越小，则Q值越大，阻抗频率特性曲线就越尖锐，LC并联电路的选频特性也就越强。

二、变压器反馈式LC振荡电路

一般来说，LC正弦波振荡电路也包括基本放大电路、正反馈网络、选频网络和稳幅环节等组成部分。如果利用一个变压器与LC选频网络耦合，将反馈信号送到放大电路的输入端，这样组成的振荡电路称为变压器反馈式LC振荡电路。

1. 共射变压器反馈式LC振荡电路

电路如图4－13所示，采用瞬时极性法判断电路是否满足相位平衡条件，假设三极管输入信号瞬时极性为“＋”，由于LC回路谐振时为纯阻性，因此三极管集电极瞬时极性为“⊖”，反馈线圈L1的同名端瞬时极性为“⊕”，反馈到输入端，与输入信号极性相同，满足相位平衡条件。

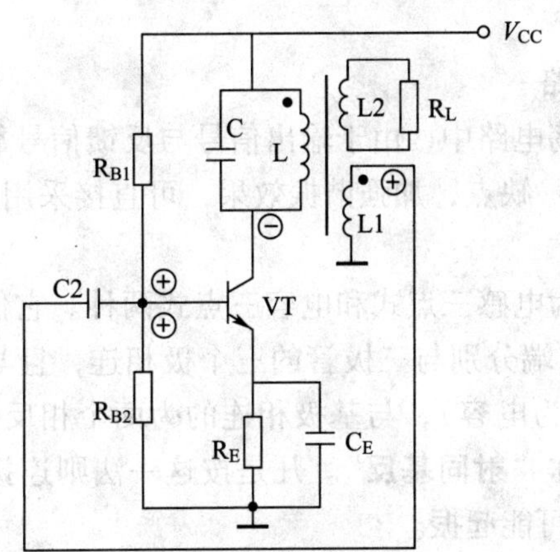

图4－13　共射变压器反馈式LC振荡电路

一般情况下，只要三极管的电流放大系数β合适，L1与L的匝数比合适，即可满足振幅平衡条件。该电路振荡频率为

$$f_0=\frac{1}{2\pi\sqrt{LC}}$$

共射变压器耦合式LC振荡电路功率增益高，容易起振，但由于共射电流放大系数随工作频率的增高而急剧降低，所以当改变频率时，振荡幅度将随之变化，因此常用于固定频率的场合。

2. 共基变压器反馈式 LC 振荡电路

该电路如图 4－14 所示，仍采用瞬时极性法判断电路能否起振。由于采用共基电路，信号是由发射极输入。假设发射极输入信号瞬时极性为“＋”，则三极管集电极瞬时极性为“＋”，反馈线圈 L1 的同名端瞬时极性为“⊕”，引入正反馈，满足相位平衡条件。合理调节 L1 的匝数或 L 与 L1 两个绕组之间的距离即可满足振幅平衡条件。

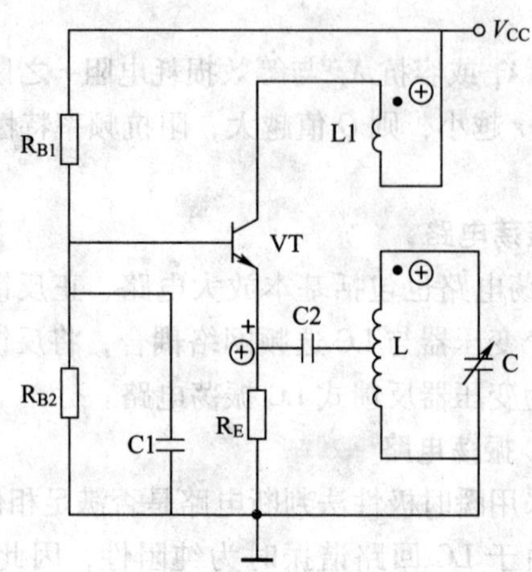

图 4－14　共基变压器反馈式 LC 振荡电路

共基变压器耦合式 LC 振荡电路输出波形较好，振荡频率调节方便，一般采用固定电感与可变电容配合调节。

三、三点式 LC 振荡电路

在变压器反馈式 LC 振荡电路中，由于输出信号与反馈信号靠磁路耦合，因而耦合不紧密，损耗较大。为了克服这一缺点，加强谐振效果，可直接采用从 LC 选频网络引出反馈信号的三点式振荡电路。

三点式 LC 振荡电路分为电感三点式和电容三点式两种。它们的共同点是：在交流通路中，LC 谐振回路的三个引出端分别与三极管的三个极相连，且与发射极相连的为两个相同性质的电抗（同为电感或同为电容），与基极相连的为两个相反性质的电抗（一个为电感，一个为电容），这一接法俗称“**射同基反**”。凡是按这一法则连接的三点式振荡电路，必定满足相位平衡条件，否则不可能起振。

1. 电感三点式振荡电路

如图 4－15a、b 所示分别是电感三点式振荡电路和交流通路。由图可见，接法符合“射同基反”原则。如图 4－15c 所示是集成运放组成的电感三点式振荡电路。

LC 谐振回路接在三极管的基极和集电极之间，谐振时 LC 回路呈纯阻性。采用瞬时极性法判断电路是否满足相位平衡条件，设基极瞬时极性为“＋”，则集电极瞬时极性为“⊖”，反馈信号瞬时极性为“⊕”，形成正反馈，满足相位平衡条件。改变绕组抽头位置，可调节正反馈量的大小，从而可调节输出幅度，满足振幅平衡条件。该电路振荡频率为

$$f_0 = \frac{1}{2\pi\sqrt{(L_1 + L_2 + 2M)C}}$$

式中 M 为 L1 和 L2 之间的互感。由于 L1 和 L2 之间耦合很紧，故电路容易起振，输出幅度较大。谐振电容通常采用可变电容器，以便于调节振荡频率，工作频率可达几十兆赫。但因反馈电压取自电感，输出信号中含有的高次谐波较多，波形较差，故常用于对波形要求不高的振荡器中。

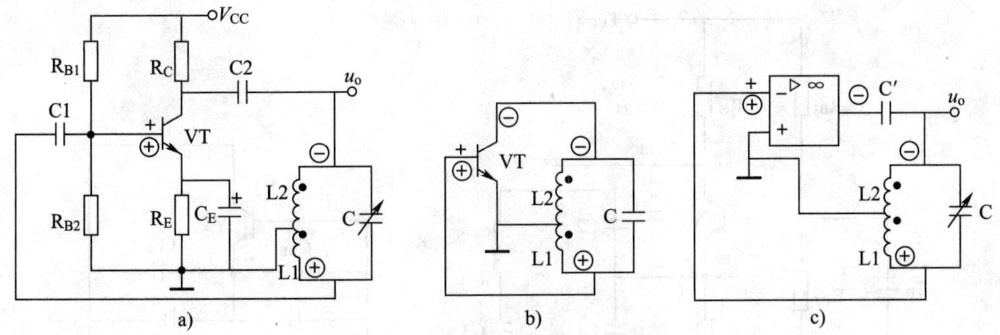

图 4－15 电感三点式振荡电路

a）分立元件组成的电路 b）交流通路 c）集成运放组成的电路

2. 电容三点式振荡电路

如图 4－16 所示是电容三点式振荡电路及交流通路，其电路工作原理的分析与电感三点式振荡电路相似，振荡频率为

$$f_0 = \frac{1}{2\pi\sqrt{L\frac{C_1C_2}{C_1 + C_2}}}$$

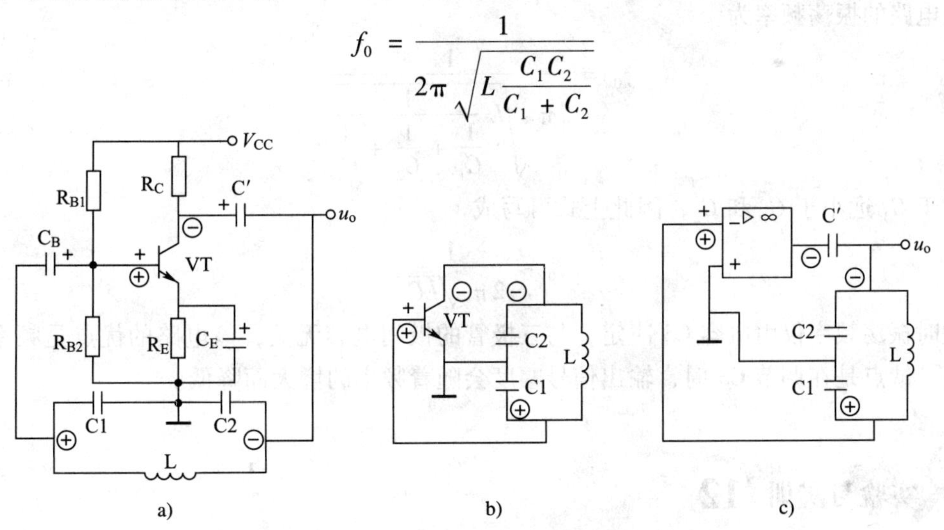

图 4－16 电容三点式振荡电路

a）分立元件组成的电路 b）交流通路 c）集成运放组成的电路

由于 C1 和 C2 的电容量可以取得较小，所以振荡频率可以很高，一般可达 100 MHz 以上。又由于反馈信号取自电容，所以反馈信号中所含的高次谐波较少，输出波形较好。其缺点是调节频率不便，因为电容量的大小既影响振荡频率，又影响反馈量，即影响起振条件，

所以调节电容有可能造成停振。此外，当振荡频率较高时，三极管的极间电容 C_{BE} 和 C_{CE} 将分别成为 C1、C2 的一部分，由于三极管的极间电容会随着温度等因素变化，所以会影响振荡频率的稳定性。

3. 改进型电容三点式振荡电路

为了减小三极管极间电容的影响，提高电容三点式振荡器的频率稳定性，常采用如图 4－17 所示的改进型电容三点式振荡电路。

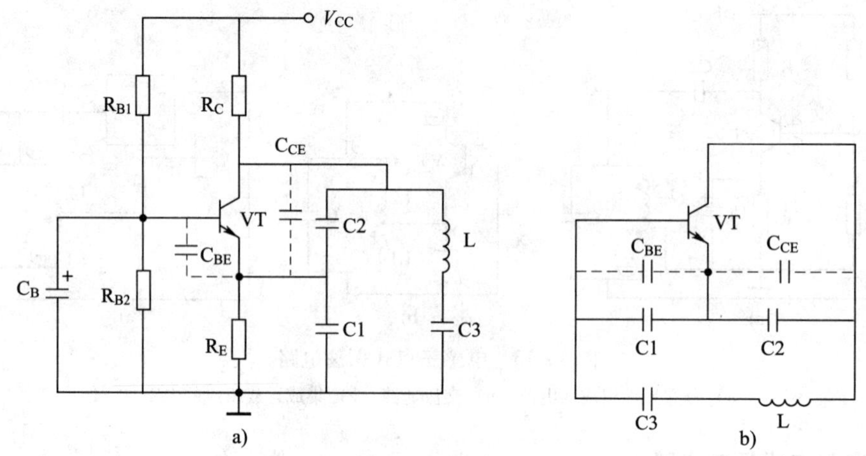

图 4－17　改进型电容三点式振荡电路

a）电路图　b）交流通路

该电路的振荡频率为

$$f_0 = \frac{1}{2\pi\sqrt{L\dfrac{1}{\dfrac{1}{C_1}+\dfrac{1}{C_2}+\dfrac{1}{C_3}}}}$$

由于 C_3 远小于 C_1 和 C_2，因此上式可写成

$$f_0 \approx \frac{1}{2\pi\sqrt{LC_3}}$$

这时振荡频率仅由电容 C3 决定，与三极管的极间电容无关，该电路的优点是频率稳定性提高。缺点是在调节 C3 时，输出信号幅度会随着频率的增大而降低。

电容三点式振荡电路的安装与调试

一、实训电路

电容三点式振荡电路如图 4－18 所示。

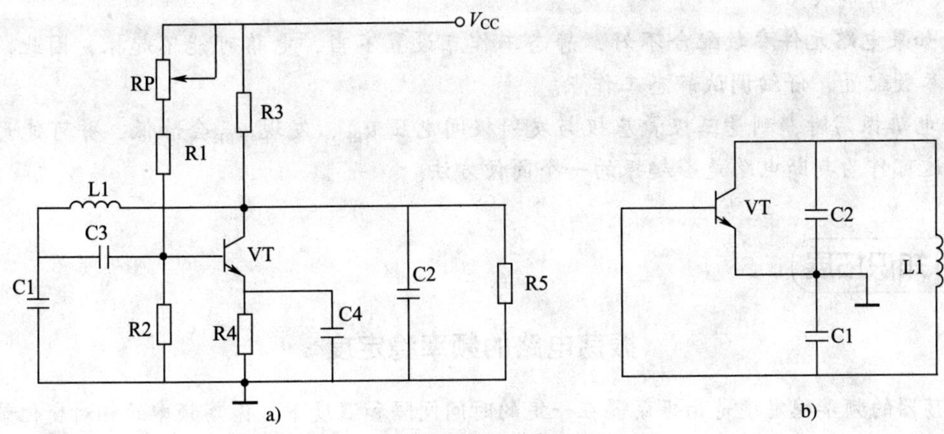

图 4-18 电容三点式振荡电路

a) 电路图 b) 交流通路

二、器材准备

1. 示波器、数字频率计、直流稳压电源各一台。

2. 实验元器件明细见表 4-2。

表 4-2 **元器件明细表**

代号	名称	规格	代号	名称	规格
R1	碳膜电阻器	22 kΩ	RP	微调电阻器	47 kΩ
R2	碳膜电阻器	5.1 kΩ	C1、C2	涤纶电容器	2×0.01 μF
R3	碳膜电阻器	4.7 kΩ	C3、C4	电解电容器	2×0.1 μF
R4	碳膜电阻器	330 Ω	L1	电感器	330 μH
R5	碳膜电阻器	10 kΩ	VT	三极管	9013（或 3DG6）

三、安装调试

1. 对元器件进行检测和筛选后，安装焊接电路，检查无误后接通电源。

2. 调节电位器 RP，使电路正常起振，直至示波器显示不失真的信号波形。

3. 使用数字频率计测量信号频率，记入表 4-3 中。

表 4-3 **实验记录**

电感 L	测量值	计算值 $f_0=\dfrac{1}{2\pi\sqrt{L\dfrac{C_1C_2}{C_1+C_2}}}$
300 μH		
30 mH		

4. 根据公式计算频率值，并与测量值作比较。

5. 将电感换成 30 mH 的大电感，重复上述过程。

四、注意事项

1. 如果电路元件参数配合不好，静态工作点设置不当，电路可能不起振，因此，要注意元件参数配置，仔细调试静态工作点。

2. 电路振荡时，测量三极管基极与发射极间电压 u_{BE}，发现 u_{BE} 会降低，并可能形成负偏压，这可作为判断电路是否起振的一个简便方法。

振荡电路的频率稳定度

振荡器的频率稳定度是指振荡器在一定的时间间隔和温度下，振荡频率的相对变化量，即

$$S_f = \frac{\Delta f}{f_0} = \frac{|f - f_0|}{f_0}$$

式中 S_f 为频率稳定度；f_0 为振荡器标称频率；f 为经一定时间间隔后振荡器的实际振荡频率。时间间隔有长期（1 天以上乃至 1 年）、短期（1 天）、瞬时（秒级）之分。通常采用 1 天内振荡器振荡频率的相对变化量来比较振荡频率稳定度。

为了提高 LC 振荡器的稳定度，除了在电路结构上采用措施（如选用改进型电容三点式振荡器）外，还可以采取以下几项措施：

1. 采用高稳定度的稳压电源供电。

2. 提高 LC 振荡回路的 Q 值。

3. 采用受温度影响小的 L、C 元件或选用具有负温度系数的陶瓷电容器，以补偿温度给正温度系数电感带来的变化。

4. 缩短引线或采用贴片元器件，以减少分布电容和分布电感的影响。

5. 对谐振元件加以封闭屏蔽，以减小周围磁场带来的影响。

6. 在振荡器与不稳定负载之间接入射随器，以减小负载变化对振荡器的影响。

§4－3 石英晶体振荡电路

在一般振荡电路中，尽管采取了多种稳频措施，其频率稳定度也只能达到10^{-3}～10^{-5}数量级。当要求频率稳定度高于10^{-5}数量级时，就需要采用石英晶体振荡器，例如，标准信号发生器、脉冲计数器和计算机时钟信号发生器等。如图 4－19 所示为计算机网卡上的石英晶体振荡器。

一、石英晶体的特性

石英晶体振荡器极高的频率稳定度与石英晶体本身的特性有关。将天然的石英晶体按一定方向切割成很薄的晶片，再将晶片的两个相对表面抛光、镀银，并引出两个电极，加以封装就构成石英晶体振荡器，简称**晶振**。其结构、图形符号与外形如图 4－20 所示。

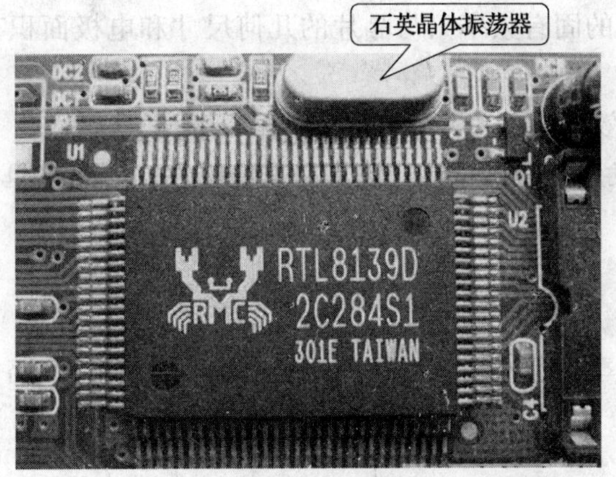

图 4－19　计算机网卡上的石英晶体振荡器

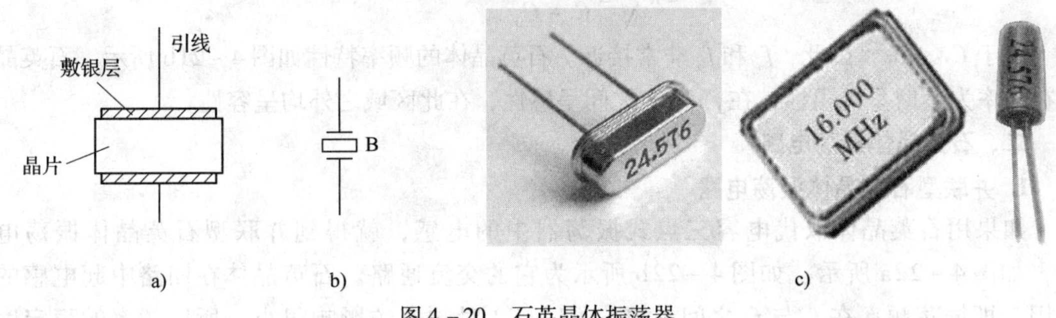

图 4－20　石英晶体振荡器

a）结构　b）图形符号　c）外形

1. 压电效应和压电谐振

当在石英晶体两极间加上交变电场时，晶片将会产生相应频率的机械变形；反之，当施加机械力使晶片产生机械振动时，晶片两极间也会出现相应的交变电场，这种物理现象称为压电效应。一般情况下，无论是机械振动还是交变电场，其幅度都很小。但是当外加交变电场的频率与石英晶体的固有频率相当时，机械振动的振幅会骤然增大，产生共振，这就是石英晶体的压电谐振。产生压电谐振时的频率称为石英晶体的谐振频率。

2. 等效电路和振荡频率

石英晶体的等效电路如图 4－21a 所示。当晶体不振动时，可等效为一个平板电容 C_0，称为静态电容，其值为几皮法到几十皮法。当晶体振动时，可用电感 L 或电容 C 分别等效晶体振动时的惯性和弹性，用电阻 R 等效晶体振动时的摩擦损耗。一般 L 为 $1\times10^{-3}\sim1\times10^{-2}$ H，C 为 $1\times10^{-2}\sim1\times10^{-1}$ pF，R 约为 100 Ω。由于 L 很大，C 和 R 很小，根据 $Q=\frac{1}{R}\sqrt{\frac{L}{C}}$ 可知，回路的品质因数 Q 值极高，为 1 ×

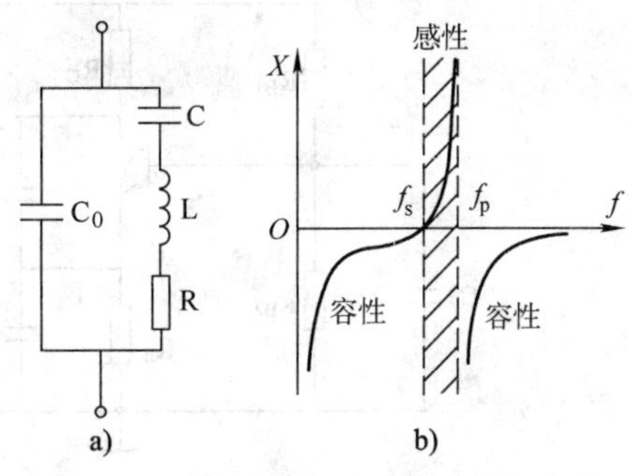

图 4－21　石英晶体的等效电路和频率特性

a）等效电路　b）频率特性

$10^4 \sim 1 \times 10^6$，而且晶体的固有频率只与晶片的几何尺寸和电极面积有关，所以可以做得很精确、很稳定。

分析石英晶体的等效电路可知，它有两个谐振频率。

（1）当 LCR 支路发生串联谐振时，该支路呈纯阻性，等效电阻为 R，阻抗最小，串联谐振频率为

$$f_s = \frac{1}{2\pi\sqrt{LC}}$$

（2）当外加信号频率高于 f_s 时，LCR 支路呈电感性，与 C_0 支路发生并联谐振，并联谐振频率为

$$f_p = \frac{1}{2\pi\sqrt{L\frac{CC_0}{C+C_0}}} = f_s\sqrt{1+\frac{C}{C_0}}$$

由于 $C \ll C_0$，因此，f_s 和 f_p 非常接近。石英晶体的频率特性如图 4－21b 所示。石英晶体在频率为 f_s 时呈纯阻性，在 f_s 和 f_p 之间呈感性，在此区域之外均呈容性。

二、石英晶体振荡电路

1. 并联型石英晶体振荡电路

如果用石英晶体取代电容三点式振荡器中的电感，就得到并联型石英晶体振荡电路，如图 4－22a 所示。如图 4－22b 所示为它的交流通路。石英晶体在回路中起电感的作用，即振荡频率在 f_s 与 f_p 之间。电容 C1、C2 对频率的影响很小，所以频率的稳定度很高。

2. 串联型石英晶体振荡电路

图 4－23 所示为串联型石英晶体振荡电路。石英晶体接在由三极管构成的两个放大器之间，形成正反馈选频网络。只有在石英晶体呈纯阻性，即发生串联谐振时，电路才满足相位平衡条件。所以，电路的谐振频率即为石英晶体的串联谐振频率。适当调节 RP 可控制反馈量的大小，使电路既满足振幅平衡条件，又不致因反馈过强而使输出波形失真。

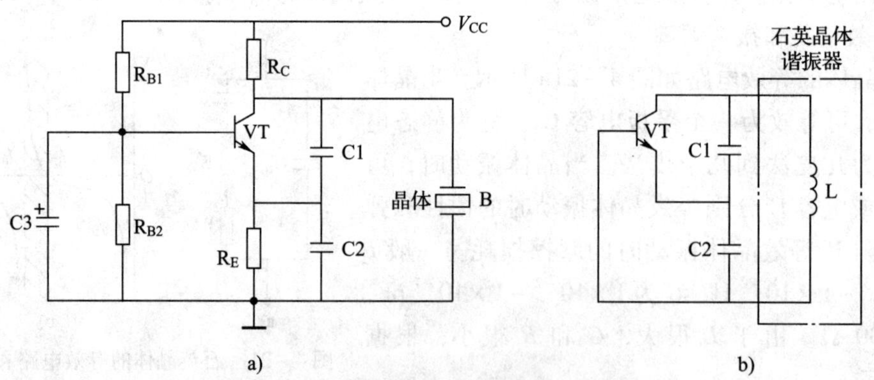

图 4－22　并联型石英晶体振荡电路

a）电路图　b）交流通路

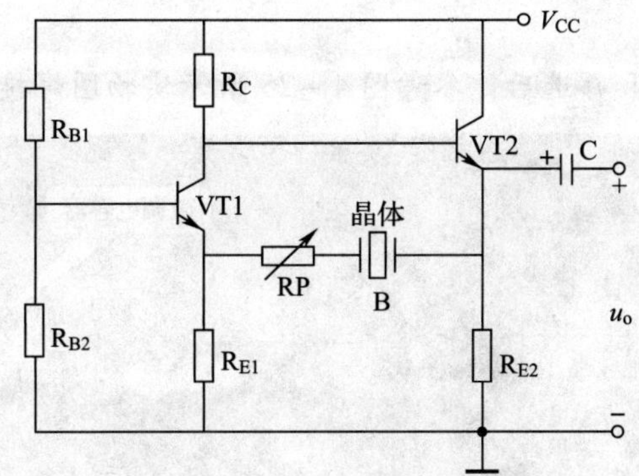

图4－23　串联型石英晶体振荡电路

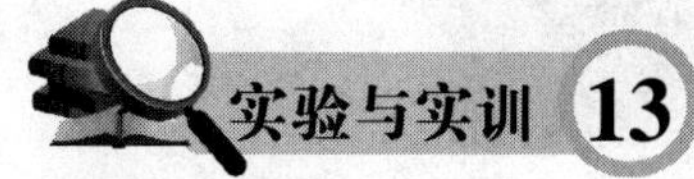

石英晶体振荡电路的安装与调试

一、实训电路

石英晶体振荡电路如图4－24所示。

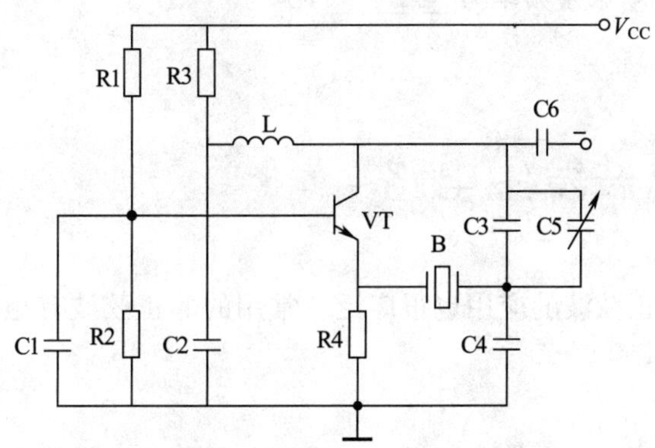

图4－24　石英晶体振荡电路

二、器材准备

1. 示波器、数字频率计、直流稳压电源各一台。
2. 实验元器件明细见表4－4。

表4－4　元器件明细表

代号	名称	规格	代号	名称	规格
R1	碳膜电阻器	20 kΩ	C4	瓷片电容器	1 500 pF
R2	碳膜电阻器	2.2 kΩ	C5	微调电容器	2 215 pF
R3	碳膜电阻器	680 Ω	C6	瓷片电容器	56 pF
R4	碳膜电阻器	510 Ω	L	电感器	3.9 μH
C1、C2	涤纶电容器	2×0.033 μF	VT	三极管	9014（或3DG6）
C3	瓷片电容器	300 pF	B	石英晶体	3AT5

三、安装调试

1. 对元器件进行检测和筛选后，参考图4－25所示实物图焊接安装电路。

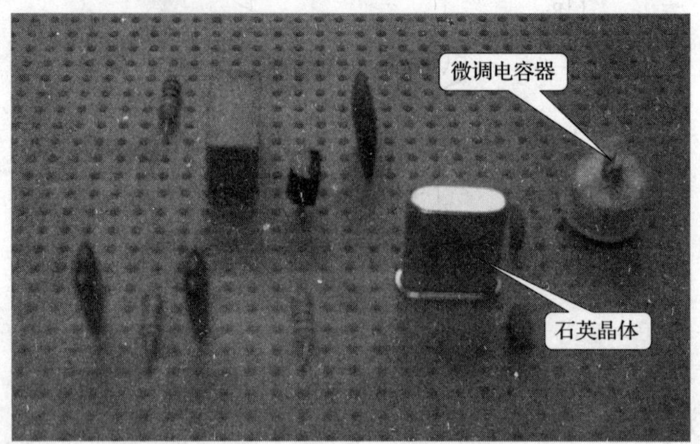

图4－25　石英晶体正弦波振荡电路安装实物图

2. 装配完成，经检查无误后接通电源。

3. 用示波器观察信号波形，调整C5，使输出波形幅度最大。

4. 用数字频率计测量振荡频率为________ Hz。

§4－4　非正弦波发生电路

除了正弦波外，非正弦波的应用也很广泛。常用的非正弦波有矩形波（方波）、三角波和锯齿波等。

一、方波发生电路

方波发生电路及波形如图4－26所示。电路是由迟滞比较器和RC充放电回路两部分组成，双向稳压二极管对输出电压起稳幅作用。

1. 工作原理

假设开始时 $u_N=u_C(t)=0$，且 $u_o=U_Z$，则门限电压为

$$U_{P1}=\frac{R_2}{R_1+R_2}U_Z$$

此时，$u_N<U_{P1}$，确保输出电压 $u_o=U_Z$。u_o 经电阻 R_f 对电容C充电，使 u_C 由零逐渐上升，当 $u_C(t)>U_{P1}$ 时，输出电压 u_o 发生翻转，由 U_Z 跳变为 $-U_Z$，门限电压随之变为

$$U_{P2}=-\frac{R_2}{R_1+R_2}U_Z$$

此后电路的输出电压 $u_o=-U_Z$，对电容C反向充电（即电容C放电），$u_C(t)$ 逐渐下

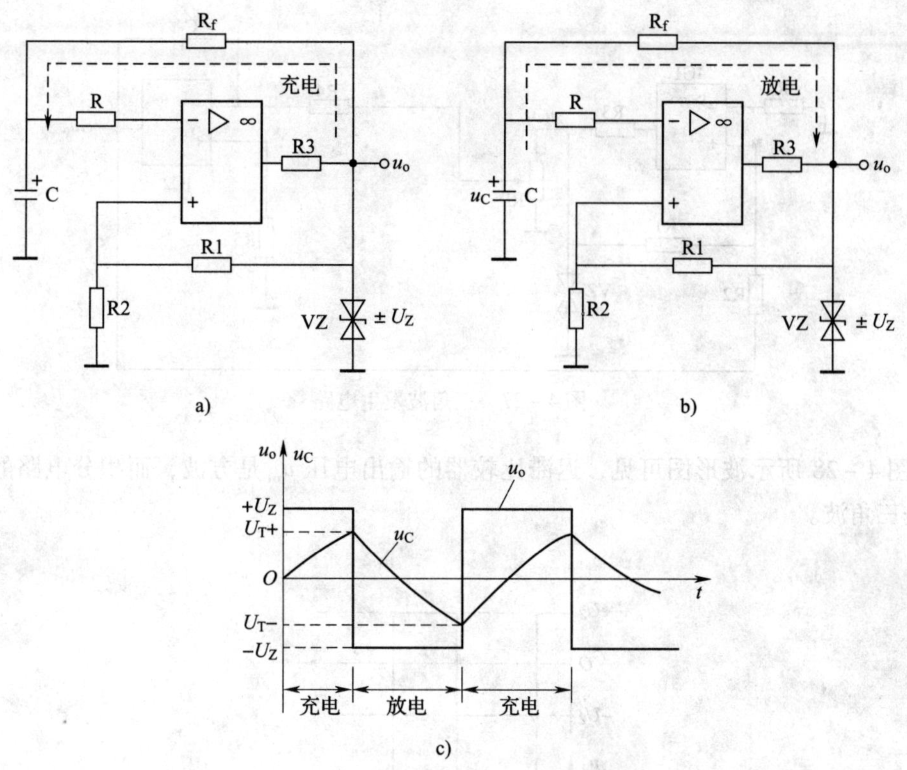

图 4－26　方波发生电路及波形

a）输出端对电容充电　b）电容向输出端放电　c）电容电压 u_C 波形及输出电压 u_o 波形

降，当 $u_C(t)$ 下降至 U_{P2} 值时，输出电压 u_o 又从 $-U_Z$ 翻回到 U_Z。如此周而复始，波形如图 4－26c 所示。

2. 振荡周期及其调节

方波周期与电容 C 的充放电时间有关，估算式为

$$T = 2R_fC\ln\left(1 + \frac{2R_2}{R_1}\right)$$

改变 R_f、C 或 R_1、R_2，即可改变方波的周期。若将电路适当改动，使电容充、放电时间不等，则输出信号便为不同周期的矩形波。

二、三角波发生电路

三角波发生电路如图 4－27 所示。电路由迟滞比较器和积分电路两部分组成。

三角波发生电路的工作原理如下：

设 $t=0$ 时 IC1 输出为高电平，即 $u_{o1}=+U_Z$，积分电路上电压 $u_C=0$，则 $u_o=0$。IC1 同相输入端电压 $u_P=\frac{R_2}{R_1+R_2}u_{o1}+\frac{R_1}{R_1+R_2}u_o=\frac{R_2}{R_1+R_2}U_Z$，于是积分电路反向积分，$u_o$ 向负方向增长，u_P 随之下降，当 $u_P=u_N=0$ 时，u_{o1} 由 $+U_Z$ 跳变到 $-U_Z$。于是积分电路正向积分，u_o 向正方向增长，u_P 随之上升，当 $u_P=u_N=0$ 时，u_{o1} 由 $-U_Z$ 跳变到 $+U_Z$，以后重复上述过程。

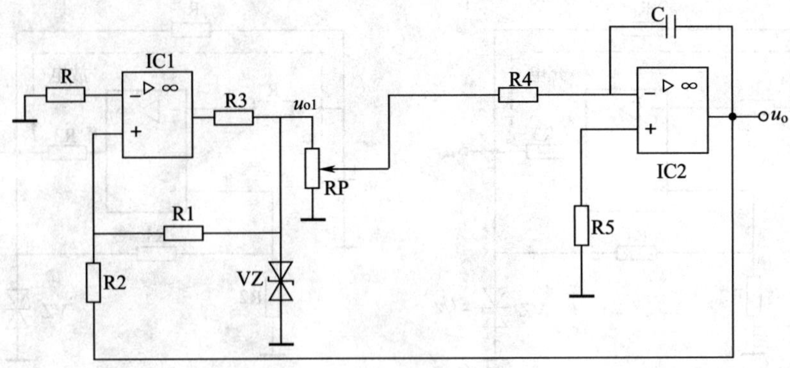

图 4－27　三角波发生电路

由图 4－28 所示波形图可见，迟滞比较器的输出电压 u_{o1} 是方波，而积分电路的输出电压 u_o 是三角波。

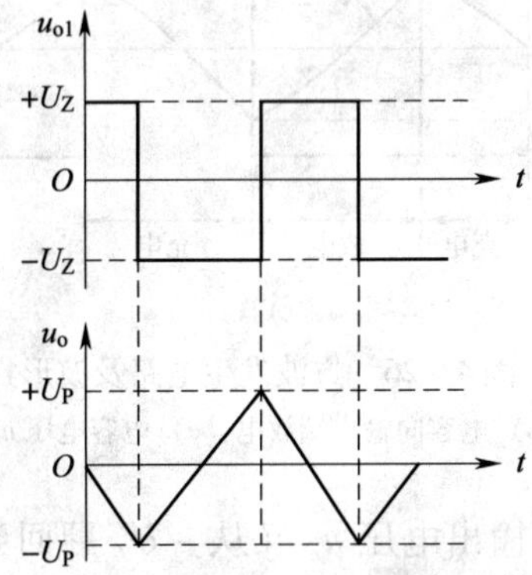

图 4－28　三角波发生电路波形图

三、锯齿波发生电路

锯齿波发生电路如图 4－29 所示。电路是由占空比可调的矩形波发生电路和积分电路两部分组成。

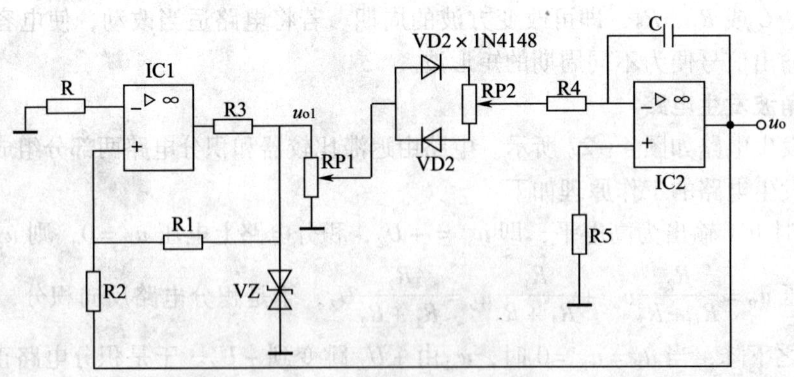

图 4－29　锯齿波发生电路

调节 RP2 即可改变电容器的充放电时间，使电容器充放电时间不相等（即调节占空比），则三角波就变成了近似的锯齿波，如图 4－30 所示。

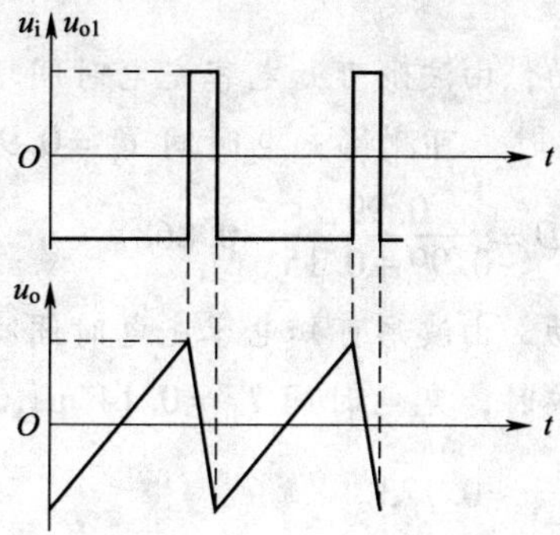

图 4－30　锯齿波发生电路波形图

占空比可调的矩形波发生电路

在 Multisim 中构建占空比可调的矩形波发生电路，如图 4－31 所示。已知电路中电阻 $R_4=10\ \text{k}\Omega$，$R_1=12\ \text{k}\Omega$，$R_2=15\ \text{k}\Omega$，$R_3=10\ \text{k}\Omega$，电位器 $R_P=100\ \text{k}\Omega$，电容 $C=10\ \text{nF}$，稳压管稳压值 $U_Z=\pm 6\ \text{V}$。

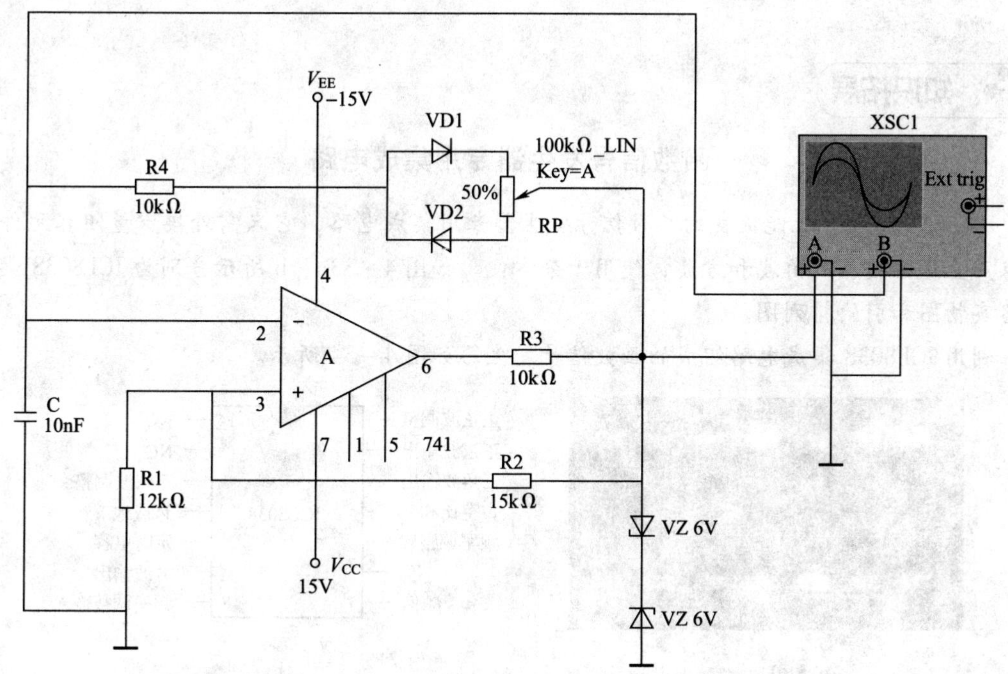

图 4－31　Multisim 仿真电路波形图（RP 滑动端在中间位置）

1. 当电位器 RP 的滑动端调在中间位置时，利用虚拟示波器可以观察到 u_C 和 u_o 的波形。可分别测得 $U_{cm}=2.6$ V，$U_{om}=5.5$ V，振荡周期 $T=1.14$ ms。电容充电和放电时间相等，输出波形为方波。

2. 将 RP 的滑动端向上移动，由波形可知电容充电时间增大，放电时间减小，如图 4－32a 所示。当滑动端移至最上端时，可测得充电时间 $T_1=0.99$ ms，放电时间 $T_2=0.15$ ms，振荡周期 $T=1.14$ ms，占空比 $D=\frac{0.99}{0.99+0.15}\approx0.868$。

3. 将 RP 的滑动端向下移动，由波形可知电容充电时间减小，放电时间增大，如图 4－32b 所示。当滑动端移至最下端时，充电时间 $T_1=0.14$ ms，放电时间 $T_2=1$ ms，振荡周期 $T=1.14$ ms，占空比 $D=\frac{0.14}{0.14+1}\approx0.123$。

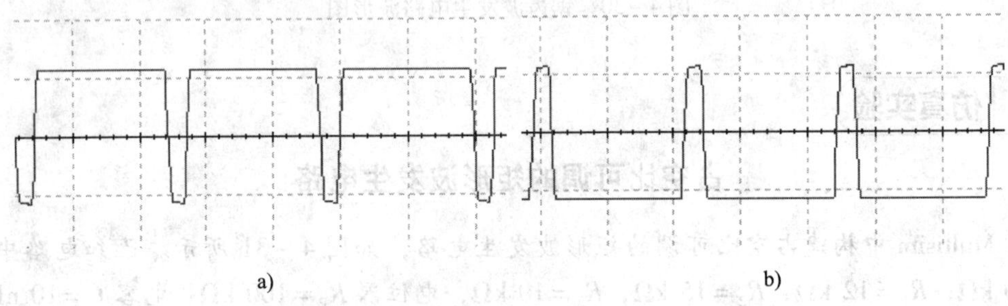

a)　　　　b)

图 4－32　Multisim 仿真电路波形图

a）RP 滑动端移至最上端　b）RP 滑动端移至最下端

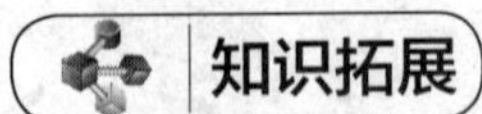

函数信号发生器专用集成电路

ICL8038 是一种性能优良的函数信号发生器专用集成电路，它只需外接少量阻容元件就可以产生正弦波、三角波和方波，使用十分方便。如图 4－33a、b 所示分别为 ICL8038 集成电路实物图和引脚排列图。

利用 ICL8038 集成电路组成的函数信号发生器如图 4－34 所示。

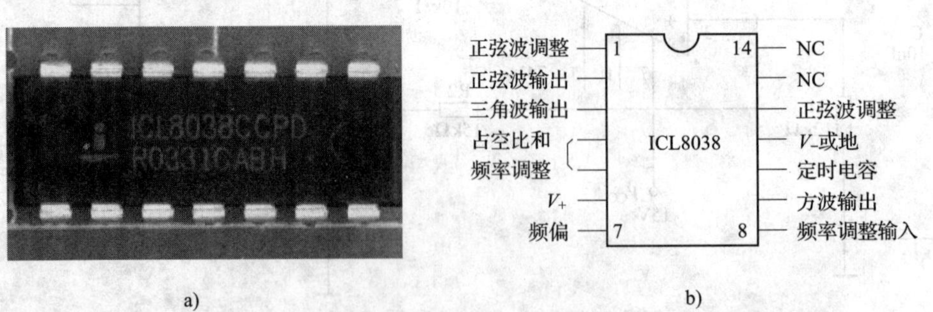

a)　　　　b)

图 4－33　ICL8038 集成电路

a）实物图　b）引脚排列

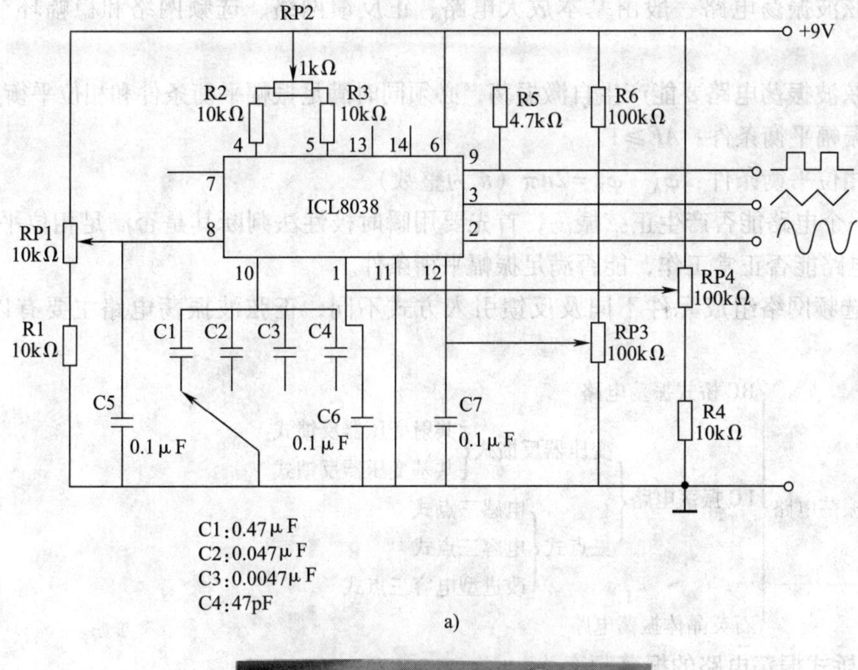

a)

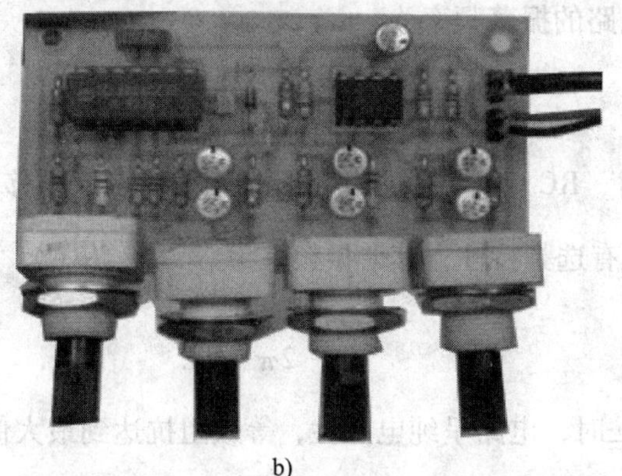

b)

图 4-34　波形可调的函数信号发生器

a）电路图 b）实物图

该电路可同时产生正弦波、三角波和方波，且频率在 10 Hz～100 kHz 范围内连续可调。RP1 为频率调节电位器，RP2 为方波占空比及三角波频率调节电位器，RP3 和 RP4 为正弦波失真度调节电位器。

需要注意的是，该电路输出电压幅度只有 1 V 左右，且带负载能力较差，实际应用时需要接入放大电路，以提高不失真输出幅度和带负载能力。

本章小结

1. 无须外加信号就能连续不断产生一定频率、一定幅度和一定变化特性交流信号的电路称为波形发生电路。波形发生电路包括正弦波振荡电路和非正弦波发生电路。

2. 正弦波振荡电路一般由基本放大电路、正反馈网络、选频网络和稳幅环节四部分组成。

3. 正弦波振荡电路要能产生自激振荡，必须同时满足振幅平衡条件和相位平衡条件。

（1）振幅平衡条件：$AF \geqslant 1$。

（2）相位平衡条件：$\varphi_A + \varphi_F = 2n\pi$（$n$ 为整数）。

判断一个电路能否产生正弦振荡，首先要用瞬时极性法判断其是否满足相位平衡条件，再看放大电路能否正常工作，能否满足振幅平衡条件。

4. 按选频网络组成元件不同及反馈引入方式不同，正弦波振荡电路主要有以下几种类型：

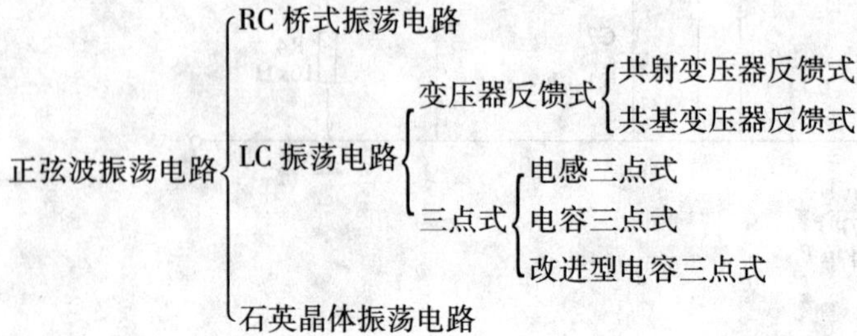

5. RC 桥式振荡电路的振荡频率为

$$f_0 = \frac{1}{2\pi RC}$$

当 $f = f_0 = \dfrac{1}{2\pi RC}$ 时，RC 串、并联网络的反馈系数为 $\dfrac{1}{3}$，相移为零。

6. LC 并联电路具有选频特性，其谐振频率为

$$f_0 = \frac{1}{2\pi\sqrt{LC}}$$

当 $f = f_0 = \dfrac{1}{2\pi\sqrt{LC}}$ 时，电路呈纯电阻性，等效阻抗达到最大值，且相移为零。

7. 石英晶体振荡电路的特点是振荡频率特别稳定。在并联型石英晶体振荡电路中，石英晶体相当于一个大电感；在串联型石英晶体振荡电路中，石英晶体相当于一个谐振的 LC 串联支路（近似为短路）。

8. 方波发生电路可以由迟滞比较器和 RC 充放电回路组成，使电容充电和放电时间常数不相等，则输出信号便为不同周期的矩形波。

9. 三角波发生电路可以由迟滞比较器和积分电路组成，因为将方波进行积分即可得到三角波。

10. 锯齿波发生电路的组成与三角波发生电路相类似，区别只在于积分电路中电容的充放电时间常数不相等。

11. 正弦波振荡电路的振荡频率主要取决于选频网络的参数，而非正弦波发生电路的振荡频率与积分电路或 RC 充放电回路的时间常数有关，另外也与迟滞比较器的参数有关。

第五章 直流稳压电源

学习目标

1. 熟悉稳压管的工作特性，掌握稳压管并联型稳压电路的组成、稳压原理及电路特点。

2. 掌握串联型直流稳压电路的组成及稳压原理，能计算输出电压的调节范围，会装配和调试串联型直流稳压电路。

3. 熟悉三端集成稳压器的工作原理及其应用。

4. 理解开关型稳压电源的工作原理，会装配和调试串联开关型稳压电路。

电子设备需要的直流电源通常都是将电网提供的50 Hz交流电经过**变压**、**整流**、**滤波**和**稳压**后得到的。

各部分电路及其波形如图5－1所示。

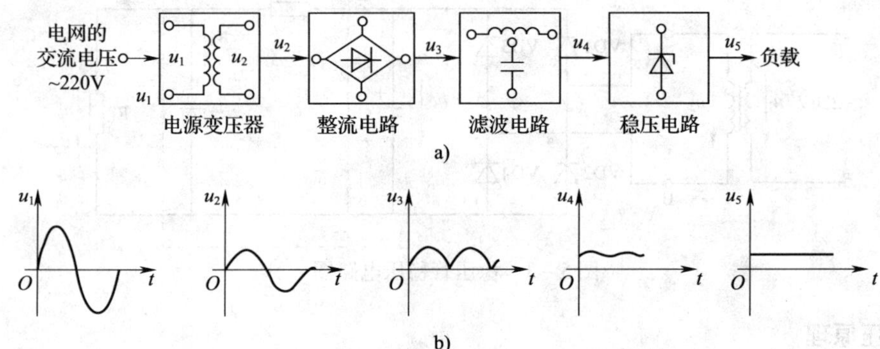

图5－1 直流稳压电路原理框图及其输出波形

a）电路框图 b）输出波形

电源变压器的作用是将220 V的电网电压值变换成整流电路所要求的交流电压值。

整流电路的作用是将交流电压变换为脉动直流电压。

滤波电路的作用是将脉动的直流电变换为平滑的直流电。

稳压电路的作用是使直流电源的输出电压稳定，基本不受电网电压或负载变动的影响。

直流稳压电源可以是独立的一台设备，也可以是电子电路系统中的一个组成部分。如图5－2所示为几种不同的直流稳压电源。

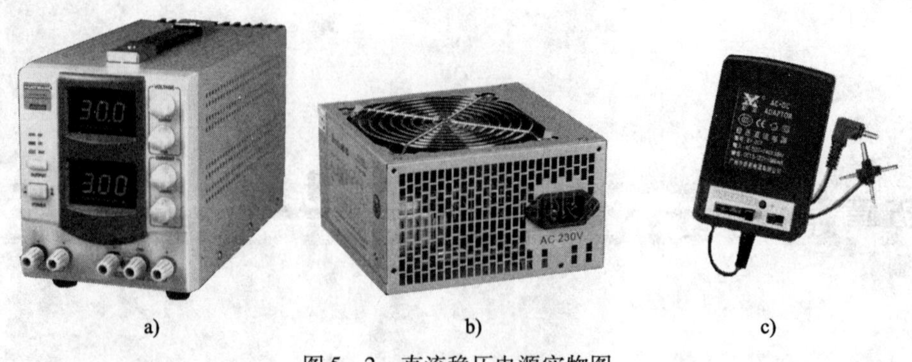

a) b) c)

图5－2 直流稳压电源实物图

a）实验室用直流电源 b）计算机中一体化开关电源 c）充电器

§5－1 分立元件直流稳压电路

一、稳压管稳压电路

1. 电路组成

在第一章已经介绍了稳压二极管，当稳压二极管工作在反向击穿区时，反向电流在较大的范围内变化，而稳压二极管两端电压几乎不变。利用这一特性可以组成一个简单的直流稳压电路，如图5－3所示。图中稳压二极管与负载并联，因此，也称并联型直流稳压电路。稳压电路的输入电压来自整流滤波电路的输出电压。

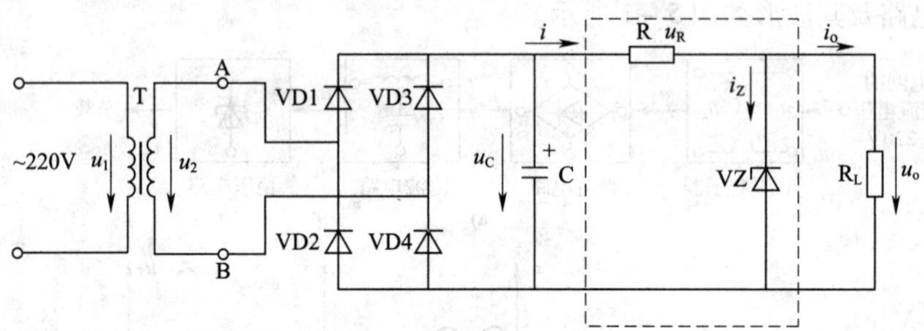

图5－3 稳压管稳压电路图

2. 稳压原理

并联稳压电路稳压管工作在反向击穿区，当流过稳压管的电流 i_Z 在相当大的范围内变化时，稳压管两端的电压 u_Z 基本不变；而当 u_Z 出现微小的变化，i_Z 便会有很大的变化。稳压管并联型稳压电路正是利用稳压管的以上特点来实现稳压的。

当电网电压升高或负载阻值变大时，输出电压 u_o（即 u_Z）随之升高，从而引起 i_Z 急剧增大，流过R的电流也增大，导致R上的压降上升，从而抵消了 u_o 的波动。其稳压过程可用简式表示如下：

$$u_i\uparrow(\text{或}R_L\uparrow)\rightarrow u_O\uparrow\rightarrow i_Z\uparrow\rightarrow i_R\uparrow\rightarrow u_R\uparrow\rightarrow u_O\downarrow$$

同理，当电网电压降低或负载阻值变小时，也可分析得到 u_o 基本保持稳定。

在上述稳压过程中，电阻 R 起着**限流**和**调压**的双重作用。如果 $R=0$，则 $u_o=u_i$，电路没有稳压作用，同时由于整流滤波电路的输出电压直接加到稳压管两端，有可能引起过大的反向电流而使稳压管烧坏。R 大则电压调节性能好，但 R 太大，电流过小，稳压管可能会失去稳压作用。可见，要使电路正常稳压，电阻 R 必须选择适当的阻值。

稳压管并联型稳压电路结构简单，设计制作容易。但由于受到稳压管自身参数的限制，其输出电流较小，输出电压不可调节，因此，只适用于输出电压固定且电流变化范围不大的小功率负载。当负载电流较大且要求稳压性能较好时，可采用串联型直流稳压电路。

二、带放大环节的直流稳压电路

1. 电路组成

如图 5－4 所示为带放大环节的直流稳压电路。电路由**基准电路、取样电路、比较放大电路**和**调整管**四部分组成。三极管 VT1（调整管）接成射极输出形式，因为它与负载相串联，所以又称串联型直流稳压电路。

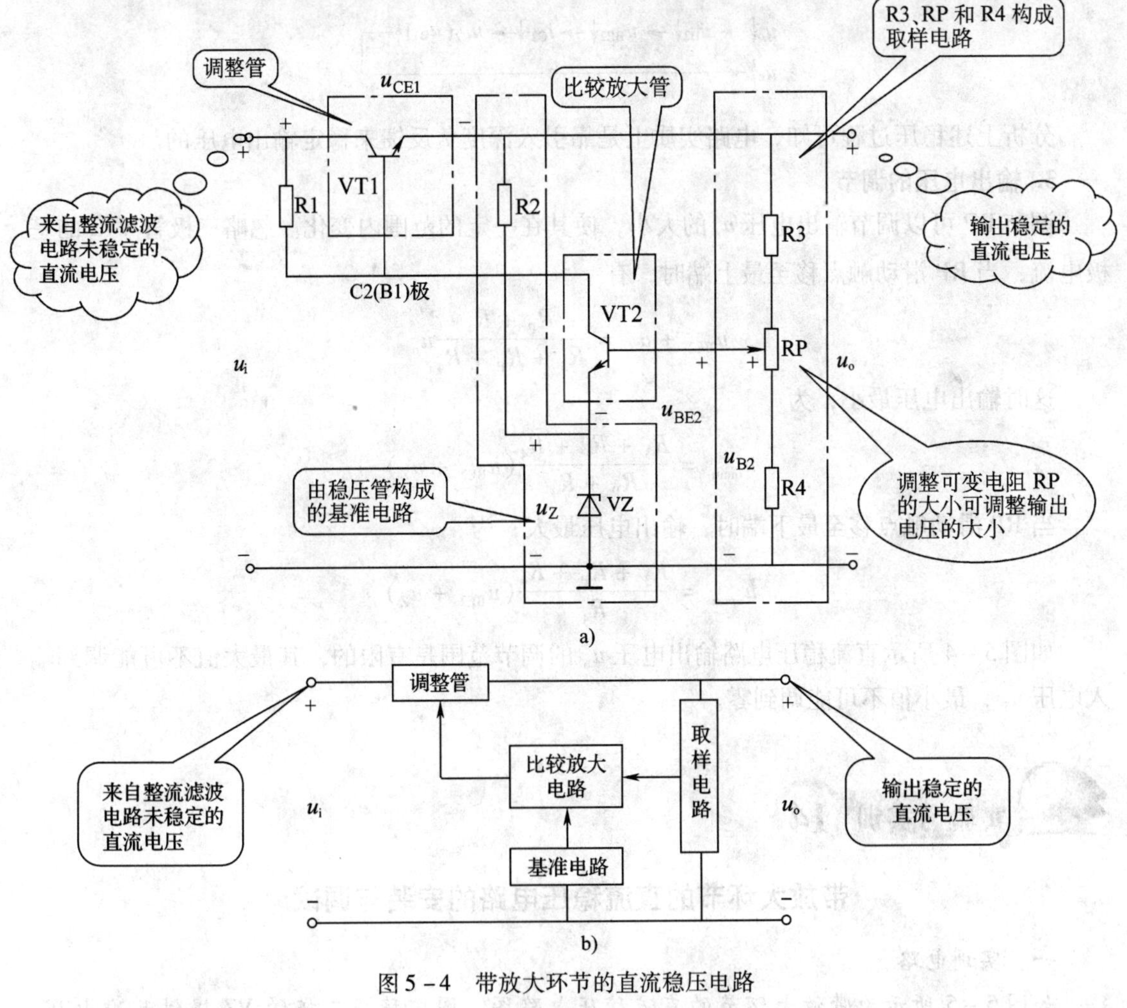

图 5－4 带放大环节的直流稳压电路

a）电路图 b）框图

稳压管 VZ 和限流电阻 R2 构成基准电压电路。电阻 R3、RP 和 R4 为取样电路，当输出电压变化时，取样电路电阻将其变化量的一部分送到比较放大电路。三极管 VT2 组成比较放大电路。取样电压和基准电压 u_Z 分别送至三极管 VT2 的基极和发射极，进行比较放大，VT2 的集电极和调整管 VT1 的基极相连，以控制调整管的基极电位。

2. 稳压原理

假设由于某种原因（如电网电压波动或负载电阻变化等）使输出电压 u_o 上升，取样电路将这一变化趋势送到比较放大管 VT2 的基极，与发射极基准电位 u_Z 进行比较，并将二者的差值进行放大，VT2 管集电极电位 u_{C2}（即调整管的基极电位 u_{B1}）降低。由于调整管采用射极输出形式，所以输出电压 u_o 必然降低，从而保证 u_o 基本稳定。其稳定过程可用简式表示如下：

$$u_o\uparrow \to u_{B2}\uparrow \to u_{BE2}\uparrow \to i_{C2}\uparrow \to u_{C2}(u_{B1})\downarrow \to u_o\downarrow$$

同理，若输出电压降低，则有如下稳压过程：

$$u_o\downarrow \to u_{B2}\downarrow \to u_{BE2}\downarrow \to i_{C2}\downarrow \to u_{C2}(u_{B1})\uparrow \to u_o\uparrow$$

分析上述稳压过程可知，电路实质上是靠引入深度负反馈来稳定输出电压的。

3. 输出电压的调节

调节 RP 可以调节输出电压 u_o 的大小，使其在一定的范围内变化。忽略三极管 VT2 的基极电流，当 RP 滑动触点移至最上端时，有

$$u_{BE2} + u_Z = \frac{R_P + R_4}{R_3 + R_P + R_4}u_o$$

这时输出电压最小，为

$$u_{omin} = \frac{R_3 + R_P + R_4}{R_P + R_4}(u_{BE2} + u_Z)$$

当 RP 滑动触点移至最下端时，输出电压最大，为

$$u_{omax} = \frac{R_3 + R_P + R_4}{R_4}(u_{BE2} + u_Z)$$

如图 5－4 所示直流稳压电路输出电压 u_o 的调节范围是有限的，其最大值不可能调到输入电压 u_i，最小值不可能调到零。

带放大环节的直流稳压电路的安装与调试

一、实训电路

如图 5－5 所示为带放大环节的直流稳压电路图。图中稳压二极管 VZ 提供基准电压，

VT1 为调整管，VT2 为比较放大管。通过调节 RP1 可以调节输出电压的大小。

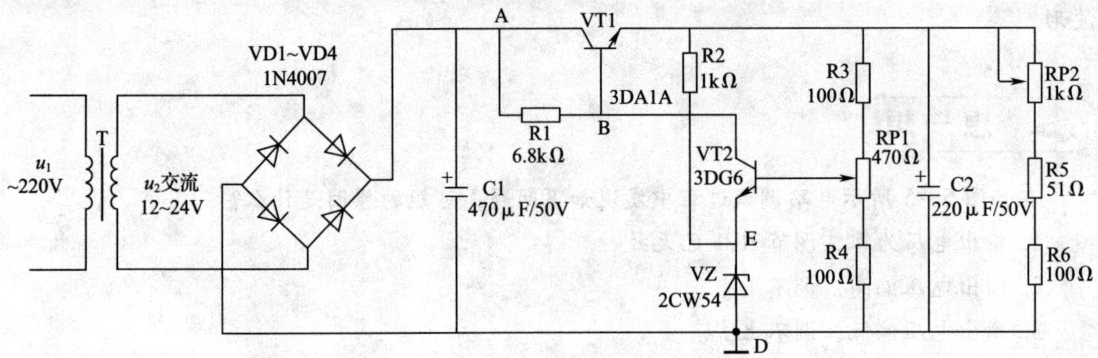

图 5－5　带放大环节的直流稳压电路图

二、器材准备

1. 示波器一台。

2. 实验元器件明细见表 5－1。

表 5－1　　**元器件明细表**

代号	名称	规格	代号	名称	规格
R1	碳膜电阻器	6. 8 kΩ	C2	电解电容器	220 μF/50 V
R2	碳膜电阻器	1 kΩ	VD1 ~ VD4	二极管	4 × 1N4007
R3、R4、R6	碳膜电阻器	3 × 100 Ω	VT1	三极管	3DA1A
R5	碳膜电阻器	51 Ω	VT2	三极管	3DG6
RP1	微调电位器	470 Ω	VZ	稳压二极管	2CW54
RP2	微调电位器	1 kΩ	T	电源变压器	AC220 V/12 V
C1	电解电容器	470 μF/50 V			

三、安装

对元器件进行检测和筛选后，安装焊接电路。

注意电解电容、二极管、发光二极管的极性，正确连接电位器的三个端和三极管的三个管脚。特别需要注意的是稳压二极管在电路中不可接错。

四、调试

1. 电路检查无误后，将 RP2 调到中间阻值，接通电源。调节 RP1，使输出电压从最小变化到最大。测得输出电压的最小值为________ V，最大值为________ V。

2. 调节 RP1 使输出电压 u_o 为 12 V，然后调节 RP2，观察输出电压的变化。用万用表分别测量电路中 A、B、E 各点对应电压，并记入表 5－2 中。

表 5－2　　**测量记录**

RP2 调节到	A 点电压（V）	B 点电压（V）	E 点电压（V）	输出电压（V）
阻值最大				
阻值最小				

3. 用示波器测量变压器二次绕组输出、整流滤波器输出、稳压器输出各点实际工作波形。

在如图 5 – 5 所示电路调试过程中发现如下问题，可能的原因是什么？

1. 输出电压为零，调节 RP1 已无效。

2. 输出电压偏高，调不下来。

3. 输出电压偏低，调不上去。

§5 – 2 集成稳压器

分立元件稳压电路存在组装麻烦、可靠性差、体积大等缺点，随着半导体集成电路工艺的发展，集成稳压器得到广泛应用。

集成稳压器有多种类型。按稳压原理不同，可分为**串联调整式、并联调整式、开关调整式**；按引出端数目不同，可分为**三端集成稳压器和多端集成稳压器**；按封装形式不同，可分为**金属封装和塑料封装**。常见的三端集成稳压器外形如图 5 – 6 所示。

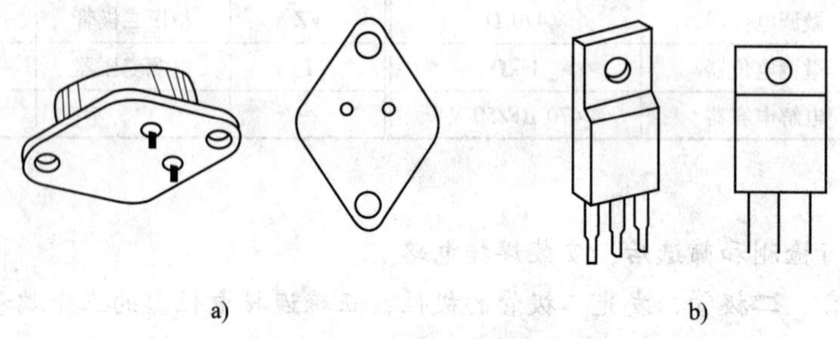

图 5 – 6 集成稳压器外形

a）金属封装 b）塑料封装

一、三端固定式集成稳压器

1. 型号说明

三端固定式稳压器有**输入端、输出端和公共端**三个引出端。此类稳压器属串联调整式，除了基准、取样、比较放大和调整等环节外，还有较完整的保护电路。常用的 CW78 × × 系列三端固定式集成稳压器是正电压输出，CW79 × × 系列是负电压输出。根据国家标准，其型号意义如下：

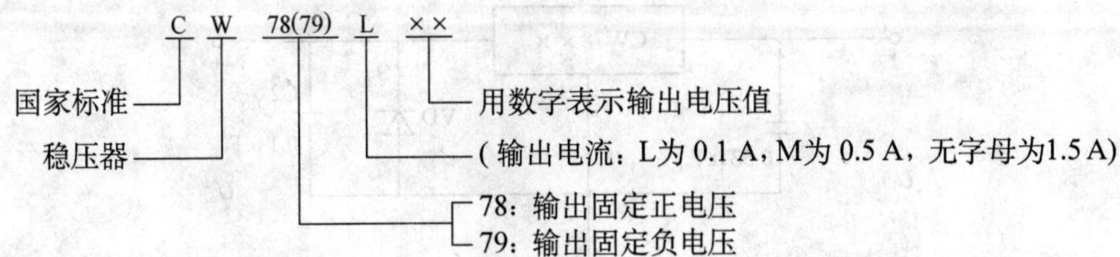

型号中“××”表示该电路输出电压值，分别为±5 V、±6 V、±9 V、±12 V、±15 V、±18 V、±24 V共七种，可根据实际需要选择使用。例如，CW7809输出电压为9 V，CW7912输出电压为－12 V。

CW78××系列和CW79××系列稳压器的引脚功能有较大差异，使用时必须注意。

2. 基本应用电路

如图5－7所示为三端固定式集成稳压器的基本应用电路。图中输入端电容C1用于减小输入电压的脉动和防止过电压，通常取0.33 μF；输出端电容C2用于削弱电路的高频干扰，并具有消振作用，通常取0.1 μF。为保证稳压器正常工作，输入与输出电压之间至少相差2～3 V。

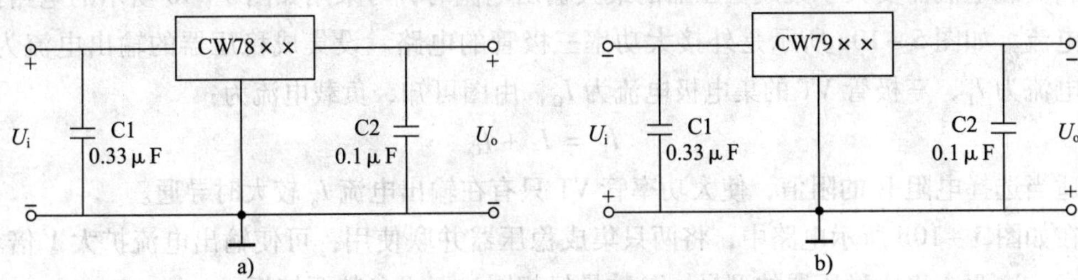

图5－7　三端固定式集成稳压器基本应用电路

a）正电压输出　b）负电压输出

3. 扩大输入电压的电路

CW78××系列集成稳压器最大输入电压一般不能超过40 V，如果遇到输入电压大于40 V的情况，可采用如图5－8所示的连接方法。电路中串入三极管VT后，输入电压的一部分分在VT的集－射极间，这样就能使集成稳压器的输入电压小于它所允许的最大值。

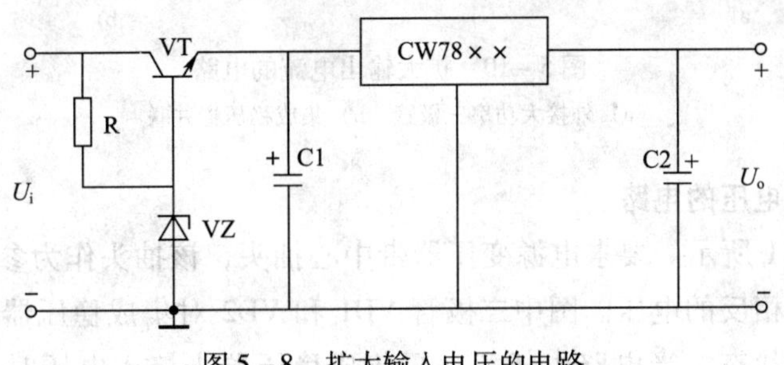

图5－8　扩大输入电压的电路

4. 提高输出电压的电路

电路如图5－9所示，它能使输出电压高于集成稳压器的固定输出电压。

设集成稳压器的固定输出电压为 U_R，稳压管的稳定值为 U_Z，则该电路的输出电压为

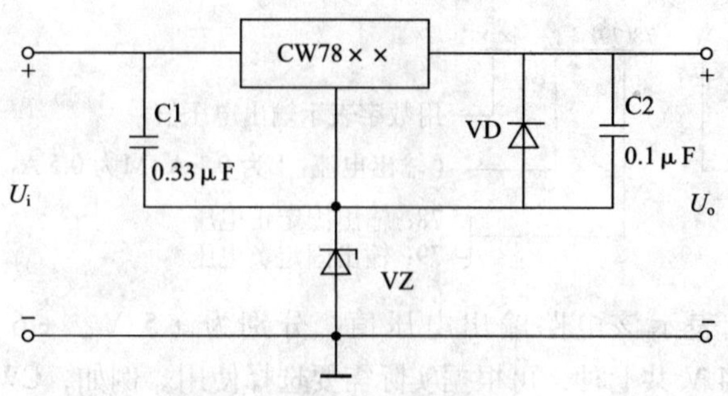

图 5－9　提高输出电压的电路

$$U_o = U_R + U_Z$$

VD 是输出保护二极管，正常工作时处于截止状态，一旦输出电压低于 VZ 稳压值时，VD 导通，将输出电流旁路，保护 CW78××稳压器输出极不会损坏。

5. 扩大输出电流的电路

当负载电流需要大于集成稳压器的最大输出电流时，可采用如图 5－10 所示的电路扩大输出电流。如图 5－10a 所示是外接大功率三极管的电路。设集成稳压器的输出电流为 I_o，负载电流为 I_L，三极管 VT 的集电极电流为 I_C，由图可知，负载电流为：

$$I_L = I_o + I_C$$

适当选择电阻 R 的阻值，使大功率管 VT 只有在输出电流 I_o 较大时导通。

在如图 5－10b 所示电路中，将两只集成稳压器并联使用，可使输出电流扩大 1 倍。但应注意，这两个集成稳压器的型号、参数最好相同，至少参数要接近。

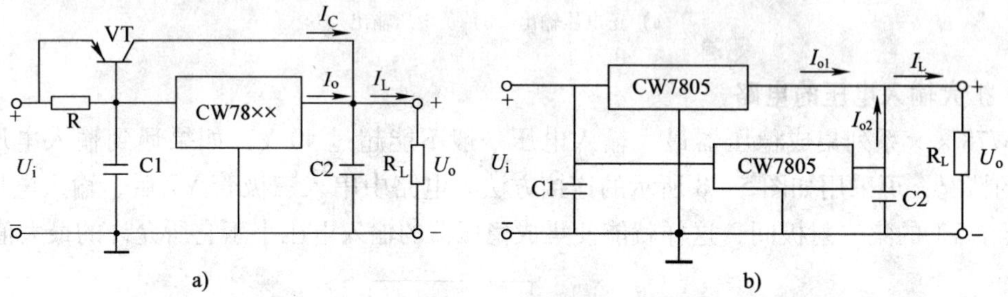

图 5－10　扩大输出电流的电路
a）外接大功率三极管　b）集成稳压器并联

6. 输出正、负电压的电路

电路如图 5－11 所示。要求电源变压器带中心抽头，该抽头作为参考点，以便输出一对幅度相等、相位相反的电压。图中二极管 VD1 和 VD2 对集成稳压器起保护作用，正常工作时均处于截止状态。当电路中任意一只集成稳压器未接入电压时，该稳压器输出端二极管导通，保护其不至于损坏。例如，若 CW79××的输入端未接输入电压，CW78××的输出电压将通过负载电阻使 VD2 导通，从而将 CW79××的输出端电压钳位在 0.7 V 左右。

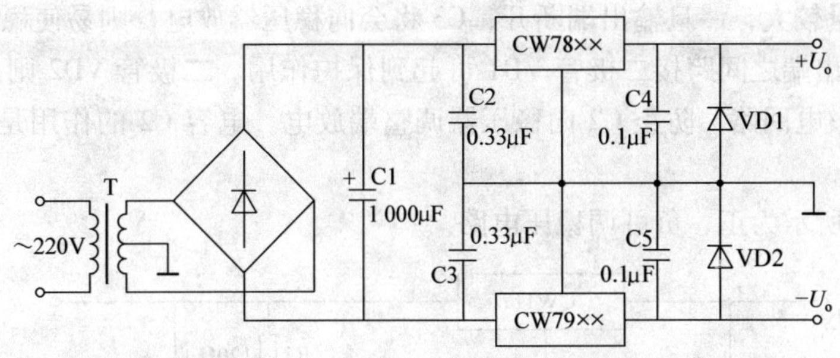

图5－11　输出正、负电压的电路

二、三端可调式集成稳压器

三端可调式集成稳压器不仅输出电压可调，且稳压性能优于固定式。它的三个引出端为**输入端、输出端和调整端**。

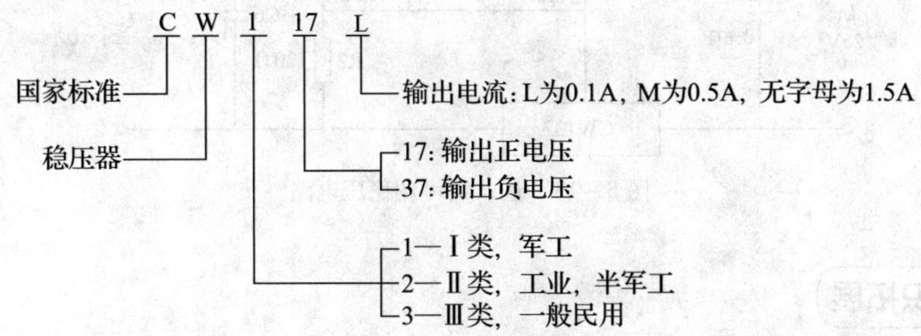

如图5－12 所示为三端可调式集成稳压器基本应用电路。它的输出端与调整端之间具有很强的维持1.25 V 电压不变的能力，所以R1 上电流值基本恒定。又由于调整端输出电流极小（50 μA），故可忽略，则输出电压为

$$U_o=\left(1+\frac{R_P}{R_1}\right)\times 1.25$$

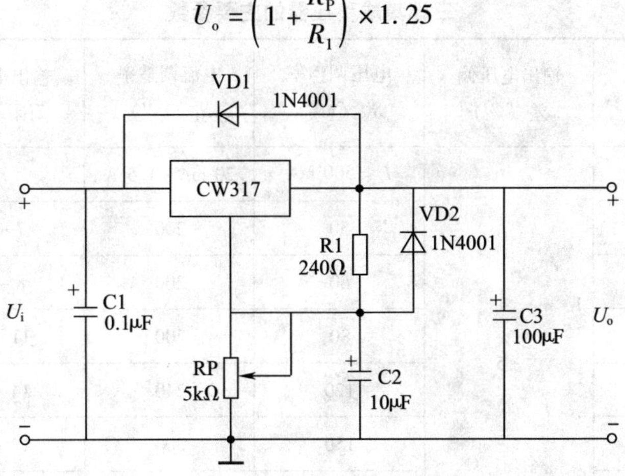

图5－12　三端可调式集成稳压器基本应用电路

该稳压器最大输入电压为40 V，取 R_1 = 120 Ω，R_P = 0 ~ 3.5 kΩ，改变 R_P，则输出电压在1.25 ~37 V 范围内连续可调。

由于 C3 容量较大，一旦输出端断开，C3 将会向稳压器放电，则易使稳压器损坏。在稳压器输入端和输出端之间跨接二极管 VD1 可起到保护作用。二极管 VD2 则用于当输出端短路时为 C2 提供放电回路，防止 C2 向稳压器调整端放电。电容 C2 的作用是减小 RP 两端的纹波电压。

如图 5－13 所示为正、负可调稳压电路。

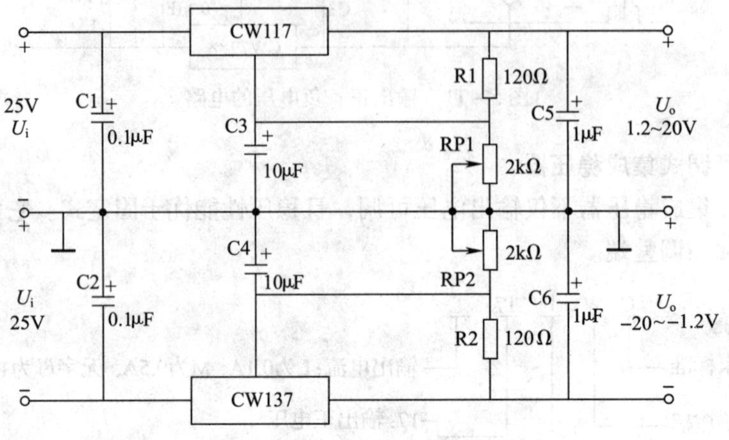

图 5－13　正、负可调稳压电路

知识拓展

三端集成稳压器的主要参数和检测方法

1. 主要参数

三端集成稳压器的主要参数见表 5－3。

表 5－3　三端集成稳压器的主要参数

型号	输出电压 U_o（V）	输出电压偏差（%）	电压调整率 S_V（mV）	电流调整率 S_I（mV）	输出电压范围（V）	温度变化率 S_T（mV/℃）
测试条件	—		I_o = 500 mA	20 mA ~ 1.5 A		I_o = 50 mA
CW7805	5	±5	50	200	7 ~ 35	±0.6
CW7806	6		60	200	8 ~ 35	±0.7
CW7809	9		80	200	11 ~ 35	±0.8
CW7812	12		120	240	14 ~ 35	±1.5
CW7815	15		150	300	17 ~ 35	±1.8
CW7818	18		180	360	20 ~ 35	±2.3
CW7824	24		240	480	26 ~ 40	±3.0

注：CW79××系列和 CW78××系列基本相同，只是输出电压与输入电压均为负值。

表5-3中所列的电压调整率是指在输出电流 I_o = 500 mA 情况下，输入电压变化±10%时的输出电压变化量（单位为mV）；而电流调整率则是指在输入电压不变的情况下，输出电流在20 mA~1.5 A范围内变化时的输出电压变化量（单位为mV），这两个值越小，表示稳压器件稳压性能越好。

表5-3中所列的输入电压范围是指三端集成稳压器所允许的输入电压，其最低电压受输出电压制约，一般要求稳压器的 $U_i - U_o \geq 2$ V，否则将无法确保输出电压的稳定性。在使用中，若输入电压值超过输入电压范围的最高电压，器件将会损坏。

2. 检测方法

如图5-14所示，将万用表置 $R\times1$ kΩ 挡，红表笔接稳压器的散热极（带圆孔的金属片），黑表笔接另外三个引脚，相应的测量值见表5-4。

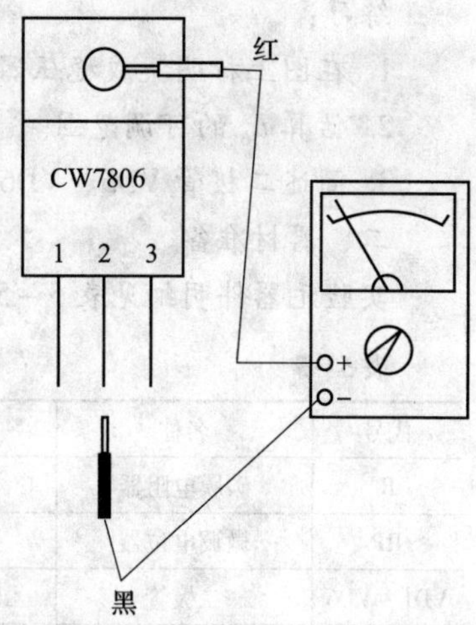

图5-14　CW78××系列集成稳压器的检测

表5-4　CW78××系列集成稳压器引脚判别

黑表笔位置	电阻值（kΩ）	判断引脚
1	20	输入端
2	0	公共端（接机壳）
3	8	输出端

用三端集成稳压器LM317组成稳压电路

一、实训电路

本实训电路如图5-15所示。

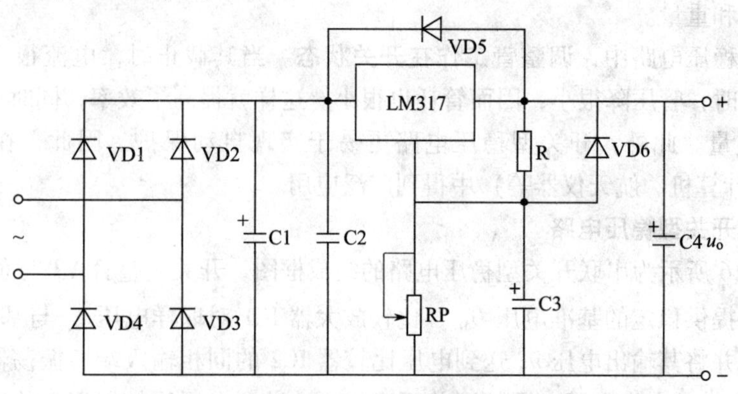

图5-15　三端集成稳压电路原理图

练习：

1. 在图上标明集成稳压器引脚号。

2. 估算 u_o 的可调范围。

3. 简述二极管 VD5、VD6 的作用。

二、器材准备

实验元器件明细见表 5－5。

表 5－5　　元器件明细表

代号	名称	规格	代号	名称	规格
R	碳膜电阻器	120 Ω	C3	电解电容器	10 μF/25 V
RP	微调电位器	5 kΩ	C4	电解电容器	100 μF/25 V
VD1 ~ VD6	二极管	6 × 1N4007	LM317	三端集成稳压器	LM317
C2	涤纶电容器	0.22 μF/25 V	T	变压器	AC200 V/16 V
C1	电解电容器	2 200 μF/25 V			

三、安装

对元器件进行检测和筛选后，安装焊接电路。

注意识别三端集成稳压器的三个引脚，不可接错。

四、调试

检查电路无误后，接通电源。将万用表置直流电压 50 V 挡，黑表笔接地，红表笔接 LM317 输出端，调节 RP 的阻值，测得输出电压的最小值为______V，最大值为______V。

§5－3　开关型稳压电路

前面介绍的串联型稳压电路属于线性稳压电路，调整管始终工作于线性放大区，因此，本身功率消耗大、效率低。为了解决调整管的散热问题，还要安装散热器，这必然会增大电源设备的体积和重量。

在开关型稳压电路中，**调整管工作在开关状态**。当其截止时，电流很小，因而管耗很小；当其饱和时，管压降很小，因而管耗也很小。这样就提高了效率，同时还可减轻电源设备的体积和重量。此外，开关型稳压电路更易于实现自动保护，因此，在许多电子设备（如电视机、计算机、航天仪器等）中得到广泛应用。

一、串联开关型稳压电路

如图 5－16 所示为串联开关型稳压电路的组成框图，开关调整管 VT 与负载 R_L 串联。

基准电路提供稳定的基准电压 U_R，比较放大器 IC1 对取样电压 u_F 与基准电压 U_R 的差值进行放大，并将其输出电压 u_A 送到电压比较器 IC2 的同相输入端。振荡器产生一个频率固定的三角波 u_T，它决定了电源的开关频率。u_T 被送到电压比较器 IC2 的反相输入端，与

u_A 进行比较。当 $u_A > u_T$ 时，IC2 输出电压 u_B 为高电平，调整管 VT 饱和导通；当 $u_A < u_T$ 时，输出电压 u_B 为低电平，调整管 VT 截止。u_A、u_T、u_B、u_E、i_L 的工作波形如图 5－17 所示。

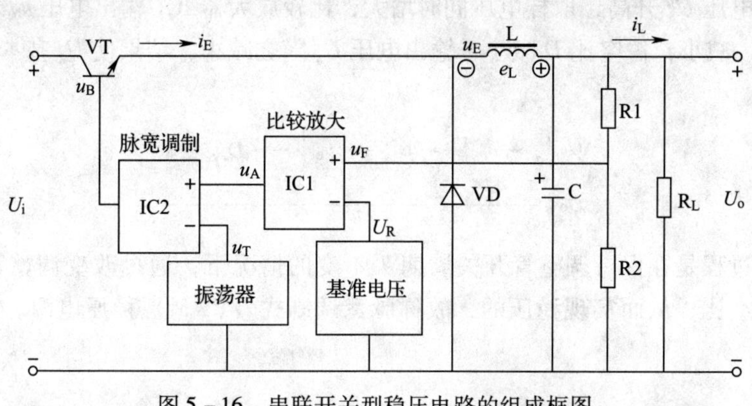

图 5－16　串联开关型稳压电路的组成框图

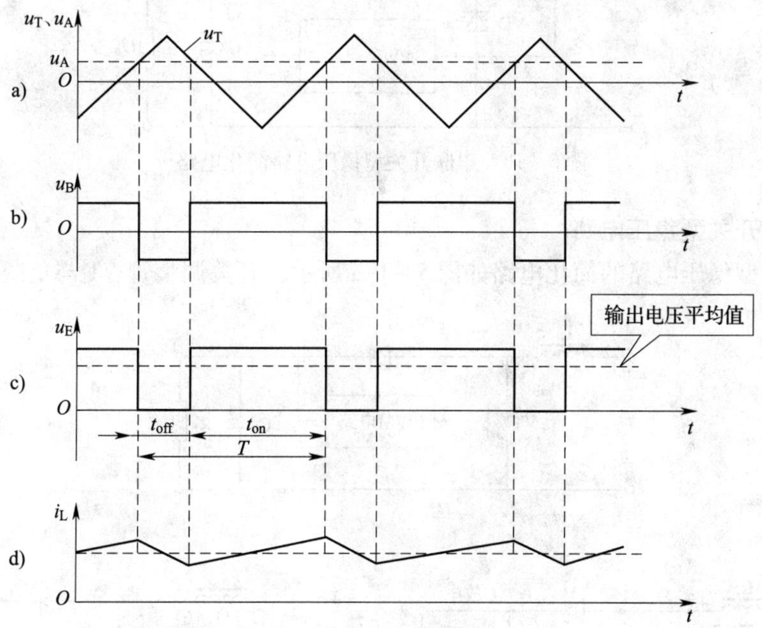

图 5－17　工作波形图

a）u_A—t 曲线　b）u_B—t 曲线　c）u_E—t 曲线　d）i_L—t 曲线

设开关调整管的导通时间为 t_{on}，截止时间为 t_{off}（见图 5－17c），脉冲波形的**占空比**定义为

$$D = \frac{t_{on}}{T} = \frac{t_{on}}{t_{on} + t_{off}}$$

当开关调整管饱和导通时，忽略饱和压降，$u_E \approx U_i$，则输出电压平均值为

$$U_o = DU_i$$

电路采取 LC 滤波，VD 为续流二极管。当调整管 VT 导通时，二极管 VD 截止；当 VT

截止时，电感 L 的自感电动势 e_L 极性如图 5－16 所示。自感电动势 e_L 加在 R_L 和 VD 的回路上，二极管 VD 导通（电容 C 同时放电），负载 R_L 中继续保持原方向电流。续流波形如图 5－17d 所示。

假设输出电压 U_o 升高，取样电压同时增大，比较放大器 IC1 输出电压 u_A 下降，调整管 VT 导通时间 t_{on} 减小，占空比 D 减小，输出电压 U_o 随之减小，结果使 U_o 基本不变。该调节过程如下：

$$U_o\uparrow \rightarrow u_F\uparrow \rightarrow u_A\downarrow \rightarrow u_B\downarrow \rightarrow D\downarrow \rightarrow U_o\downarrow$$

以上控制过程是在保持调整管开关周期 T 不变的情况下，通过改变调整管导通时间 t_{on} 来调节脉冲占空比，从而实现稳压的，故称**脉宽调制式**（PWM）稳压电源。其简化电路如图 5－18 所示。

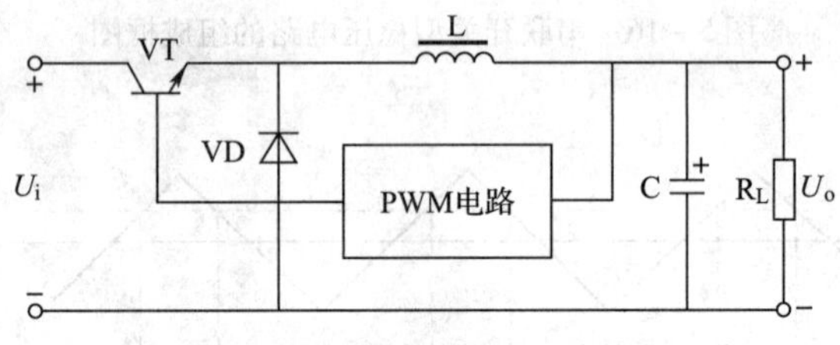

图 5－18　串联开关型稳压电路简化电路

二、并联开关型稳压电路

并联开关型稳压电路的简化电路如图 5－19a 所示，开关调整管 VT 与负载 R_L并联。

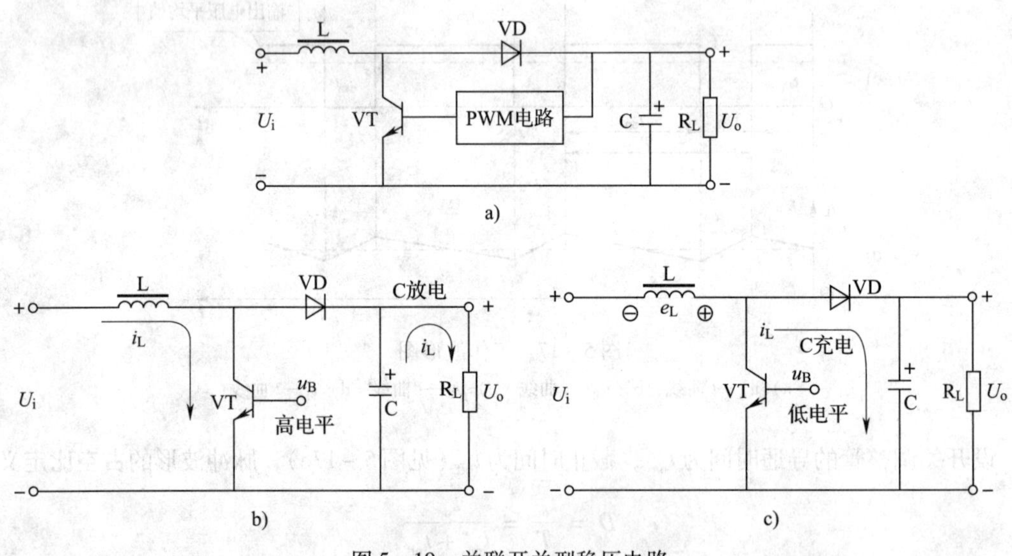

图 5－19　并联开关型稳压电路

a）简化电路图　b）调整管饱和导通时的等效电路　c）调整管截止时的等效电路

当 PWM 电路输出高电平时，调整管 VT 饱和导通，集电极电位近似为零，电感 L 储能，续流二极管 VD 截止，电容 C 对负载 R_L放电，等效电路如图 5－19b 所示。

当 PWM 电路输出低电平时，调整管 VT 截止，电感 L 产生自感电动势，与输入电压 U_i相加后通过二极管 VD 对 C 充电，等效电路如图 5－19c 所示。

并联开关型稳压电路的输出电压总是大于输入电压，电感 L 越大，储能时间越长，输出电压与输入电压相差越大。电容 C 越大，输出电压的脉动则越小。

三、开关型集成稳压器

TOP224P 三端集成稳压器是目前使用较多的开关型集成稳压器。器件内集成有振荡器、脉宽调制器、电源启动、控制和保护电路以及大功率 MOS 场效应管等。三个引脚借用场效应管引脚名称，分别记作漏极 D、源极 S 和控制极 G。

如图 5－20 所示为采用 TOP224P 器件构成的开关型直流稳压电路，它主要包括三端开关型集成稳压器、脉冲变压器、低压整流电路、检测电路等。

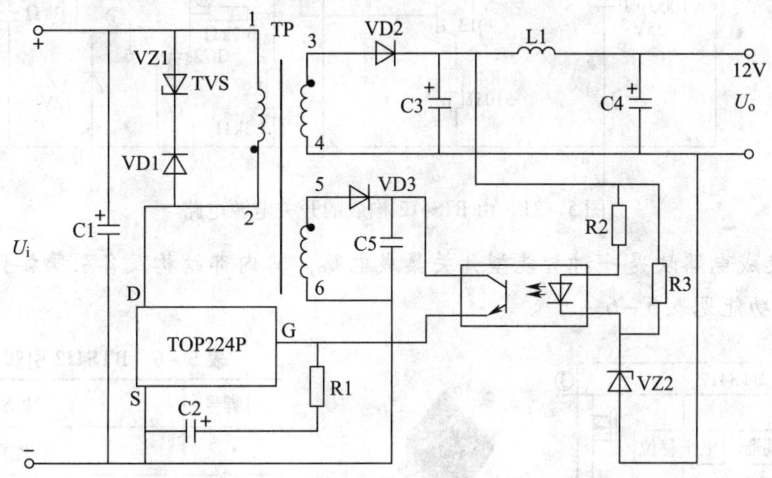

图 5－20　TOP224P 开关型集成稳压电路

脉冲变压器 TP 有三个绕组，一次绕组的①端接直流高压输入的正端，②端与开关器件的漏极 D 相连，从而形成高频高压变换主回路；二次绕组③、④端输出高频低压，经二极管 VD2 整流，C3、L1、C4 滤波后，输出 12 V 直流电压。第三绕组⑤、⑥端是稳压输出的检测绕组，它的输出电压经 VD3 整流 C5 滤波后为光电耦合器供电，光电耦合器输出的控制信号送到开关器件 G 极。控制信号通过调节器件内控制脉冲的占空比实现稳压。例如，当输出直流电压 U_o有增大趋势时，加到开关器件控制极的电流也相应增大，器件内脉冲占空比减小，输出直流电压 U_o则随之减小，反之亦然。一旦出现输出电压超限的情况，开关器件会在控制信号的作用下自动进入关闭保护状态。

与脉冲变压器一次绕组并联的 VZ1 采用瞬变电压抑制二极管（一种新型过压保护器件，英文缩写 TVS），利用 VZ1 和 VD1 对脉冲变压器的尖峰电压进行钳位，可保证开关器件 D、S 极间不被击穿。如果要改变输出电压值，可改变脉冲变压器 TP 的绕组匝数比以及稳压管 VZ1 的稳压值。

开关型直流稳压电源的安装与调试

一、电路分析

由智能型开关集成电路 BTS412 构成的开关电源电路如图5－21 所示。

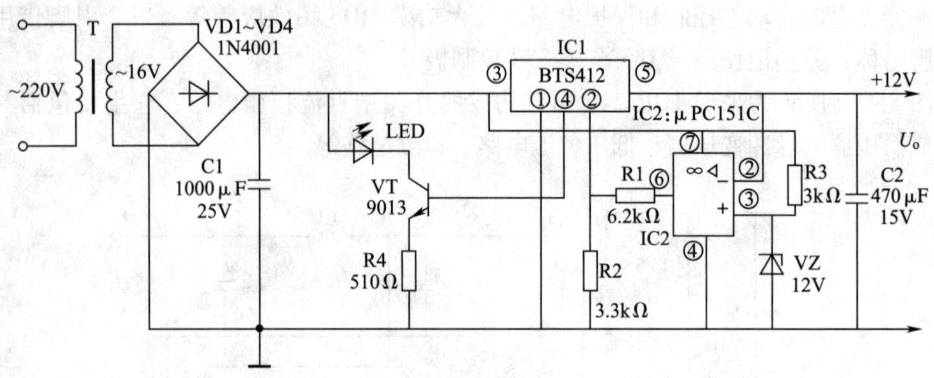

图5－21　由 BTS412 构成的开关电源电路

BTS412 集成电路块是一种智能型开关集成电路，其内部结构及各引脚排列如图5－22 所示，各引脚功能见表5－6。

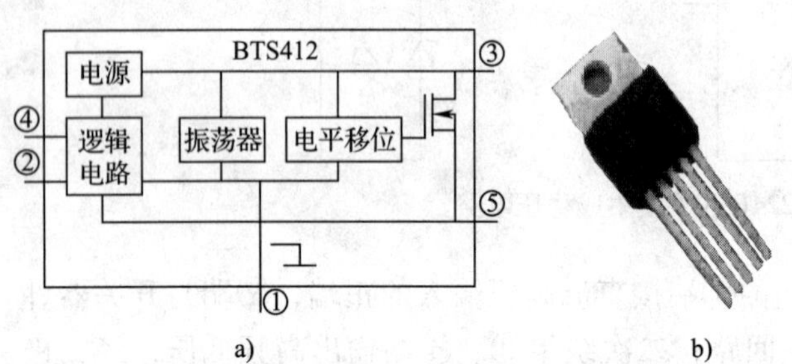

图5－22　BTS412 智能型开关集成电路

a）内部结构框图　b）外形

表5－6　BTS412 引脚功能

引脚号	功能
1	接地端
2	检测信号输入端
3	直流电压输入端
4	故障诊断端
5	电压输出端

如图5－21 所示的电路主要由整流滤波、开关电路、比较放大电路组成。比较放大电路 IC2 采用 μPC151C 运算放大器，放大器同相输入端③接基准电压，该基准电压由稳压管 VZ 获得；反相输入端②与 BTS412 的⑤脚相接。

当输出电压低于集成运放⑦脚上的基准电压时，集成运放的⑥脚输出高电平，BTS412 启动导通，使输出电压升高；当输出电压高于集成运放的⑦脚基准电压时，集成运放的⑥脚输出低电平，BTS412 关断，输出电压降低，从而使输出电压稳定。

当电路正常工作时，发光二极管 LED 导通发光。

二、器材准备

实验元器件明细见表5－7。

表 5－7　　元器件明细表

代号	名称	规格	代号	名称	规格
R1	碳膜电阻器	6.2 kΩ	VZ	稳压二极管	12 V
R2	碳膜电阻器	3.3 kΩ	VT	三极管	9013
R3	碳膜电阻器	3 kΩ	LED	发光二极管	红色 ϕ10
R4	碳膜电阻器	510 Ω	IC1	开关集成电路	BTS412
C1	电解电容器	1 000 μF/25 V	IC2	集成运放	μPC151C
C2	电解电容器	470 μF/15 V	T	变压器	220 V/16 V
VD1～VD4	整流二极管	4×1N4001			

三、安装调整

1. 检测元器件，参考如图 5－23 所示实物图安装并焊接电路。

图 5－23　实物图

2. 安装无误后接通电源，输出直流电压应为 12 V，发光二极管 LED 导通发光。

3. BTS412 的④脚为故障诊断端，若电路工作正常，该端输出为高电平（约 5V），从而使发光二极管导通；若输出电压过低，或者出现短路故障时，该端输出则为低电平，发光二极管熄灭，同时，BTS412 内电路也进入自动保护状态。

4. 注意输出滤波电容 C2 的电容值不可过大，否则会因启动电流过大而导致 μPC151C 自动保护。

本章小结

1. 直流稳压电路是由变压电路、整流电路、滤波电路和稳压电路组成。电源变压器的作用是将电网 220 V 的交流电压值变换成符合整流电路需要的交流电压值。整流电路将交流电压变为脉动的直流电压，滤波电路可减小脉动使直流电压平滑，稳压电路的作用是在电网电压波动或负载发生变化时保持输出电压基本不变。

2. 稳压管并联型稳压电路依靠稳压管的电流调节作用和限流电阻的电压调节作用，使得输出电压稳定。其电路结构简单，但输出电压不可调，只适用于负载电流较小且变化范围也较小的场合。

3. 串联型直流稳压电路主要由基准电路、取样电路、比较放大电路和调整管四部分组成。调整管接成射极输出形式，引入深度电压负反馈，从而使输出电压稳定。由于调整管始终工作于线性放大状态，功耗较大，因而效率较低。

4. 三端集成稳压器只有三个引出端：输入端、输出端和公共端（或调整端）。使用时，要注意不同型号集成稳压器引脚排列及其功能的差异，同时要注意电压、电流及耗散功率等参数不能超过其极限值。除三端可调直流稳压器外，还有四端、五端等多端直流稳压器，并有开关型集成稳压器。

5. 开关型稳压电路中的调整管工作于开关状态，自身功耗小，效率高，但一般输出纹波电压较大。串联开关型稳压电路是降压型电路，并联开关型稳压电路是升压型电路。脉宽调制式（PWM）开关型稳压电路是在控制脉冲频率不变的情况下，通过调节脉冲波形的占空比，进而改变调整管饱和导通的时间来稳定输出电压的。调整管导通时间越长，输出电压越高，反之输出电压越低。

第六章 电子电路的分析与制作

学习目标

1. 掌握模拟电子电路的基本分析方法，能综合运用所学过的基本单元电路的知识分析较复杂的电路。

2. 结合应用实例和动手操作，了解电子产品的设计、制作过程。

§6－1 电子电路基本读图方法

实际应用电路一般都较为复杂，通常都是多种单元电路的综合应用。根据需要实现的功能不同，其电路图的繁简程度也不同。如何读图——即如何分析电路，对于解决电路调试、维修中的技术问题，提高掌握电子技术的水平，都有十分重要的作用。

一、单元电路识读方法

单元电路是指能完成某一电路功能的最小电路单位，如某一级放大电路、某一级振荡电路或某一级控制电路等。综合应用电路的整体功能是通过多个单元电路有机组合实现的，掌握单元电路的分析方法是分析复杂电路的基础。

单元电路的基本分析方法如下：

1. 了解本单元电路的组成及在整体电路中的作用

通常在某一单元电路中都有一个或数个起主要作用的功能元件，如放大电路中的三极管、整流电路中的整流管、控制电路中的开关管等，据此可判断单元电路的类型。从广义角度讲，一个集成电路的应用电路也可看作一个单元电路。

2. 画出直流等效电路和交流等效电路

由于电容具有隔直流通交流的特性，电感具有通直流阻交流的特性，在画直流等效电路时，可将所有电容视为开路，所有电感视为短路。在画交流等效电路时，电路中的耦合电容和旁路电容都视为短路；由于直流电源的内阻很小，而且电源两端通常都并接有大容量的滤波电容，因此也可将直流电源视为短路。但在画交流通路时，不能把所有的电容均视为短路，如选频网络中的电容 C 就不能视作短路。

在画交流通路时，选频电路、振荡电路中的电抗元件必须保留。

3. 分析单元电路输入、输出信号的特点及在传输过程中的处理方式

例如，经过单元电路后，输入信号被放大了，说明该电路是放大电路。原来输入的是脉动电流，经过单元电路后，波形变平滑了，说明该电路是滤波电路。原来输入的是矩形波，输出得到的是三角波，说明该电路是波形变换电路等。

必须注意的是，在实际应用中，从产品说明书或从电路板上看到的单元电路，与平时书本上读到的习惯画法往往相距甚远，各元器件之间的连接关系不容易一下子看清，必须认真辨识。

二、综合应用电路图识读方法

1. 了解电路整体功能

首先要从阅读产品说明书，或从分析电路输入、输出信号特点及相互关系中，大致了解电路的用途和整体功能，这对于进一步分析各部分电路功能可起到指导作用。尤其要注意充分了解每一块集成电路的功能，因为集成电路是组成电路系统的核心器件，只有充分了解各集成电路的功能，才能了解各外接元器件的作用，也才能进一步了解电路的整体功能。

2. 划分功能块

根据信号的传送方向，将电路分解为若干个具有独立功能的部分，用框图表示。一般以半导体管或集成电路为核心进行划分。通过框图不仅能直观地看出电路的组成部分，还能分析各部分电路如何配合，以实现电路的整体功能。

3. 分析工作过程

选择合适的方法分析各部分电路的工作原理和主要功能，运用电路的一些基本规律判断电路类型，分析其性能特点，然后再将各个功能模块联系起来，分析整个电路从输入到输出的工作过程。对电路主要进行定性分析，必要时做定量计算，或画出电路工作波形图，以弄清各部分电路信号波形，以及在时间顺序上的关系。应首先分析电路主要组成部分的功能，然后再对次要部分做进一步分析。

由于各应用电路的复杂程度、组成结构、采用元器件各不相同，因此分析方法、读图步骤也不尽相同，可根据具体情况灵活运用，通过大量实践，积累经验，逐步提高读图的能力。

三、印制电路板图识读方法

印制电路板图从印制电路板设计的效果出发，电路元件用图形符号表示，各元器件之间用铜箔连接，有些铜箔线路之间还用跨线连接，而这些铜箔线路的排布和走向又没有固定的规律，这给印制电路图的识读带来了诸多不便。

采用下列方法和技巧可以提高识图速度：

1. 电路板上大面积铜箔线路是地线，一块电路板上的地线处处相连。此外，一些元器件的金属外壳接地。找地线时，上述任何一处都可以作为地线使用；在同一设备的各块电路板之间，地线也是相连的。但是，当每块电路板之间的接插件没有接通时，各块电路板之间的地线是不通的，这一点在检修时须加注意。

2. 集成电路的外围元件以及一些单元电路的元件相对比较集中，有些元件的特征也比较明显，例如整流电路中的二极管比较多，功率放大管上装有散热片，滤波电容的容量最大、体积最大等。根据这些特征就可以在电路板上方便地找到。

3. 在将印制电路板图与实际电路板对照的过程中，应将二者取一致的看图方向，这样便于读图。

下面以某电池充电器电路为例，试比较其原理图、印制电路板图的特点及相互联系。图6-1为电池充电器电路原理图（**注意**为便于设计制作，图中文字标注与本书此前标注方法略有不同）。

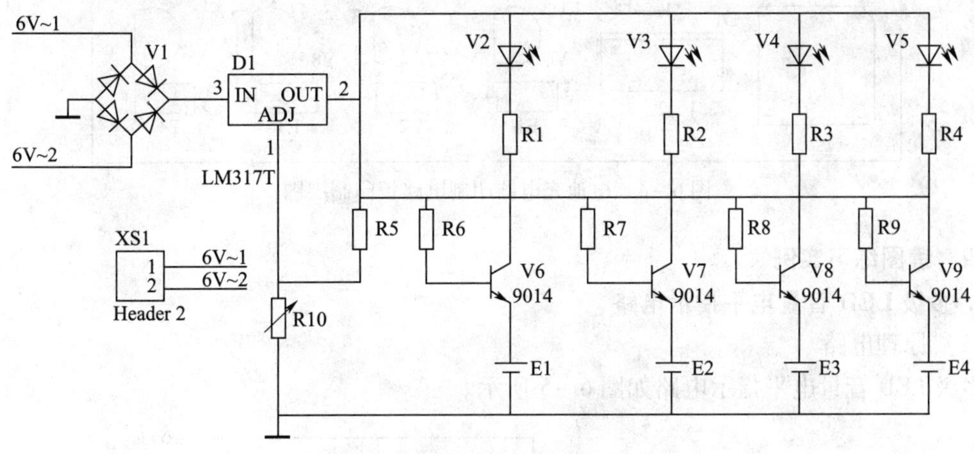

图6-1　电池充电器电路原理图

图6-2、图6-3、图6-4分别为电池充电器印制电路板完整图、底层图和印制层图。

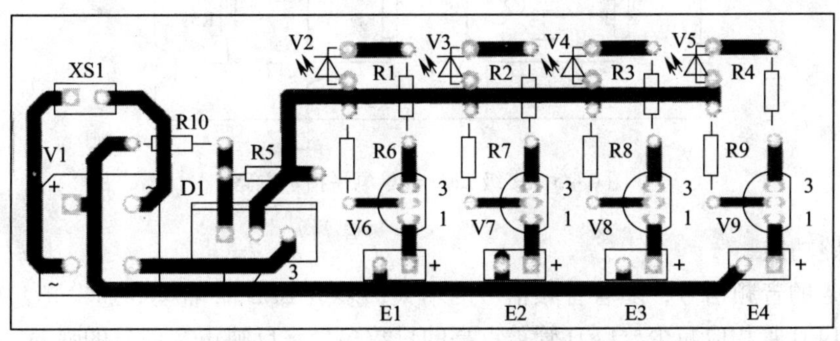

图6-2　电池充电器印制电路板完整图

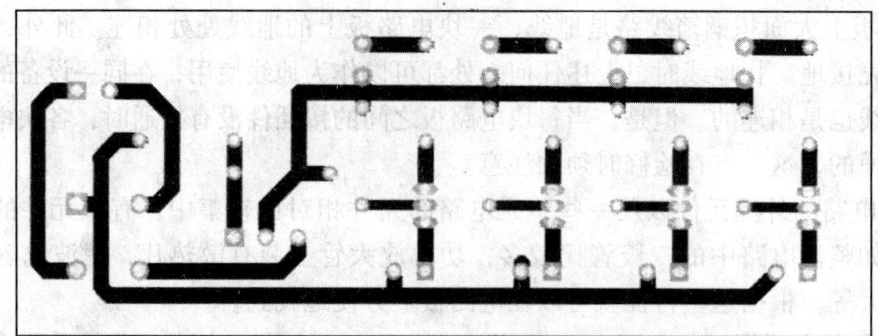

图 6-3　电池充电器印制电路板底层图

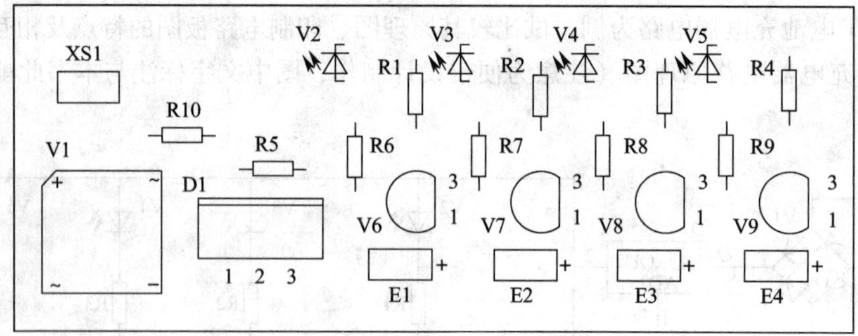

图 6-4　电池充电器印制电路板印制层图

四、读图练习实例

1. 多级 LED 音量电平指示电路

（1）原理电路

多级 LED 音量电平指示电路如图 6-5 所示。

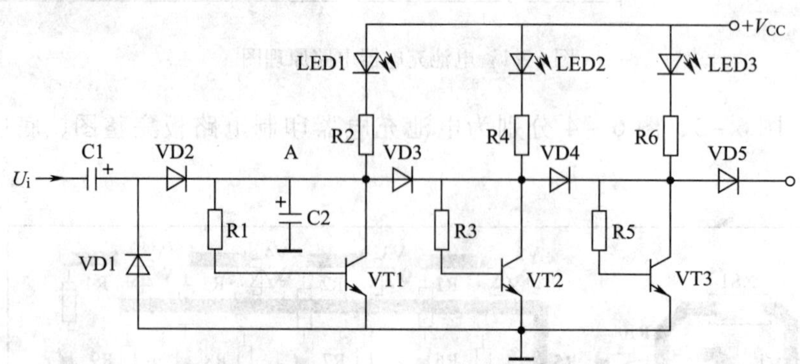

图 6-5　多级 LED 音量电平指示电路

（2）电路功能

U_i 为输入的音频信号，随着音频信号的增大，多级 LED 管陆续导通发光，当 U_i 减小，导通发光的 LED 管相应减少。LED 管被点亮的只数多少，反映声音信号的强弱。

（3）原理框图

多级 LED 音量电平指示电路原理框图如图 6-6 所示。

图 6-6 多级 LED 音量电平指示电路原理框图

(4) 电路分析

1) C1、VD1、VD2 构成倍压整流电路。输入信号 U_i 增大，则 A 点直流电压升高。

2) 当 A 点直流电压约为 0.7 V 时，三极管 VT1 导通，LED1 发光。

3) 当 A 点直流电压约为 1.4 V 时，不仅 VT1 导通，LED1 发光，VD3 和 VT2 也导通，第二级 LED2 也随之发光。U_i 每增加 0.7 V，后续 LED 管就被点亮一只。

(5) 思考讨论

1) 电阻 R1、R3、R5 分别起什么作用?

2) 电阻 R2、R4、R6 分别起什么作用?

2. 助听器电路

(1) 原理电路

助听器原理电路如图 6-7 所示。

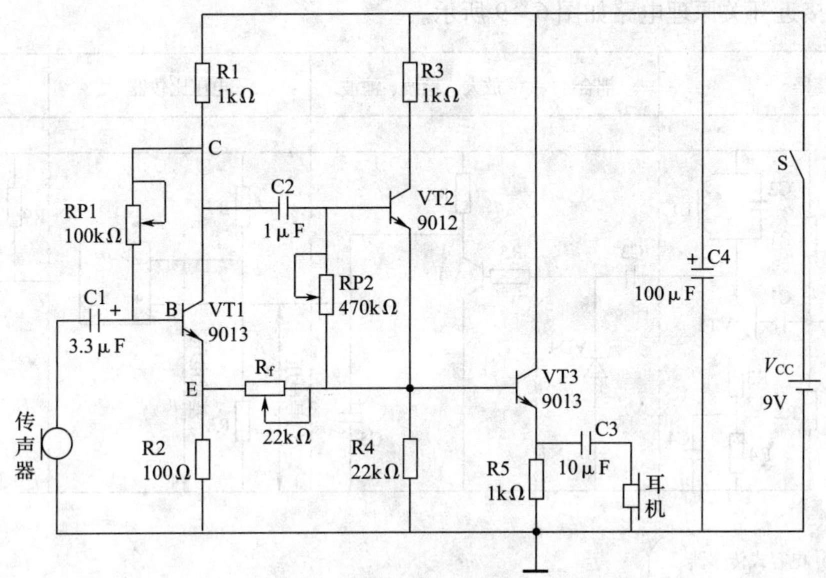

图 6-7 助听器原理电路

(2) 电路功能

将传声器输入的较弱音频信号放大成较强音频信号后，推动受话器（耳机）发声。

(3) 原理框图

助听器原理框图如图 6-8 所示。

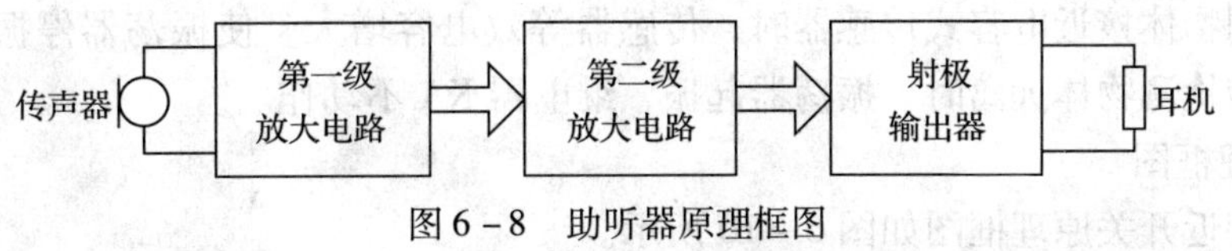

图 6-8 助听器原理框图

（4）电路分析

1）VT1 构成第一级放大电路。RP1 既是 VT1 的基极偏置电阻，也是反馈电阻。

2）VT2 构成第二级放大电路。RP2 既是 VT2 的基极偏置电阻，也是反馈电阻。R_f 引入级间反馈。

3）VT3 构成射极输电器。

（5）思考讨论

1）RP1 引入的反馈为________反馈。

RP2 引入的反馈为________反馈。

R_f引入的反馈为________反馈。

2）以上各反馈环节在电路中分别起什么作用？

3）电路采用射极输出器起什么作用？

4）电容 C4 起什么作用？

3. 电容式接近开关

（1）原理电路

电容式接近开关原理电路如图 6－9 所示。

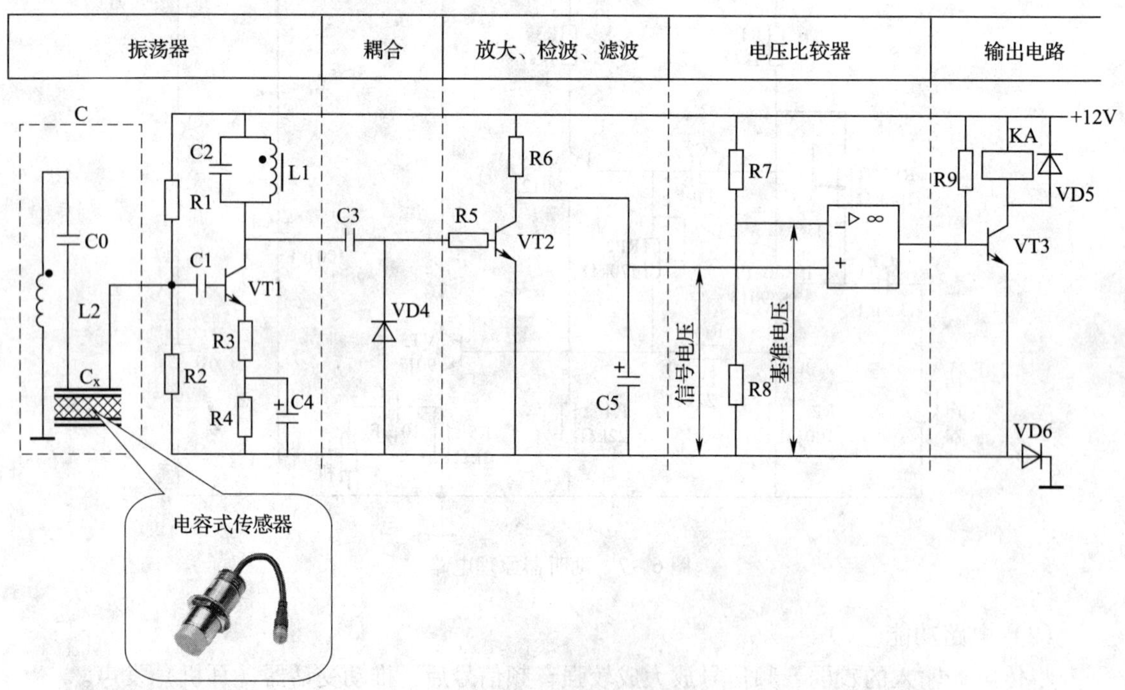

图 6－9 电容式接近开关原理电路

（2）电路功能

当有检测物体接近电容式传感器时，传感器等效电容增大，使振荡器停振，继电器 KA 得电动作。当检测物体远离时，振荡器起振，继电器 KA 不动作。

（3）原理框图

电容式接近开关原理框图如图 6－10 所示。

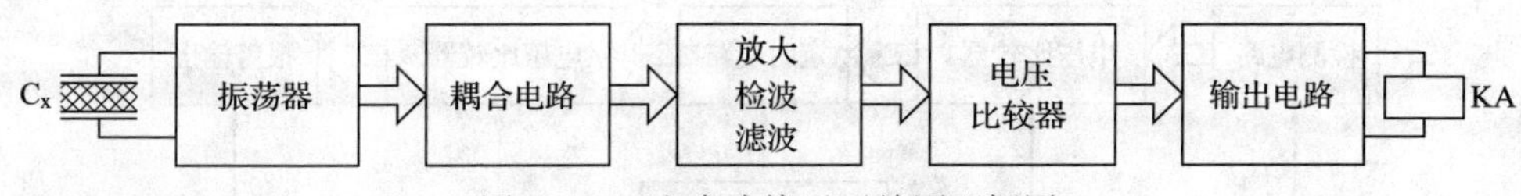

图 6－10 电容式接近开关原理框图

（4）电路分析

1）电容式接近开关的感应头是一个圆形平板电极，这个电极与振荡电路的地线形成一个分布电容，设为 C_x。

2）VT1 构成振荡器，正反馈信号从变压器二次绕组 L2 引出，经分压后送到 VT1 基极。VT2 构成放大器，集成运放构成电压比较器，VT3 为输出电路。

3）当有检测物体接近探测电极时，传感器等效电容增大，容抗减小，正反馈减弱，振荡器停振，输出端无信号输出，致使 VT2 截止，VT2 集电极电压近似为电源电压，加到集成运放的同相输入端，该电压高于反相输出端的参考电压（由电阻 R7、R8 对电源电压分压而得），因此，集成运放输出为高电平，VT3 饱和导通，继电器 KA 得电动作。

（5）思考讨论

1）说明当检测物体远离检测电极时电路的工作过程。

2）电路中电容 C5 起什么作用?

3）电路中二极管 VD5 起什么作用?

4. 烟雾报警器

（1）原理电路

烟雾报警器原理电路如图 6－11 所示。

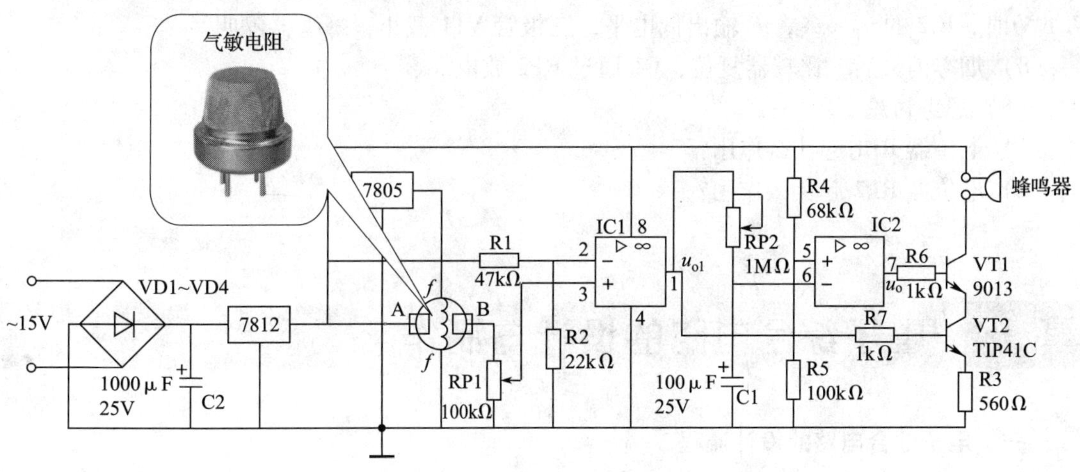

图 6－11 烟雾报警器原理电路

（2）电路功能

当烟雾报警器周围烟雾浓度超标时，蜂鸣器报警。

（3）原理框图

烟雾报警器原理框图如图 6－12 所示。

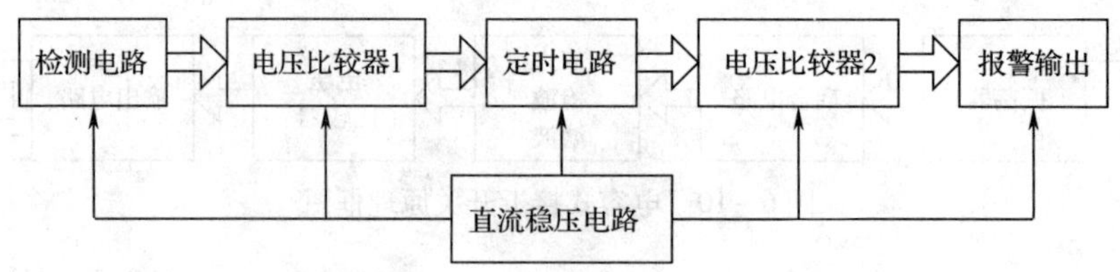

图 6－12　烟雾报警器原理框图

（4）电路分析

1）三端集成稳压器 7812、7805 为电路提供所需直流电压。

2）集成运放 IC1 和 IC2 构成两个电压比较器。

3）RP2 和 C1 构成定时电路。

4）集成运放 IC1 的参考电压为

$$U_{R1} = 12 \times \frac{22}{22+47} \approx 4\ \text{V}$$

集成运放 IC2 的参考电压为

$$U_{R2} = 12 \times \frac{100}{68+100} \approx 7.1\ \text{V}$$

5）当烟雾检测器周围烟雾浓度未超标时，集成运放 IC1 的 $u_P < u_N$，u_{o1} 输出低电平，三极管 VT2 截止，蜂鸣器不报警。IC2 的 $u_P > u_N$，u_o 输出高电平，三极管 VT1 处于待导通状态（因其射极无通路）。

6）当烟雾浓度超标时，集成运放 IC1 的 $u_P > u_N$，u_{o1} 输出高电平。三极管 VT2 导通，VT1 也同时导通，蜂鸣器报警。

7）u_{o1} 输出高电平后，由 RP2 和 C1 组成的定时电路立即开始工作。当电容 C1 充电超过 7.1 V 时，IC2 的 $u_P < u_N$，u_o 输出低电平，三极管 VT1 截止，蜂鸣器停叫。

8）烟雾消失后，比较器复位，C1 通过 RP2 放电。

（5）思考讨论

1）电位器 RP1 起什么作用?

2）电位器 RP2 起什么作用?

§6－2　电子综合电路的设计与制作

一、电子综合电路的设计流程

电子综合电路的一般设计流程如图 6－13 所示。

电子综合电路设计过程中应当遵循以下几项基本原则：

1. 设计方案首先必须完全满足设计要求的功能特性和技术指标。

2. 针对同一课题，可能会有多种设计方案，设计者应从电路的先进性、结构的繁简、成本的高低和制作的难易等方面进行综合的比较和评价，最后确定一种可行的方案。

3. 对选用的方案必须细化到实际元器件，应尽量选用常用的标准电路和元器件，优先

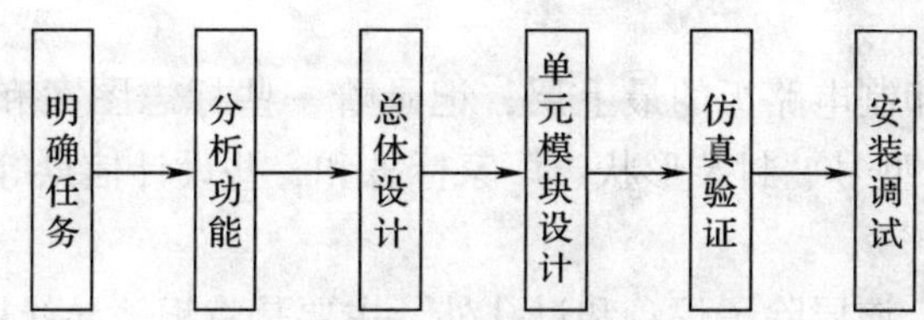

图 6－13　电子综合电路的设计流程

选用中、大规模集成电路。这样不仅可以减少元器件数量，而且可以提高电路的可靠性，降低成本。

4. 绘制总体电路图应包含所有元器件。一般从信号输入端从左向右或从上到下按信号流向依次绘制出各单元电路。

5. 为了验证电路的总体功能，减少调试中出现的故障，在安装电路前可先采用仿真软件对电路进行仿真测试，及时发现问题，改进电路。

二、印制电路板的设计和制作

已知电路原理图，可以用计算机辅助设计软件来进行印制电路板（PCB）的设计。PCB 计算机辅助设计软件主要有：PADS 公司的 Power PCB 软件、Altium 公司的 Protel 软件、Cadence 公司的 OrCAD 软件、Mentor Graphic 公司的 Layout 软件等。Protel 是流行的 PCB 设计工具之一，大多数 PCB 生产厂家都采用 Protel 设计 PCB 格式的文件。

1. 印制电路板的结构

印制电路板承载着实现电路功能所需的元器件，并附着元器件之间连接的导线（主要是敷铜）。此外，还印制有一些元器件的标号等信息。PCB 对于各种电子设备来说至关重要，在一些高频电路中，印制电路板设计的优劣更是直接影响到系统功能的实现。

印制电路板有单面板、双面板和多层板三种。单面板只在一面敷着铜箔导线，双面板则在两面都有。多层板就是除了 PCB 的正反两面布有导线外，板子间隙中还布有一层或多层导线。

PCB 的表面一般有三层，从上到下依次是**印制层、阻焊层**和**铜箔层**，如图 6－14 所示。

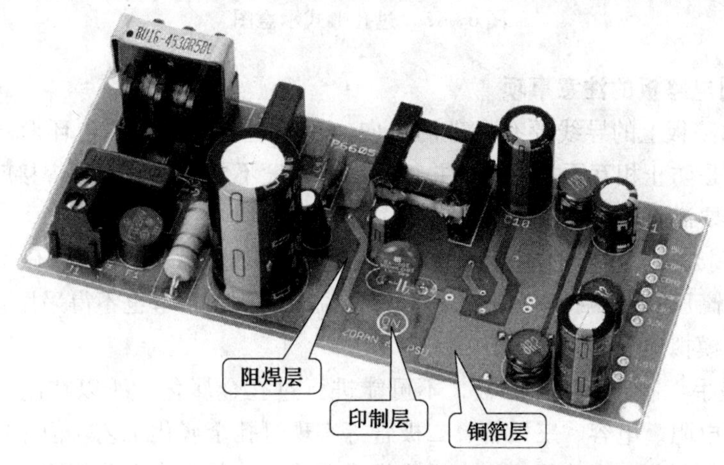

图 6－14　双面电路板的结构

（1）印制层

也称丝印层，位于印制电路板的最上层，记录着一些标志图案和文字标号（一般为白色），如元器件的标号、型号、封装形状、厂家标志和一些设计信息等。

（2）阻焊层

印制层下是阻焊层，该层除了焊盘和过孔外，主要是将铜箔导线用阻焊剂保护起来。

（3）铜箔层

即信号层或布线层，铜箔层完成电路的电气连接。通常将铜箔的层数定义为电路板的层数，因此，单面板只有一面铜箔层，双面板上下表面都有铜箔层，而更复杂的电路板则有多个铜箔层。

铜箔层的几个主要部分如下：

1）焊盘。PCB 上的焊盘用于完成电气连接的任务，各个元器件的引脚都是焊接在焊盘上的。通过焊盘完成各个元器件间信号的输入与输出，并通过铜箔导线与 PCB 的其他部分连接起来。

2）布线。在 PCB 上的铜箔导线起着实际电路中导线的作用。布线将焊盘与焊盘之间相连接，完成整个电路板上电气特性的连接任务，布线通常受到线宽和线间距等条件的限制。

3）过孔。过孔主要完成不同铜箔层之间的电气连接任务，在层与层之间需要连通的导线上打通一个公共的孔，在制板时通过沉铜技术将孔壁圆柱面上镀一层金属，以连通各层需要连通的铜箔。过孔的上下两面大多做成焊盘的形状，可以连在上下两面的线路上，也可以不连。Protel 2004 中提供通孔、盲孔、半盲孔 3 种过孔形式，它们的区别如图 6－15 所示。通孔是从顶层打通到底层的过孔；盲孔只用于中间层的导通连接，而没有穿透到顶层或底层的过孔；半盲孔则是从顶层或底层到某个中间层，不打通且在板子的表面可见。

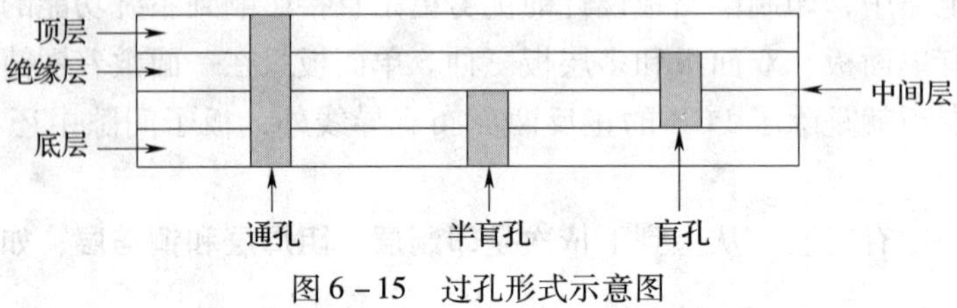

图 6－15　过孔形式示意图

2. 设计印制电路板的注意事项

（1）印制电路板上的导线要有合理的走向，尽量走直线，避免走环形，不得相互交叉或跨接，其目的是防止相互干扰。同向并行的线条密度不要太大，避免焊接时线间相连。元器件的位置安排要满足散热的要求。

（2）选择好接地点，一般情况下尽量采用共点地，地线线条要尽量做宽，最好使用大面积敷铜接地；高压及高频线应圆滑，不得有尖锐的倒角，拐弯也不得采用直角。同时，要注意将数字地和模拟地分开。

（3）如果是手工制作双面电路板，不可能进行过孔金属化，所以在制版时要尽量减少过孔，并尽量用电阻、电容、三极管、二极管等实现过孔金属化工艺。但不能使用集成电路的引脚实现过孔金属化，当使用双列直插式集成电路时，与集成电路相连的敷铜线应全部放在电路板的底层。

3. 印制电路板的设计和制作

印制电路板绘制完成并经过 DRC 检查无误后，即可交付印制电路板厂家生产。

以下简要介绍手工制作印制电路板的方法：

将设计完成的 PCB 图打印以后，放在敷铜板面上，在敷铜板面上记好引脚焊盘过孔位置作为定位标记，然后用毛笔蘸油漆在敷铜板面描画好 PCB 图，待油漆干透后，将敷铜板浸入三氯化铁溶液中。当敷铜板上无漆部分铜箔都已被腐蚀掉后（一般 15 ~ 30 min 即可完成），取出敷铜板，用清水冲洗，擦干水迹后，用 0.8 mm 钻头钻孔，最后涂上保护膜待用。也可以先钻孔后画电路，这样可避免印制电路板腐蚀好之后，在钻孔过程中铜箔与绝缘底板剥离。

三、电路安装与调试的注意事项

1. 电路安装注意事项

（1）元器件安装应遵循先小后大、先低后高、先里后外、先易后难、先一般元器件后特殊元器件的基本原则。

（2）对于电容器、三极管等立式插装元件，应保留适当长的引线。引线太短会造成元器件焊接时因过热而损坏；太长会降低元器件的稳定性或者引起短路。一般要求离电路板面 2 mm。插装过程中，应注意元器件的电极极性，有时还需要在不同电极上套上相应的套管。

（3）元器件引线穿过焊盘后应保留 2 ~ 3 mm，以便沿着印制导线方向将其打弯固定。

（4）安装水平插装的元器件时，标记号应向上，且方向一致，便于观察。功率小于 1 W 的元器件可贴近印制电路板平面插装，功率较大的元器件要求元件体距离印制电路板平面 2 mm，便于元件散热。

（5）插装体积、质量较大的大容量电解电容器时，应采用胶粘剂将其底部粘在印制电路板上或用加橡胶衬垫的方法，以防止其歪斜、引线折断或焊点焊盘的损坏。

（6）元器件的引线直径与印制电路板焊盘孔径应有 0.2 ~ 0.3 mm 的间隙。间隙太大，焊接不牢，力学强度差；间隙太小，元件难以插装。对于多引线的集成电路，可将两边的焊盘孔径间隙做成 0.2 mm，中间的做成 0.3 mm，这样既便于插装，又有一定的力学强度。

（7）集成电路常见外形有晶体管式和扁平式两种，晶体管式器件的装置方法与功率三极管直立装置法相同。扁平式器件引脚触片有**轴向式**和**径向式**两种，轴向式器件应先将触片成型，然后直接焊在印制电路板的接点上；径向式触片直接插入印制电路板焊接即可；为了便于拆换集成块，有些电路板上先焊接好专用插座，然后将集成块直接插入插座中，如图 6 – 16 所示。

2. 电路调试注意事项

（1）通电前直观检查

安装好电路后不要急于通电，首先要认真仔细地进行直观检查。

1）对照电路图检查元器件是否齐全，电源线、地线、信号线及集成电路外引脚是否连接好，有无遗漏、接错、短路和接触不良等现象。对复杂电路可用万用表检查，如图 6 – 17 所示。

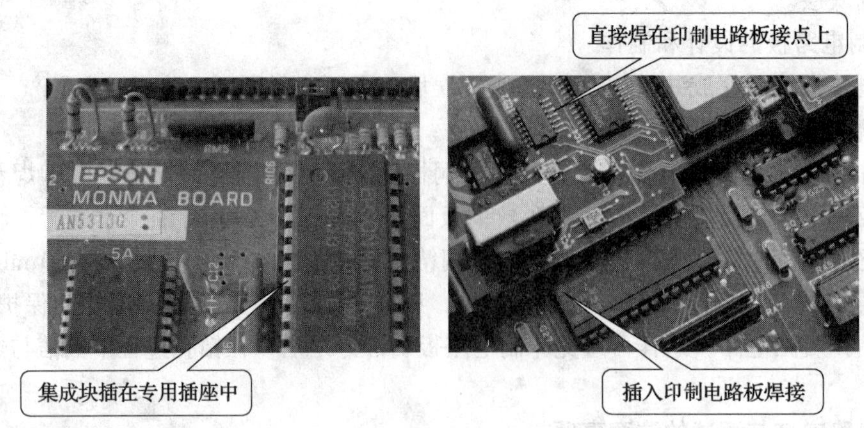

图 6－16　扁平式集成电路的装置方法

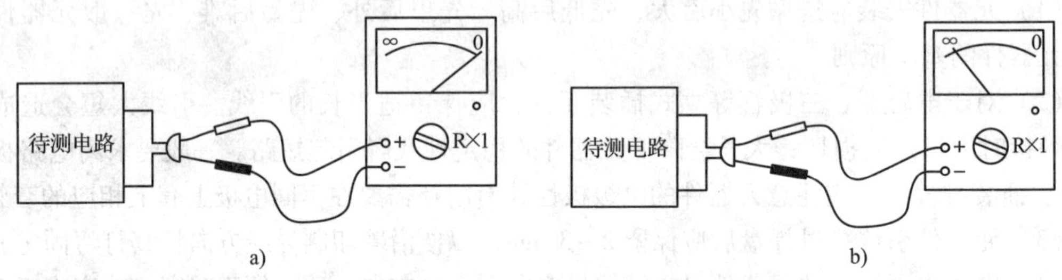

图 6－17　用万用表检查电路有无短路现象

a）电路内部有短路现象　b）电路内部无短路现象

图 6－17a 测量结果表明电路内部有短路现象，不能通电测试。

图 6－17b 测量结果表明电路内部无短路现象，可以通电测试。

2）注意检查集成电路的方向有无插反，某些不允许悬空的输入端是否按要求接入，电路中二极管、三极管、电解电容器等引脚有无接错。

（2）通电检查

直观检查无误后，将规定电源接入电路。不要急于测试，先要注意观察以下情况：

1）接通稳压电源后，稳压电源电压表所示电压值是否严重下跌，电流表所示电流值是否过大，如果出现以上情况，说明电路有短路现象，应立即断电检查。

2）接通电源后，如电压表、电流表显示正常，应静观一段时间，看是否有异常现象，包括冒烟、打火、异常气味、异常声音、元器件发烫等，如发现异常，应立即断电检查。

（3）通电调试

1）静态调试。接通电源后，使用万用表等调整好电路的静态工作点，例如要把 OTL 功放电路中点电压调到电源电压的$\frac{1}{2}$，OCL 功放电路中点电压调到 0；调节电路中设置的可变电阻、可变电容等元件参数，使电路能够达到设计功能和技术指标。

2）动态调试

接通电源后，结合电路功能输入相应信号，使用示波器、频率特性仪等仪器观察输出响应，分析波形，了解输入、输出信号关系，测量动态参数，调节电路（必要时改进电路），使其满足设计要求。

四、电路故障的检修

1. 故障出现的原因

电子电路故障出现的原因很多，如元件检测疏漏，插件中出现错装、漏装；焊接中出现虚焊、假焊、漏焊、搭焊；调试中没有达到规定的技术要求；电子元器件使用日久参数发生变化等。

2. 故障检修的步骤

电子电路故障检修的一般步骤是：观察故障现象—判断故障范围—查找故障点（或故障元件）—排除故障（更换故障元件）—检查电路功能恢复情况。

3. 故障检查的方法

故障检查的方法主要有以下几种：

（1）直观检查法

就是采用眼看、耳听、鼻闻、手摸等方式对电路进行检查的一种方法。直观检查法可以在断电和通电两种情况下进行。一般应先断电观察，看有无导线松脱，观察有无漏装、错装元件，有极性元件的极性是否安装正确，元件引脚有无短路、断线，电阻有无烧焦、变色，电解电容器有无漏液、胀裂、变形，焊接点是否良好。也可用手轻轻拔一拔被怀疑的元件，试试有无脱焊和松动，直接找出故障点，加以排除。

如果断电检查没有发现故障，就可进行通电检查。重点观察容易发热的元器件，如变压器、大功率晶体管、集成电路、大功率电阻器等，有无冒烟、打火、异味和发出异常声响等现象。还可以通电一段时间后，再断电然后用手指去触摸元器件表面，看是否有过热现象，以判断故障元件。

（2）测电压法

即通过使用万用表检测电路的工作电压，将测量结果和正常值作比较，从而发现故障的方法。能够反映单元电路功能正常与否的电压值称为**关键点电压**，测量中常常先测量关键点电压。例如测量模拟电路的静态工作点，数字电路的输入、输出电平等。

测量电压一般是以公共接地点为参考点，测量某点电位值，就是该点电压值。例如三极管基极电压 U_B 就是基极对地电位，也可测量两点间的电压，如三极管 B－E 间的电压 U_{BE}。根据三极管 U_B、U_{BE} 的测量值即可判断其工作状态。

（3）测电流法

即通过测量单元电路或整机电路的电流值，将其与正常值比较，帮助缩小故障范围并找出故障点的方法。这对于查明故障电路范围内的晶体管、集成电路、电容器、电路板等元器件的漏电或击穿非常有效。在检修中，还可以通过测量整机电流来防止大电流损坏元器件或扩大故障范围，具体做法是将万用表直流电流挡串接在稳压电源与负载电路之间，然后接通电源，观察电流读数，发现电流过大应及时切断电源，再用其他方法检查故障原因。测电流法一般用于测量直流电流，使用时应注意表笔的正、负极性不要接错。

（4）在线电阻测量法

测量已经安装在电路中的元器件，大致判断其质量的好坏，这就是在线电阻测量法。应当注意，使用在线电阻测量法时，必须在电路断电的情况下进行，绝对不允许带电测量。分析测量结果时必须充分考虑周边电路对被测元件的影响，必要时可临时将被测元件与电路断开进行测量，为了准确判断故障元件，还必须把可疑元件拆下单独测试进行确定。

在线电阻测量法可以大致判断电阻器、电容器、电感器、二极管和三极管的质量，万用表一般放在较小量程挡。检测电阻器时，应测量正反两次的阻值，测量阻值均应小于或等于标称阻值，若其中有一次阻值大于标称阻值，该电阻器可能是开路或变值。

检测电容器时，测量阻值若等于零，该电容器可能是短路故障；对电容器开路故障一般无法判断。检测电感器时，测量阻值若等于无穷大，该电感器可能是开路故障；一般无法判断电感器匝间短路故障。

（5）波形分析法

利用示波器等仪器测量电路信号流程中的各点波形，通过对波形的幅度、周期、相位、形状的分析，确定故障原因。这是一种常用的检修方法，尤其适用于模拟电路的动态故障检修。

测量前，首先要掌握电路信号流程中各级波形的幅度、周期、相位、形状等的正确数值。在电路静态工作正常的情况下，给电路输入信号，然后测量各级输出信号波形，与正确波形进行比较，分析判断故障点。例如，多级放大电路中耦合电容开路的故障，可以用示波器沿着信号流向检查各级放大电路输入、输出的波形，将故障范围确定在有波形和无波形的两点之间的电路段，检查测量耦合电容就能找到故障元件。

在表 6－1 所示各波形图中，从波形图①可以看到波形的变换；从波形图②可以看到输出波形正常；从波形图③可以看到直流电压中的纹波；从波形图④可以看到该矩形波上升沿较差；从波形图⑤与波形图⑥的对比，可以准确判断整流电路中有一个开关管已经断开。

表 6－1　　波形分析示例

①矩形波和积分波	②行推动管集电极输出波形	③输出直流电压中的纹波

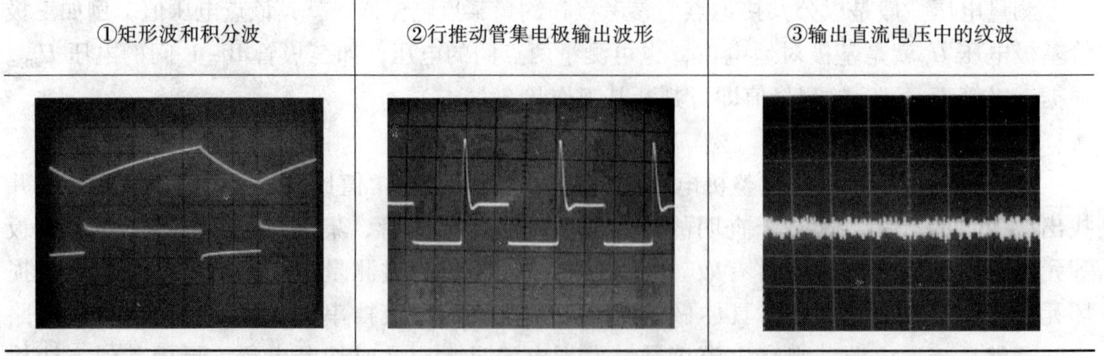

续表

④上升沿较差的矩形波	⑤α=0°时三相桥式全控整流电路输出电压波形	⑥α=0°时三相桥式全控整流电路中有一个开关管烧断时输出电压波形
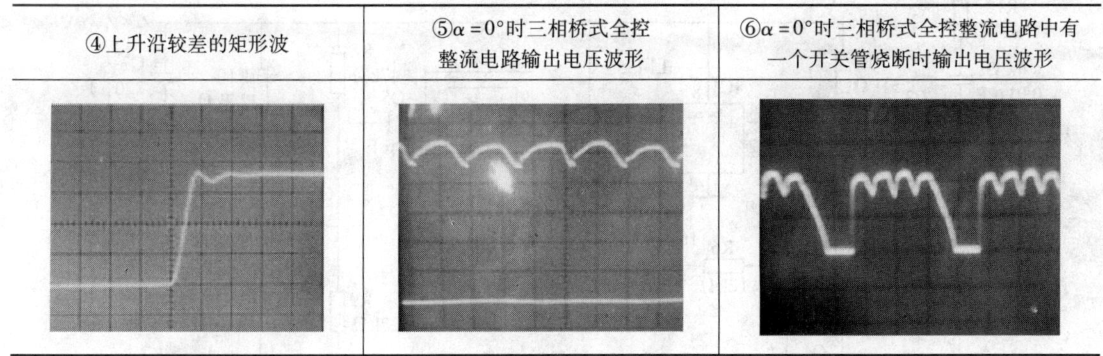		

（6）元器件替换法

如怀疑某元器件（特别是集成电路、晶体管、电容器、电感器等非线性元件）有故障，又没有专用仪器检测，一时无法准确测量和判定，可用一个完好的同型号的元器件替代。置换后，若电路工作正常，则说明原有元器件或插件板存在故障，可做进一步检查。如果有多个输入端的集成器件在使用中有多余输入端，则可换用其他输入端进行试验，以判断原输入端是否有问题。

替换法检修电路要克服盲目性，必须根据故障现象，分析和判断故障范围，再用其他方法进一步缩小范围，最后确定替换元器件进行测试，切忌瞎猜疑，乱替换。

4. 故障排除的注意事项

（1）拆下损坏的元器件后，要找到使其损坏的原因，对可能危及的相邻元器件也要进行检查。在确认无其他故障后，再动手更换元器件。

（2）更换集成电路时，必须确认型号、规格一致和性能完好后方可换上。对于型号相同但前缀或后缀字母、数字不同的集成电路，应查阅相关资料，对照功能参数，确定其能否替代使用。

（3）更换大功率的电阻器、晶体管、集成电路时，应采用同一功率等级的元器件，一般不可用更高功率等级的元器件替代，以免电路原有的保护功能失效。

（4）故障排除过程中，要注意不扩大故障范围，尤其在拆装元器件时不能损坏印制电路板的铜箔。故障排除后，重新通电检查电路，应能恢复原来的全部功能指标。

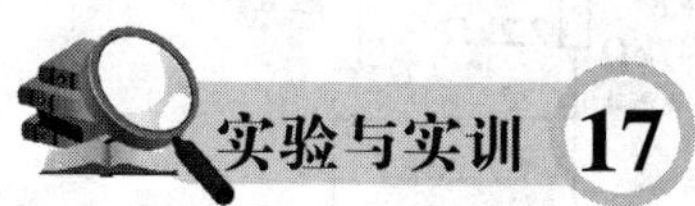

实验与实训 17

RC 桥式正弦波振荡器的设计与制作

本节以 RC 桥式正弦波振荡器为例，使用 Multisim 2001 软件进行电路设计和分析，使用 Protel99se 软件设计印制电路板图，并最终完成产品制作。这是对本课程所学理论知识和实际操作能力的综合应用。

一、电路的组成和工作原理

RC 桥式正弦波振荡器参考电路如图 6－18 所示。

如图 6－19 所示为该电路的原理框图。

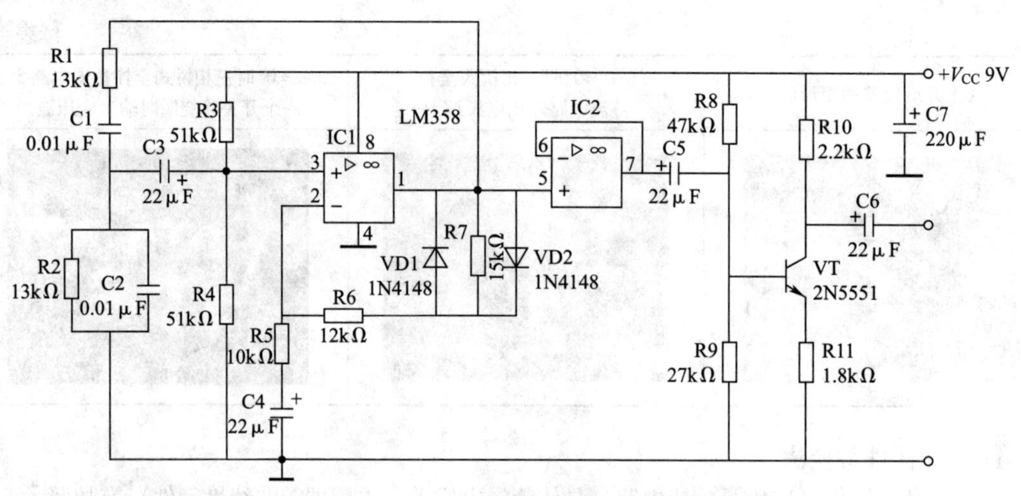

图 6－18　RC 桥式正弦波振荡器电路图

图 6－19　RC 桥式正弦波振荡器原理框图

IC1 组成 RC 桥式振荡电路，RC 串、并联网络的谐振频率 $f_0=\dfrac{1}{2\pi}\dfrac{1}{\sqrt{R_1C_1R_2C_2}}$，要求 $f_0=1\ \text{kHz}$，取 $C_1=C_2=0.01\ \mu\text{F}$，取 $R_1=R_2$，估算：$R_1=R_2\approx$ ________ kΩ。R5、R6、R7 引入的反馈类型为________反馈，取 $R_5=10\ \text{k}\Omega$，$R_7=15\ \text{k}\Omega$，通过仿真调试，确定 R6。二极管 VD1 和 VD2 与 R7 并联，起________作用。

IC2 组成电压跟随器，本身无电压放大作用，但可起________________作用。

三极管 VT 组成分压或共射放大电路，根据参考电路中各元器件参数，估算 $I_{CQ}\approx$ _____ mA。

二、使用 Multisim 软件仿真调试

创建原理图电路如图 6－20 所示。

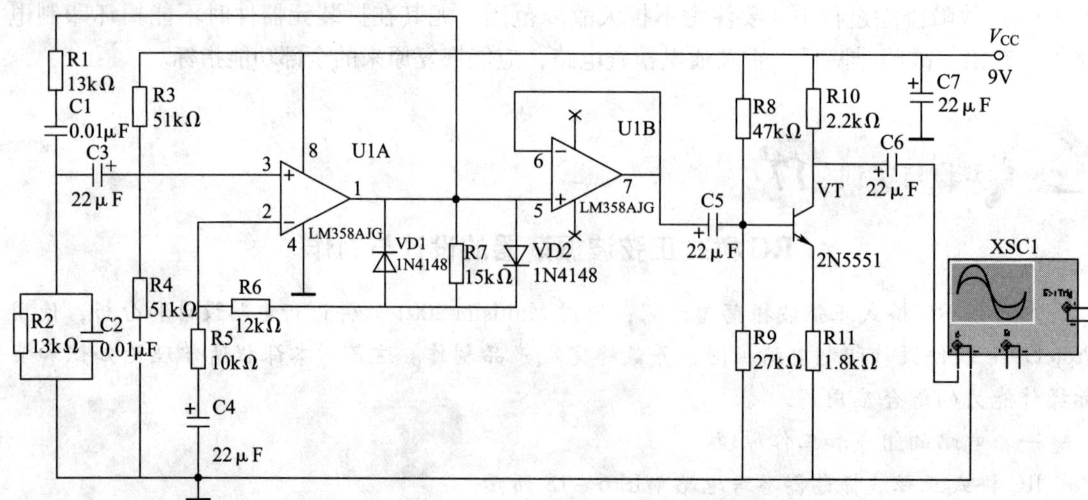

图 6－20　RC 桥式正弦波振荡器仿真电路图

1. 确定负反馈电阻 R6 的阻值

(1) 将耦合电容 C3 与选频网络断开，由仿真信号发生器输出的 1 kHz、20 mV 正弦信号经 C3 输入 IC1 同相输入端。用仿真双踪示波器观测 IC1 的输入和输出波形。

(2) 改变 R_6，使 IC1 输出电压幅值略大于输入电压幅值的 3 倍，如图 6－21 所示。

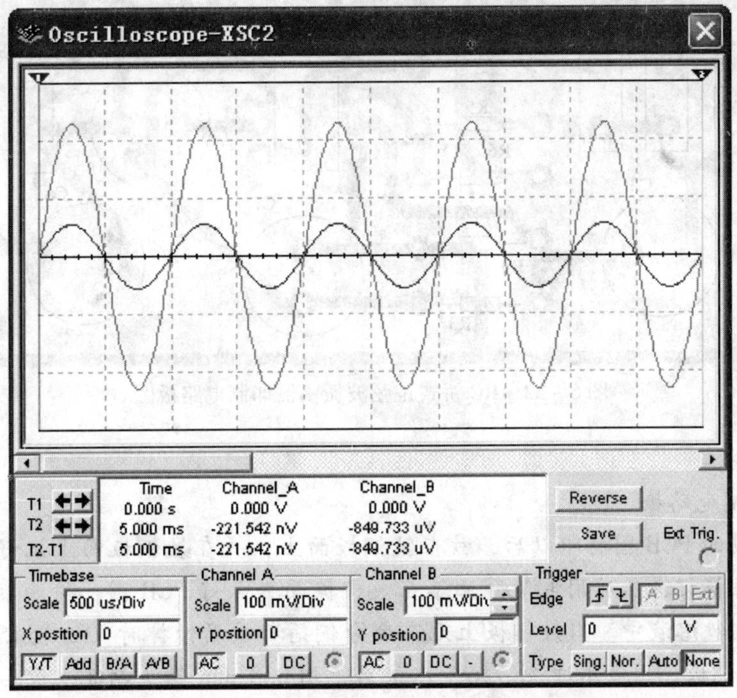

图 6－21　集成运放 IC1 输入、输出信号波形

(3) 去掉仿真信号发生器，将 C3 与选频网络相连，用仿真示波器观测电路是否起振。如果电路不起振，应将 R6 调________（大或小）；如果振荡波形失真，应将 R6 调________（大或小），最后确定 R6 的值为________ kΩ。

2. 调整三极管 VT 的静态工作点

(1) 断开耦合电容 C5，在仿真状态下，调节 R8、R10、R11，使三极管 VT 静态电流 $I_E = 1 \sim 2$ mA，管压降 $U_{CEQ} = 3 \sim 6$ V。

(2) 用仿真信号发生器经电容 C5，向三极管 VT 基极输入 1 kHz 正弦波信号，逐步增大正弦波信号幅值，使信号动态范围最大，最后确定 R_8 = ________ kΩ，R_{10} = ________ kΩ，R_{11} = ________ kΩ。

3. 电路级联统调

连接耦合电容 C5，用仿真示波器观察输出信号波形。如要增大不失真输出电压幅值，可适当将 R10 调________（大或小），或将 R11 调________（大或小）。用仿真示波器测量输出信号频率 f = ________ kHz，最大不失真输出电压幅值为________ V。

三、设计印制电路板图

使用 Protel99se 软件设计的印制电路板（PCB）图如图 6－22 所示。

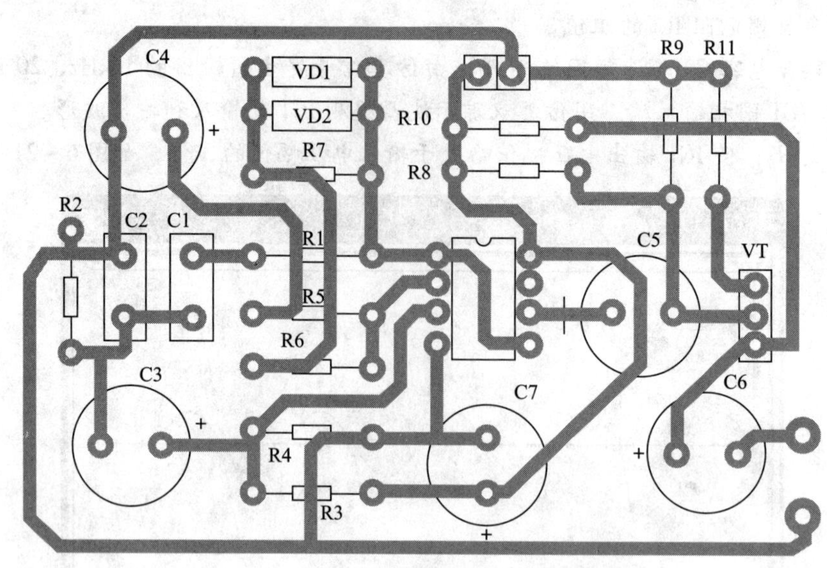

图 6-22　RC 桥式正弦波振荡器印制电路板图

四、产品制作

1. 制作印制电路板

将设计完成的 PCB 图打印以后，放在敷铜板面上，并在敷铜板面上记好引脚焊盘的过孔位置作为定位标记，然后用毛笔蘸油漆在敷铜板面描画好 PCB 图，待油漆干透后，将敷铜板浸入三氯化铁溶液中。当敷铜板上无漆部分铜箔都被腐蚀掉时（一般 15～30 min 即可完成），取出敷铜板，用清水冲洗，擦干水迹后，用 0.8 mm 钻头钻孔，最后涂上保护膜待用。也可以先钻孔后画电路，这样可避免印制板腐蚀好之后，在钻孔过程中孔附近的铜箔与绝缘底板剥离。

2. 元件选择

R1～R11 采用$\frac{1}{8}$W 碳膜电阻器，C1 和 C2 采用瓷片电容器，C3～C7 采用电解电容器，耐压大于 16 V，R6 和 R8 采用软件仿真确定的标称阻值，也可通过实际调试确定。

3. 安装调试

（1）对所用元器件进行检测。

（2）参考图 6-22 安装电路。

（3）装配完成，检查无误后通电调试。

利用 Multisim 软件进行仿真实验

电子虚拟实验台（EWB）是电子设计自动化的重要工具之一。它不仅在工程设计中发挥着重要作用，同时也是学习电子技术的一个很好的实验平台。许多电子电路都可以在此平台上模拟运行，以验证和巩固所学的理论知识，增强开发、创新的能力。

Multisim 软件是 EWB 的升级版，下面以 Multisim9 为基础介绍软件的使用。

一、启动 Multisim9 软件

单击 Windows“开始”菜单下“程序”中的 Multisim9，打开 Multisim9 的用户界面，如附图 1 所示，在电路窗口中自动建立一个文件名为“Circuit1”的电路文件。

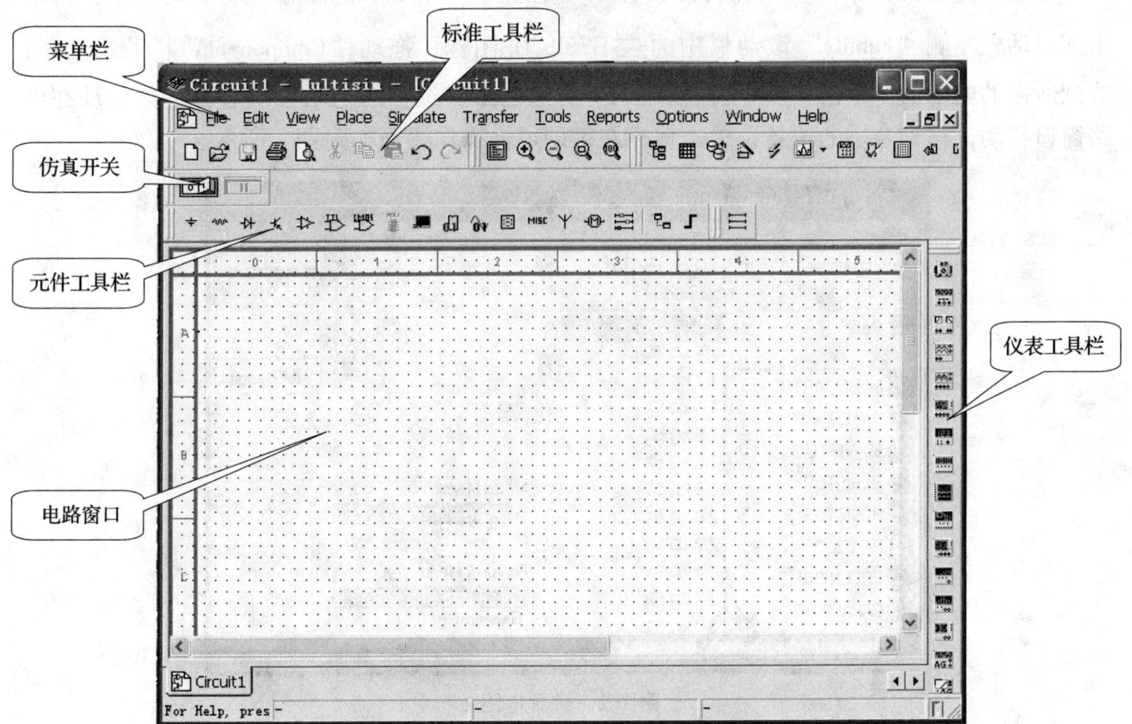

附图 1　Multisim9 软件用户界面

该软件系统的各工具栏功能如下：

1. 菜单栏

与 Windows 其他应用程序相似，提供设计需要的绝大多数的功能命令。

2. 标准工具栏

提供基本功能的快捷按钮。

3. 仿真开关

主要用于仿真过程的控制。

4. 元件工具栏

按类型不同提供电路设计所需的全部元器件。

5. 仪表工具栏

提供电路仿真、测试所需的各种仪器、仪表。

6. 电路窗口

创建、编辑电路图，仿真分析、波形显示等。

二、创建电路图

1. 放置元件

（1）放置电阻

单击元件工具栏中的基本元件库按钮 ，弹出“Select a Component”对话框，再单击该对话框左侧“Family”滚动栏中的 RESISTOR图标，拖动“Component”栏的滚动条，找到所需的电阻值，单击“OK”按钮或双击所选电阻。选中的电阻会随着鼠标的移动在电路窗口移动，移到合适的位置，单击鼠标左键即可。操作界面如附图 2 所示。

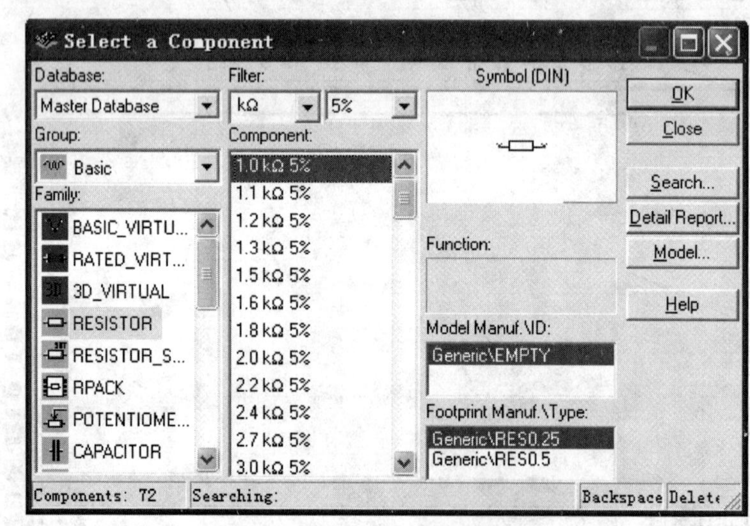

附图 2　放置电阻

（2）放置电容

放置电容的过程和放置电阻的过程基本相似，只需要在弹出的“Select a Component”对话框左侧 Family 滚动栏单击 CAPACITOR图标，选中相应电容值，并将它放到合适的位置。

操作界面如附图 3 所示。

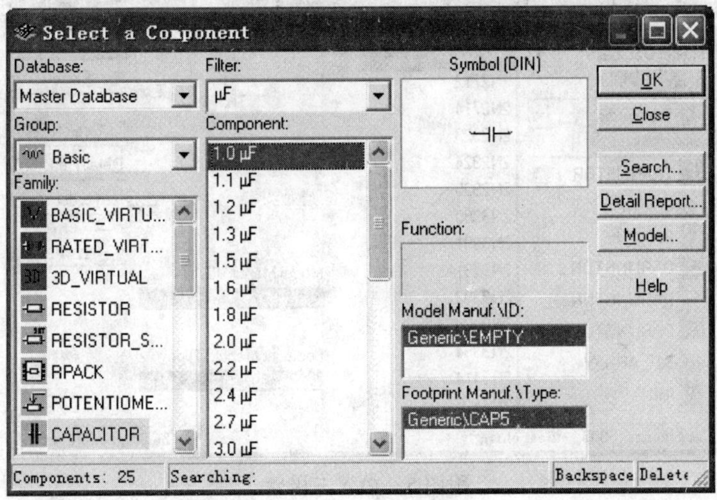

附图 3　放置电容

（3）放置电源

单击元件工具栏中的电源元件库按钮 ，弹出“Select a Component”对话框，在该对话框左侧“Family”滚动栏中选中 POWER_SOURCES图标，在“Component”栏中找到所需电源，选中并放置电源。操作界面如附图 4 所示。

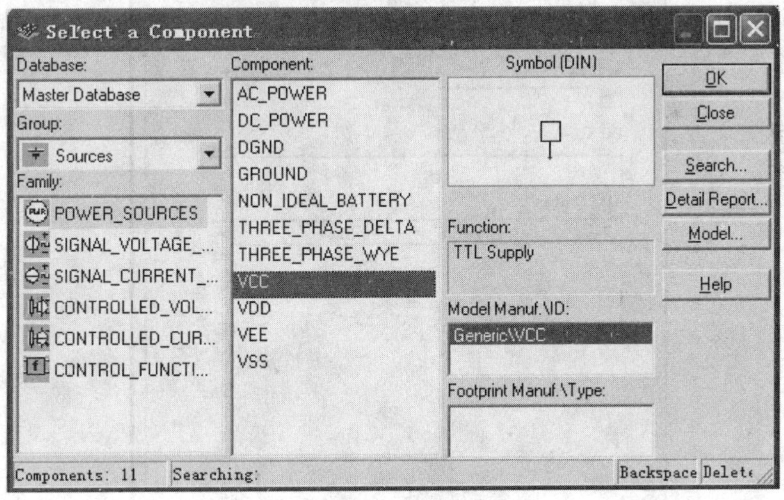

附图 4　放置电源

（4）放置三极管

单击元件工具栏中的半导体器件库按钮 ，弹出“Select a Component”对话框，在该对话框左侧“Family”滚动栏中根据所选用三极管的管型选中 BJT_NPN图标或 BJT_PNP图标，在“Component”栏中找到所需三极管型号，选中并放置三极管。操作界面如附图 5 所示。

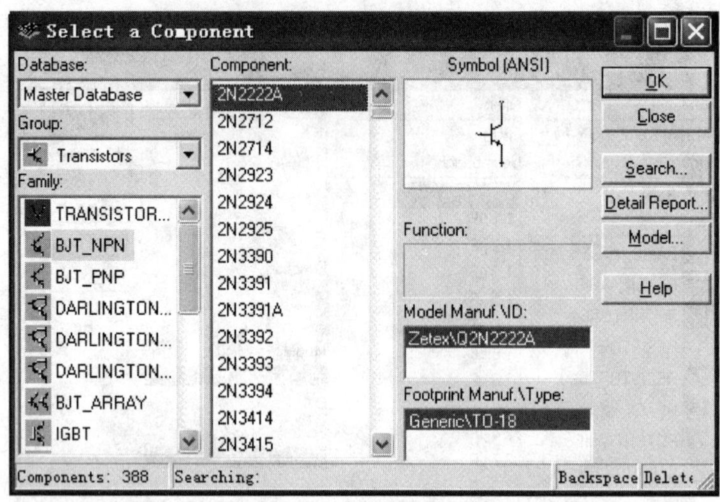

附图 5　放置三极管

2. 编辑元件

（1）修改元件的参考序号

双击该元件，在弹出的属性对话框“RefDes”栏中，修改元件的参考序号，单击“确定”按钮即可，例如将电阻 R2 的参考序号改为 R5，如附图 6 所示。

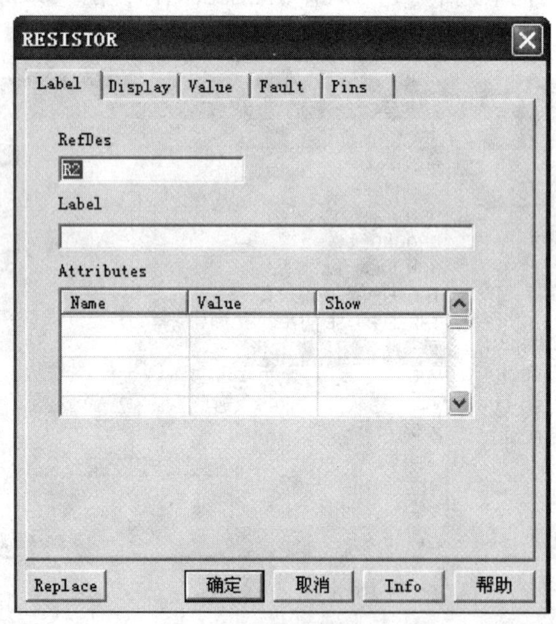

附图 6　修改元件的参考序号

（2）修改虚拟元件的数值

电路窗口中虚拟元件的数值大小均为默认值，可通过其属性对话框修改数值大小。例如，已经放置的直流电源的默认值为 12 V，现将其改为 5 V，双击直流电源，在弹出的属性对话框中，在“Voltage”栏中将 12 改为 5，单击“确定”按钮即可，如附图 7 所示。

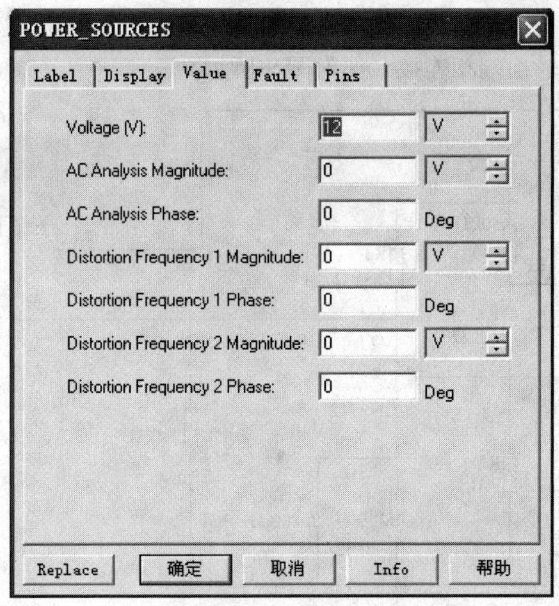

附图 7　修改电源的参数

3. 连接电路

将鼠标移至要连接元件的引脚上，鼠标指针就会变成中间有黑点的十字，单击鼠标并移动，就会拖出一根实线，如附图 8 所示。鼠标移动到所要连接元件的引脚处，再次单击鼠标，连线完成。若要删除电路中的连接线，用鼠标选中该连接线，按 Delete 键即可。

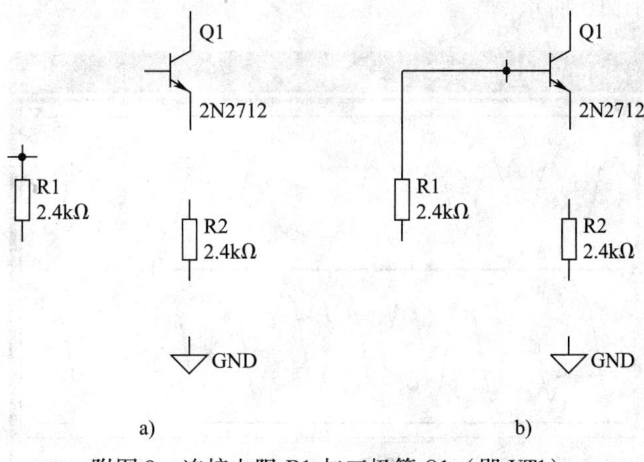

附图 8　连接电阻 R1 与三极管 Q1（即 VT1）

a）开始　b）完成

三、利用虚拟仪器进行仿真

Multisim 电路仿真软件中提供了大量的虚拟仪器仪表，这些仪器仪表的使用和读数与真实的仪表相似。下面以示波器为例，介绍仪器仪表的使用。

1. 连接仪表

单击仪表工具栏中的“Oscilloscope”按钮，鼠标指针处出现一个示波器的图标，移动鼠标到合适的位置，再次单击鼠标，就可将示波器放到指定的位置。并将 A、B 两个端口分别与电路的输入端和输出端相连接，如附图 9 所示。

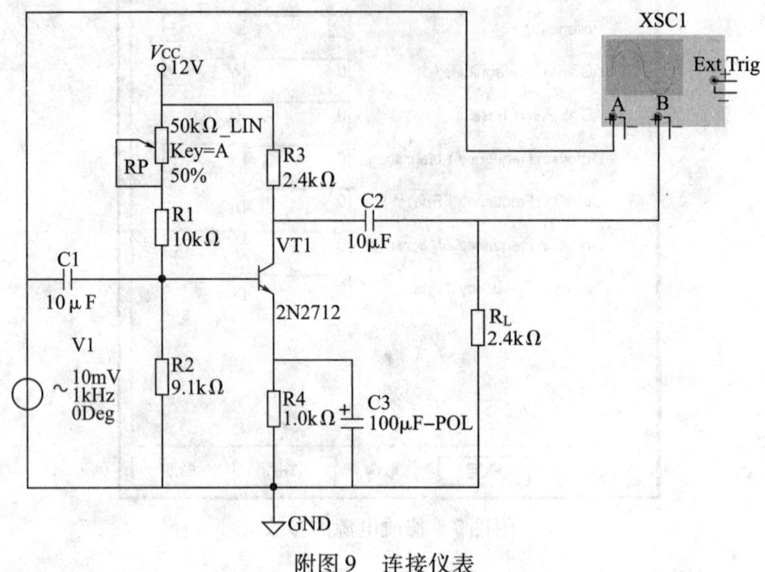

附图 9　连接仪表

2. 观察仿真结果

单击仿真开关，双击示波器图标，在示波器的显示屏上会显示输入、输出的信号波形。若显示波形不理想，可分别调整时间刻度、A/B 通道的幅度刻度和垂直偏差，就会显示清晰可辨的波形，如附图 10 所示。

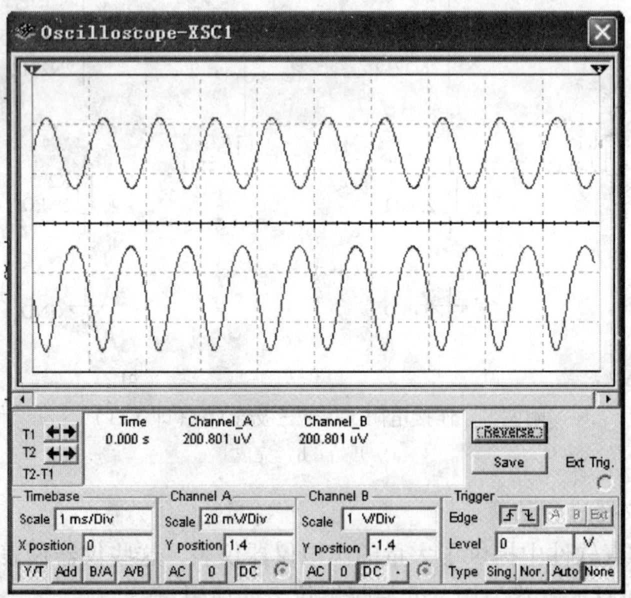

附图 10　仿真结果